国家骨干高等职业院校
重点建设专业(电力技术类)"十二五"规划教材

电力电子技术与实践

主 编　王　萍　包　鹏
副主编　刘淑红　黄万志　陶为明

合肥工业大学出版社

内容提要

　本书包括调光灯的分析与制作、线性直流稳压电源的分析与制作、功率可调电火锅的分析与调试、开关电源的分析与制作、变频器的分析与调试等五个项目，介绍了普通晶闸管、双向晶闸管等半控型电力电子器件、MOSFET 及 IGBT 等全控型电力电子器件、单相可控整流电路、三相可控整流电路、直流斩波电路、有源逆变电路、无源逆变电路、交-交变频电路、脉宽调制型逆变电路、电力电子器件的驱动电路及保护电路等内容。

　本书可作为高职高专院校电气类相关专业教材及有关工程技术人员的参考资料。

图书在版编目(CIP)数据

电力电子技术与实践/王萍,包鹏主编 . —合肥:合肥工业大学出版社,2012.12
ISBN 978 - 7 - 5650 - 1050 - 7

Ⅰ.①电…　Ⅱ.①王…②包　Ⅲ.①电力电子技术　Ⅳ.①TM1

中国版本图书馆 CIP 数据核字(2012)第 302372 号

电力电子技术与实践

王 萍 包 鹏 主编	责任编辑 汤礼广 武理静
出　版　合肥工业大学出版社	版　次　2012 年 12 月第 1 版
地　址　合肥市屯溪路 193 号	印　次　2013 年 2 月第 1 次印刷
邮　编　230009	开　本　787 毫米×1092 毫米　1/16
电　话　总　编　室:0551 - 62903038	印　张　14.25
市场营销部:0551 - 62903198	字　数　312 千字
网　址　www.hfutpress.com.cn	印　刷　合肥学苑印务有限公司
E-mail　hfutpress@163.com	发　行　全国新华书店

ISBN 978 - 7 - 5650 - 1050 - 7　　　　　定价：30.00 元
如果有影响阅读的印装质量问题,请与出版社市场营销部联系调换。

国家骨干高等职业院校

重点建设专业(电力技术类)"十二五"规划教材建设委员会

主　任　　陈祥明

副主任　　朱　飙　　夏玉印　　王广庭

委　员　　许戈平　　黄蔚雯　　张惠忠

　　　　　朱　志　　杨圣春　　彭　云

　　　　　丛　山　　孔　洁　　何　鹏

序 言

为贯彻落实《国家中长期教育改革和发展规划纲要》(2010—2020)精神,培养电力行业产业发展所需要的高端技能型人才,安徽电气工程职业技术学院规划并组织校内外专家编写了这套国家骨干高等职业院校重点建设专业(电力技术类)"十二五"规划教材。

本次规划教材建设主要是以教育部《关于全面提高高等教育质量的若干意见》为指导;在编写过程中,力求创新电力职业教育教材体系,总结和推广国家骨干高等职业院校教学改革成果,适应职业教育工学结合、"教、学、做"一体化的教学需要,全面提升电力职业教育的人才培养水平。编写后的这套教材有以下鲜明特色:

(1)突出以职业能力、职业素质培养为核心的教学理念。本套教材在内容选择上注重引入国家标准、行业标准和职业规范;反映企业技术进步与管理进步的成果;注重职业的针对性和实用性,科学整合相关专业知识,合理安排教学内容。

(2)体现以学生为本、以学生为中心的教学思想。本套教材注重培养学生自学能力和扩展知识能力,为学生今后继续深造和创造性的学习打好基础;保证学生在获得学历证书的同时,也能够顺利地获得相应的职业技能资格证书,以增强学生就业竞争能力。

(3)体现高等职业教育教学改革的思想。本套教材反映了教学改革的新尝试、新成果,其中校企合作、工学结合、行动导向、任务驱动、理实一体等新的教学理念和教学模式在教材中得到一定程度的体现。

(4)本套教材是校企合作的结晶。安徽电气工程职业技术学院在电力技术类专业核心课程的确定、电力行业标准与职业规范的引进、实践教学与实训内容的安排、技能训练重点与难点的把握等方面,都曾得到电力企业专家和工程技术人员的大力支持与帮助。教材中的许多关键技术内容,都是企业专家与学院教师共同参与研讨后完成的。

总之,这套教材充分考虑了社会的实际需求、教师的教学需要和学生的认知规律,基本上达到了"老师好教,学生好学"的编写目的。

但编写这样一套高等职业院校重点建设专业(电力技术类)的教材毕竟是一个新的尝试,加上编者经验不足,编写时间仓促,因此书中错漏之处在所难免,欢迎有关专家和广大读者提出宝贵意见。

国家骨干高等职业院校

重点建设专业(电力技术类)"十二五"规划教材建设委员会

前　言

　　本书是安徽电气工程职业技术学院国家级骨干院校建设项目成果之一，是由从事电力电子教学工作多年的老师与企业从事电力电子相关工作多年的工程技术人员共同编写的。

　　近年来，电力电子技术的发展非常迅速，应用也越来越广泛，企业需要大量的电力电子技术方面的人才。但由于电力电子技术这门课程的理论性和实践性都很强，而国内高职高专院校关于这门课程的大多数教材在编写时往往出现理论与实际脱节的现象，因此导致学生学习时感到难度较大。基于此，本书在吸收有关同类教材的长处及本领域最新技术的基础上，按照教育部制定的高职高专教育教材应遵循"淡化理论，加强应用，联系实际，突出特色"的编写原则，并根据高职高专院校电气类专业对电力电子技术课程教学的基本要求重新编写。本书通过项目引导、任务驱动的方式，将电力电子技术中基本和常用的知识点分解到各个项目中，通过项目实践环节将相关理论知识应用到具体实践中，使学生在对每个项目的学习及实施项目过程中，初步养成产品设计、器件选购以及保护电路的设计、焊接、调试与编写技术文件等能力。本书结合学生的认知规律，在项目内容编排上由简到难，在语言表述上深入浅出，力求易学易懂。

　　全书共包含五个项目，每个项目均包含"学习目标"、"项目引入"、"知识链接"、"项目实践"、"项目拓展"、"项目小结"以及"思考与练习"等几个部分。其中项目一是以调光灯作为切入点，引出电力电子技术的基础知识；项目二至项目五分别介绍了单相桥式整流电路、三相整流电路、直流斩波电路、交流调压电路及变频器等相关知识。在知识点的介绍方面，摒弃了以往那种纯理论的介绍，而是将相关的知识点融入到各个项目中，目的是便于学生理解和掌握。

全书由安徽电气工程技术学院王萍和安徽水利水电勘测设计院包鹏担任主编。其中,王萍编写项目一、项目二和项目四;包鹏编写项目五;刘淑红编写项目三;项目一至项目五的"任务拓展"部分由陶为明编写;项目一至项目五中的"项目实践"部分由合肥同智科技公司的黄万志编写。

由于编者水平有限,书中难免存在错误和不妥之处,敬请读者批评指正。

使用本书的单位或个人,如果需要与本书相关的电子课件,可发邮件至 10721894@qq.com 索取,或登录 http://www.hfutpress.com.cn 下载。

编　者

目　　录

项目一 调光灯的分析与制作

【学习目标】

(1)熟悉晶闸管及其派生器件的结构、工作原理。

(2)学会用万用表检测晶闸管。

(3)掌握单相可控整流电路的原理及基本数量关系。

(4)熟悉单结晶体管的工作原理、检测方法以及由其构成的触发电路的工作情况。

(5)学会将普通台灯改造成亮度可调的台灯,并在此过程中熟悉电路设计、元器件的选择及焊接工艺和调试方法等。

(6)熟悉单相可控整流电路带阻感负载的工作情况。

(7)培养不怕苦不怕累的精神以及持续劳动的毅力。

项目引入

调光灯在日常生活随处可见,其外形、功能及调光原理也各不相同,其中最为普遍的是使用可控硅半导体调节技术,来改变灯光的亮度。如图 1-1a 所示为一款简易调光灯实物图,调节旋钮,灯的亮度变化,其调光的控制原理通常如图 1-1b 所示。它是由单向晶闸管可控整流电路和触发电路组成的调压装置,通过改变加在灯泡两端电压平均值的大小来改变灯的亮度,从而实现调光的功能。其调光电路主要包括晶闸管、单相可控整流电路及晶闸管触发电路等技术。

知识链接

一、晶闸管的认识

晶闸管(Thyristor)又称晶体闸流管或可控硅整流器(Silicon Controlled Rectifier,SCR),由于它具有体积小、重量轻、效率高、动作迅速、维护简单、操作方便和寿命长等特点,因而在生产实际中获得了广泛的应用,一直以来都是工业上广泛用于大功率变换和控制的传统器件。20 世纪 80 年代后,开始被性能更好的全控型器件取代。但它能承受的电压和电流容量高,工作可靠,在大容量的场合仍具有很重要的地位。晶闸管一般指普通晶闸管,但晶闸管还包括其他许多类型的派生器件,如快速晶闸管、逆导晶闸管、双向晶闸管。下面主要介绍普通晶闸管工作原理、晶闸管基本特性、晶闸管主要参数等及其派生器件。

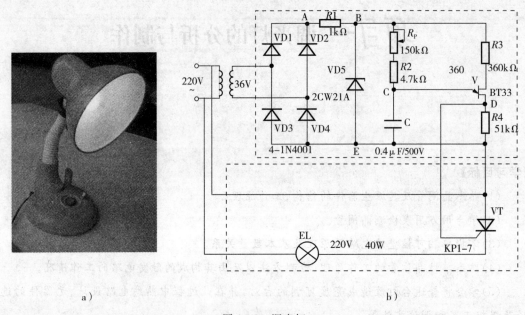

a)   b)

图 1-1 调光灯

a)调光灯实物图　b)调光灯原理图

1. 晶闸管基本结构

晶闸管内部的基本结构如图 1-2a 所示,由一个四层半导体材料构成。四层材料由 P 型半导体和 N 型半导体交替组成,即 P_1、N_1、P_2、N_2,每两层不同的材料交界面上形成 PN 结,共形成三个 PN 结(J_1、J_2、J_3),分别引出阳极 A、阴极 K 和门极(控制端)G 三端,其电气图形符号如图 1-2b。

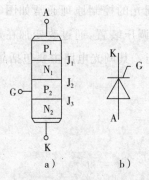

a)   b)

图 1-2 晶闸管的结构及电气符号图

a)结构示意图　b)电气符号图

晶闸管外形如图 1-3 所示,一般外形有塑封式、螺栓型和平板型三种封装,每个器件引出阳极 A、阴极 K 和门极(控制端)G。

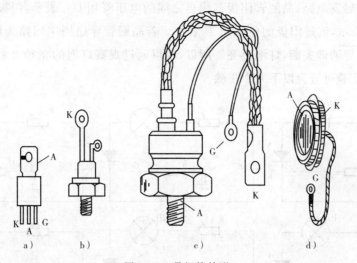

图1-3 晶闸管外形

a)小电流塑封式 b)小电流螺旋式 c)大电流螺旋式 d)大电流平板式

晶闸管在工作过程中因损耗会产生大量的热,因此必须安装散热器,如图1-4所示。晶闸管必须与散热器配合使用。螺栓式晶闸管连接端为螺栓型封装,通常螺栓是其阳极,能与散热器紧密连接且安装方便,靠阳极(螺栓)拧紧在铝制散热器上,可自然冷却,通常使用在200A以下的小容量场合;平板式晶闸管由两个相互绝缘的散热器将阳极阴极夹在中间,靠风或水冷却,散热效果好,通常使用在大容量场合,额定电流大于200A的晶闸管都采用平板式外形结构。

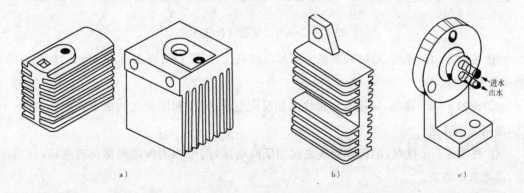

图1-4 散热器

a)螺栓式散热器 b)平板式风冷散热器 c)平板式水散热器

2. 晶闸管的工作原理

(1)晶闸管导通、关断的条件

晶闸管在工作时有导通和关断两种状态,为了得到晶闸管导通关断的条件,我们通过下面的这个实验来说明。实验的电路如图1-5所示。该电路是由晶闸管、可调电阻器、灯泡、电阻和两个直流电源组成,其中晶闸管的阳极 A 和阴极 K、电源 E_a、灯泡 HL 和可调电位器 R_P 组成的电路称为主电路;由晶闸管的门极 G 和阴极 K、电源 E_g 和电阻 R 组成的电路称为控制电路,也称触发电路;晶闸管阳极与阴极之间的电压降用 U_{AK} 表示,门极与阴极之间的电压降用 U_{GK} 表示,流过阳极的电流用 I_A 表示。若晶闸管导通则主回路为闭合回路,灯泡亮;若晶闸管不导通即关断,灯泡不亮。所以,可以通过观察灯泡的亮和灭来判断晶闸管的导通和关断。实验可分为以下九个步骤。

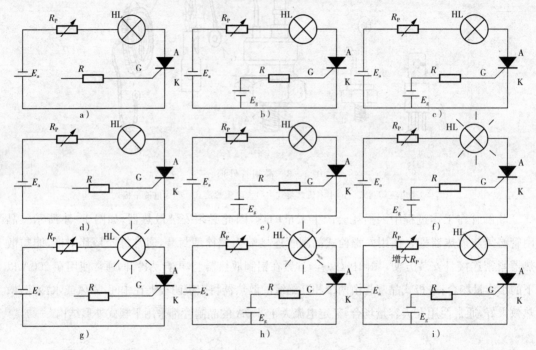

图 1-5　晶闸管导通试验电路图

① 按图 1-5a 接线,阳极和阴极之间加反向电压,门极和阴极之间不加电压,灯泡不亮,晶闸管不导通。

② 按图 1-5b 接线,阳极和阴极之间加反向电压,门极和阴极之间加正向电压,灯泡不亮,晶闸管不导通。

③ 按图 1-5c 接线,阳极和阴极之间加反向电压,门极和阴极之间加反向电压,灯泡不亮,晶闸管不导通。

④ 按图 1-5d 接线,阳极和阴极之间加正向电压,门极和阴极之间不加电压,灯泡不亮,晶闸管不导通。

⑤ 按图 1-5e 接线,阳极和阴极之间加正向电压,门极和阴极之间加反向电压,灯泡不亮,晶闸管不导通。

⑥ 按图 1-5f 接线,阳极和阴极之间加正向电压,门极和阴极之间也加正向电压,灯泡亮,晶闸管导通。

⑦ 按图 1-5g 接线,在上一步的基础上,去掉触发电压 U_g,灯泡继续亮,晶闸管仍导通。

⑧ 按图 1-5h 接线,在上一步的基础上,在门极和阴极之间加反向电压,灯泡继续亮,晶闸管仍导通。

⑨ 按图1-5i接线,在上一步的基础上,增加可调电位器 R_P 的值,晶闸管阳极电流减小,灯泡逐渐变暗,当电流减小到一定值时,灯泡熄灭,晶闸管关断。

上述实验现象与结论见表1-1。

表1-1 晶闸管导通和关断实验

实验顺序		实验前灯的情况	实验时晶闸管条件		实验后灯的情况	结 论
			阳极电压 U_A	门极电压 U_G		
导通实验	a	不亮	反向	零	不亮	晶闸管在反向阳极电压作用下,不论门极为何电压,它都处于关断状态
	b	不亮	反向	正向	不亮	
	c	不亮	反向	反向	不亮	
	d	不亮	正向	零	不亮	晶闸管同时在正向阳极电压与正向门极电压作用下,才能导通
	e	不亮	正向	反向	不亮	
	f	不亮	正向	正向	亮	
关断实验	g	亮	正向	零	亮	已导通的晶闸管在正向阳极作用下,门极失去控制作用
	h	亮	正向	反向	亮	
	i	亮	增加 R_P 使 I_A 逐渐减小到零	任意	不亮	晶闸管在导通状态时,门极电流减小到接近于零时,晶闸管关断

实验说明:

① 当晶闸管承受反向阳极电压时,无论门极是否有正向触发电压或者承受反向电压,晶闸管不导通,只有很小的的反向漏电流流过管子,这种状态称为反向阻断状态。说明晶闸管像整流二极管一样,具有单向导电性。

② 当晶闸管承受正向阳极电压时,门极加上反向电压或者不加电压,晶闸管不导通,这种状态称为正向阻断状态。这是二极管所不具备的。

③ 当晶闸管承受正向阳极电压时,门极加上正向触发电压,晶闸管导通,这种状态称为正向导通状态。这就是晶闸管闸流特性,即可控特性。

④ 晶闸管一旦导通后维持阳极电压不变,将触发电压撤除管子依然处于导通状态。即门极对管子不再具有控制作用。

结论:

① 晶闸管导通条件:阳极加正向电压、门极加适当正向电压。

② 关断条件:流过晶闸管的电流小于维持电流。

(2)晶闸管导通关断的原理

由晶闸管内部的基本结构图1-2a可知,晶闸管由三个PN结(J_1、J_2、J_3)构成,三个PN结必须同时导通,晶闸管才能导通,有任一个PN结承受反向电压,晶闸管都关断。为了便于说明,可以把图 1-2a 等效成图 1-6a 所示,由两个晶体管连接而成,其中晶体管 V_1 为 PNP 型,晶体管 V_2 为 NPN 型。PNP 型晶体管 V_1 的发射极引出阳极 A,NPN 型晶体管 V_2 的发射极引出阴极 K,V_2 的基极引出门极 G。

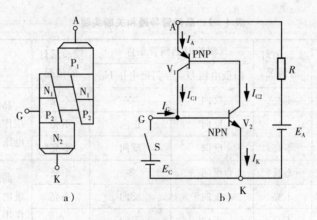

图 1-6 晶闸管的双晶体管模型及其工作原理

a)双晶体管模型 b)工作原理

① 导通原理

当晶闸管阳极和阴极间承受反向电压时 J_1 和 J_3 两个 PN 结承受反向电压关断,所以无论门极电压的状态如何,晶闸管都处于关断状态;当晶闸管阳极和阴极间承受正向电压,门极和阴极间的电压为零或者为负时,J_1 和 J_3 两个 PN 结承受正向电压导通,但 PN 结 J_2 承受反向电压而关断,只有很小的反向电流流过,故晶闸管处于关断状态;当晶闸管阳极和阴极间承受正向电压,控制极和阴极间也加正向电压时,J_1、J_2、J_3 都承受正向电压导通,故晶闸管导通。此时有电流 I_G 从门极流入 V_2 管,形成基极电流 I_{B2},在 I_{B2} 的驱动下晶体管 V_2 导通,V_2 的集电极有电流 I_{C2}。而 I_{C2} 又是晶体管 V_1 的基极电流,驱动 V_1 使其导通。V_1 的集电极电流 I_{C1} 又流入 V_2 的基极,使 V_2 的基极电流 I_{B2} 增加,又导致 I_{C2} 增加,而 I_{C2} 增加再一次使 I_{B2} 增加。这样循环下去,形成了强烈的正反馈,使两个晶体管很快达到饱和导通,这就是晶闸管的导通过程,即

$$I_G \uparrow \longrightarrow I_{B2} \uparrow \longrightarrow I_{C2}(=\beta_2 I_{B2}) \uparrow = I_{B1} \uparrow \longrightarrow I_{C1}(=\beta_1 I_{B1}) \uparrow$$

② 关断原理

导通后,晶闸管上的压降很小,晶闸管中流过的电流仅决定于主电路电源电压和负载。在晶闸管导通之后,它的导通状态完全依靠管子本身的正反馈作用来维持,即使控制极电流消失,晶闸管仍将处于导通状态。可见,晶闸管是只能控制导通而不能控制其关断的半控型器件。要想关断晶闸管,最根本的方法就是必须将阳极电流减小到使之不能维持正反馈的程度,也就是将晶闸管的阳极电流减小到小于维持电流(维持晶闸管导通的最小电流)。上面实验就是采用增加电阻器的阻值来降低阳极电流的方法使晶闸管关断的。

3. 晶闸管的基本特性

(1)静态特性

上面的实验归纳的结论为晶闸管的静态特性:承受反向电压时,不论门极是否有触发电流,晶闸管都不会导通;承受正向电压时,仅在门极有触发电流的情况下晶闸管才能开通;晶闸管一旦导通,门极就失去控制作用;要使晶闸管关断,只能使晶闸管的电流降到接近于零的某一数值以下。

(2)晶闸管的阳极伏安特性

加在晶闸管阳极与阴极间的电压 U_{AK} 和流过晶闸管阳极电流 I_A 的关系称为晶闸管的阳极伏安特性。如图 1-7 所示为晶闸管伏安特性曲线,包括正向特性(第一象限)和反向特性(第三象限)两部分。

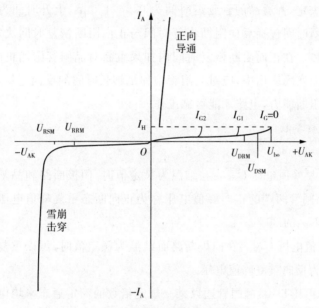

图 1-7 晶闸管的阳极伏安特性

晶闸管的正向特性又有阻断状态和导通状态之分。

在正向阻断状态时,晶闸管的伏安特性是一组随门极电流 I_G 的不同而不同的曲线簇。当晶闸管 $I_G=0$ 时,器件两端施加正向电压,晶闸管呈正向阻断状态,逐渐增大阳极电压 U_{AK},只有很小的正向漏电流流过,随着阳极电压的增加,当正向电压超过临界极限即正向转折电压 U_{bo} 时,则漏电流急剧增大,器件开通,晶闸管由正向阻断状态突变为正向导通状态。这种在 $I_G=0$ 时,依靠增大阳极电压而强迫晶闸管导通的方式称为"硬开通",多次"硬开通"会使晶闸管损坏,一般不允许硬开通。随着门极电流 I_G 的增大,晶闸管的正向转折电压 U_{bo} 迅速下降,当 I_G 足够大时,晶闸管的正向转折电压很小,但是不超过转折电压都为正向阻断状态。

一旦导通,晶闸管正向导通的伏安特性与二极管的正向特性相似,即当流过较大的阳极电流时,晶闸管的压降很小,在 1V 左右。晶闸管正向导通后,要使晶闸管恢复阻断,只有逐

步减小阳极电流 I_A，使 I_A 下降到小于维持电流 I_H 以下，则晶闸管又由正向导通状态变为正向阻断状态。

晶闸管的反向特性在第三象限部分，如图 1-7 所示。

晶闸管的反向特性与一般二极管的反向特性相似。在正常情况下，当承受反向阳极电压时，晶闸管总是处于阻断状态，只有很小的反向漏电流流过。当反向电压增加到一定值时，反向漏电流增加较快，再继续增大反向阳极电压会导致晶闸管反向雪崩击穿，造成晶闸管永久性损坏，这时对应的电压为反向击穿电压 U_{RO}。图 1-7 中 U_{RRM} 为反向断态重复峰值电压；U_{RSM} 为反向断态不重复峰值电压。

（3）动态特性

晶闸管动态特性包括晶闸管的开通和关断特性。晶闸管的开通特性由开通时间包括延迟时间与上升时间决定，普通晶闸管延迟时间为 $0.5 \sim 1.5~\mu s$，上升时间为 $0.5 \sim 3~\mu s$；晶闸管的关断特性由关断时间包括反向阻断恢复时间与正向阻断恢复时间决定，普通晶闸管的关断时间约几百微秒。在正向阻断恢复时间内如果重新对晶闸管施加正向电压，晶闸管会重新正向导通。因而实际应用中，应对晶闸管施加足够长时间的反向电压，使晶闸管充分恢复其对正向电压的阻断能力，电路才能可靠工作。

4. 晶闸管的主要参数

（1）电压定额

① 正向断态重复峰值电压 U_{DRM}：在结温为额定值时，门极断路和晶闸管正向阻断的条件下，可重复加在晶闸管两端的正向峰值电压称为正向断态重复峰值电压。一般规定此电压为正向转折电压 U_{RO} 的 80%。

② 反向重复峰值电压 U_{RRM}：在门极断路而结温为额定值时，可以重复加在晶闸管两端的反向峰值电压称为反向重复峰值电压。

③ 通态（峰值）电压 U_{TM}：晶闸管通以某一规定倍数的额定通态平均电流时的瞬态峰值电压。通常取晶闸管的 U_{DRM} 和 U_{RRM} 中较小的标值作为该器件的额定电压，然后根据表 1-2 所示的标准电压等级标定器件的额定电压。考虑到外在环境，选用时，额定电压要留有一定裕量，一般取额定电压为正常工作时晶闸管所承受峰值电压 $2 \sim 3$ 倍。

表 1-2 晶闸管元件的正反向电压等级

级别	正、反向重复峰值电压/V	级别	正、反向重复峰值电压/V	级别	正、反向重复峰值电压/V
1	100	8	800	20	2000
2	200	9	900	22	2200
3	300	10	1000	24	2400
4	400	12	1200	26	2600
5	500	14	1400	28	2800
6	600	16	1600	30	3000
7	700	18	1800		

④ 通态平均电压(管压降)$U_{T(AV)}$:当晶闸管流过正弦半波额定电流和稳定的额定结温时,阳极和阴极之间电压降的一周平均值。通态平均电压标准值组别分成从 A~I 等级,如表 1-3 所示。

表 1-3 晶闸管元件的通态平均电压分组 U_T

组 别	A	B	C
通态平均电压(V)	$U_T \leqslant 0.4$	$0.4 < U_T \leqslant 0.5$	$0.5 < U_T \leqslant 0.6$
组 别	D	E	F
通态平均电压(V)	$0.6 < U_T \leqslant 0.7$	$0.7 < U_T \leqslant 0.8$	$0.8 < U_T \leqslant 0.9$
组 别	G	H	I
通态平均电压(V)	$0.9 < U_T \leqslant 1.0$	$1.0 < U_T \leqslant 1.1$	$1.1 < U_T \leqslant 1.2$

(2)电流定额

① 通态平均电流 $I_{T(AV)}$(额定电流):在环境温度为 40℃和规定的散热冷却状态下,晶闸管在电阻性负载的单相、工频正弦半波导电、结温稳定在额定值 125℃时,所对应的通态平均电流值定义为晶闸管的额定电流 $I_{T(AV)}$。流过晶闸管的电流有效值 I_{VT} 与 $I_{T(AV)}$ 的关系为 $I_{VT} = 1.57 I_{T(AV)}$,即产品手册中额定电流为 $I_{T(AV)} = 100A$ 的晶闸管可以通过任意波形、有效值为 157A 的电流。在实际应用中,由于电流波形可能既非直流(直流电的平均值与有效值相等)又非半波正弦,因此应按实际电流波形计算其有效值,再将此有效值除以 1.57 作为选择晶闸管电流额定值的依据。当然由于晶闸管等电力电子半导体开关器件热容量很小,实际电路中的过电流又不可避免,故在设计应用中通常应留有 1.5~2.0 倍的电流安全裕量,即

$$I_{T(AV)} = (1.5 \sim 2)\frac{I_{VT}}{1.57} \tag{1-1}$$

② 维持电流 I_H:使晶闸管维持导通所必需的最小电流。一般为几十到几百毫安。维持电流大的晶闸管容易关断。维持电流与元件容量、结温等因素有关,同一型号的元件其维持电流也不相同。

③ 擎住电流 I_L:晶闸管在触发电流作用下被触发导通后,只要管子中的电流达到某一临界值时,就可以把触发电流撤除。这时,晶闸管仍然维持通态,这个临界电流称为擎住电流 I_L。对同一晶闸管来说,通常 I_L 约为 I_H 的 2~4 倍。

④ 浪涌电流 I_{TSM}:指由于电路异常情况引起的并使结温超过额定结温的不重复性最大正向过载电流。

(3)门极参数

① 门极触发电压 U_{GT}:在规定的环境温度下,阳极和阴极加一定正向电压,使晶闸管从断态转入通态所需的最小门极直流电压,一般为 1~5V。

② 门极触发电流 I_{GT}：在规定的环境温度下，阳极和阴极加一定正向电压，使晶闸管从断态转入通态所需要的最小门极直流电流。一般为几十到几百毫安。

③ 门极反向峰值电压 U_{RGM}：门极反向所加的最大峰值电压，一般不超过 10V。

（4）动态参数

① 断态电压临界上升率 du/dt：指在额定结温和门极开路的情况下，不导致晶闸管从断态到通态转换的外加电压最大上升率。在阻断的晶闸管两端施加的电压具有正向的上升率时，相当于有充电电流流过。此电流流经 J_3 结时，起到类似门极触发电流的作用。如果电压上升率过大，使充电电流足够大，就会使晶闸管误导通。

② 通态电流临界上升率 di/dt：指在规定条件下，晶闸管在门极触发信号开通的情况下，能承受而不会导致损坏的最大通态电流上升率。如果电流上升太快，则晶闸管刚一开通，便会有很大的电流集中在门极附近的小区域内，从而造成局部过热而使晶闸管损坏。

③ 门极控制开通时间 t_{on}：指在室温和规定条件下，晶闸管在门极触发信号开通的情况下，使晶闸管从断态到通态转换过程中所需的时间。包括延迟时间 t_d（从门极电流阶跃时刻开始，到阳极电流上升到稳态值的 10% 的时间）和上升时间 t_r（阳极电流从 10% 上升到稳态值的 90% 所需的时间）。

④ 电路换向关断 t_{off}：从通态电流降至零到晶闸管开始承受断态电压的时间间隔。包括反向阻断恢复时间 t_{rr}（正向电流降为零到反向恢复电流衰减至接近于零的时间）与正向阻断恢复时间 t_{gr}（晶闸管要恢复其对正向电压的阻断能力还需要一段时间）。

晶闸管的型号种类繁多，了解其特性和参数是正确使用晶闸管的前提。表1-4、表1-5列出了几种国产 KP 型普通晶闸管的特性与参数。

表 1-4　KP 型晶闸管元件主要额定值

参数	通态平均电流 $I_{T(AV)}$ (A)	断态重复峰值电压、反向重复峰值电压 U_{DRM}、U_{RRM} (V)	断态不重复平均电流、反向不重复平均电流 $I_{DS(AV)}$、$I_{RS(A)}$ (mA)	额定结温 t_{jM} (℃)	门极触发电流 I_{GT} (mA)	门极触发电压 U_{GT} (V)	断态电压临界上升率 du/dt (V/μs)	通断电流临界上升率 di/dt (A/μs)	浪涌电流 I_{TSM} (A)
序号	1	2	3	4	5	6	7	8	9
KP1	1	100~3000	≤1	100	3~30	≤2.5			20
KP5	5	100~3000	≤1	100	5~70	≤3.5			90
KP10	10	100~3000	≤1	100	5~100	≤3.5			190
KP20	20	100~3000	≤1	100	5~100	≤3.5			380
KP30	30	100~3000	≤2	100	8~150	≤3.5			560
KP50	50	100~3000	≤2	100	8~150	≤3.5			940
KP100	100	100~3000	≤4	115	10~250	≤4			1880
KP200	200	100~3000	≤4	115	10~250	≤4	25~1000	25~500	3770
KP300	300	100~3000	≤8	115	20~300	≤5			5650

（续表）

参数	通态平均电流 $I_{T(AV)}$（A）	断态重复峰值电压、反向重复峰值电压 U_{DRM}、U_{RRM}（V）	断态不重复平均电流、反向不重复平均电流 $I_{DS(AV)}$、$I_{RS(A)}$（mA）	额定结温 t_{jM}（℃）	门极触发电流 I_{GT}（mA）	门极触发电压 U_{GT}（V）	断态电压临界上升率 ${\rm d}u/{\rm d}t$（V/μs）	通断电流临界上升率 ${\rm d}i/{\rm d}t$（A/μs）	浪涌电流 I_{TSM}（A）
KP400	400	100～3000	≤8	115	20～300	≤5			7540
KP500	500	100～3000	≤8	115	20～300	≤5			9420
KP600	600	100～3000	≤9	115	30～350	≤5			11160
KP800	800	100～3000	≤9	115	30～350	≤5			14920
KP1000	1000	100～3000	≤10	115	40～400	≤5			18600

表 1-5 KP 型晶闸管元件的其他特性参数

参数	断态重复平均电流、反向重复平均电流 $I_{DR(AV)}$、$I_{RR(A)}$（mA）	通态平均电压 $U_{T(AV)}$（V）	维持电流 I_H（mA）	门极不触发电流 I_{GD}（mA）	门极不触发电压 U_{GD}（V）	门极正向峰值电流 I_{GFM}（A）	门极反向峰值电压 U_{GFM}（V）	门极平均功率 $P_{G(AV)}$（W）	门极峰值功率 P_{GM}（W）
序号	1	2	3	4	5	6	7	8	9
KP1	<1	①	②	0.4	0.3	—	5	0.5	—
KP5	<1	①	②	0.4	0.3	—	5	0.5	—
KP10	<1	①	②	1	0.25	—	5	1	—
KP20	<1	①	②	1	0.25	—	5	1	—
KP30	<2	①	②	1	0.15	—	5	1	—
KP50	<2	①	②	1	0.15	—	5	1	—
KP100	<4	①	②	1	0.15	—	5	2	—
KP200	<4	①	②	1	0.15	—	5	2	15
KP300	<8	①	②	1	0.15	4	5	4	15
KP400	<8	①	②	1	0.15	4	5	4	15
KP500	<9	①	②	1	0.15	4	5	4	15
KP600	<9	①	②	—	—	4	5	4	15
KP800	<9	①	②			4	5		
KP1000	<10	①	②			4	5		

注：① 元件出厂上限值由各厂根据合格的产品试验自定；

② 实测值。

（5）普通晶闸管关断控制方式

普通晶闸管是半控型电力电子器件，可通过其控制极随时控制导通，晶闸管的关断也有不同方式：

① 自然关断。减少通路电流，使通态电流减小到维持电流以下，促使晶闸管自然关断，此方法的关断过程较长。

② 断载关断。将单向晶闸管的阳极与电路的负载切断,让电流自然过零而关断。此方法的关断时间也比较长。

③ 强迫关断。改变电压极性,使阳极电流换向,晶闸管由导通变为断态。关断过程与反向电压有关,这种方法关断时间较短,在实际电路中得到广泛应用。

④ 控制极负偏压关断。此方法仅适用于控制极辅助晶闸管和控制机关断晶闸管。

5. 晶闸管的型号与测试

(1)晶闸管的型号

我国目前生产的晶闸管的型号主要为 KP 系列,硅晶闸管型号中各部分的含义如图 1-8 所示。

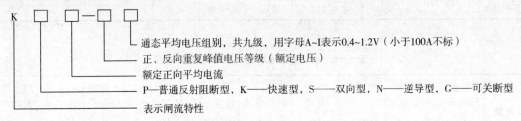

图 1-8　硅晶闸管型号中各部分的含义

例如型号 KP500−7E,它表示该元件额定电流为 500A,额定电压为 700V,管压降为 0.7~0.8V 的普通晶闸管。

(2)晶闸管好坏的检测

晶闸管是由三个 PN 结组成,通过分析可知,正常的晶闸管除了 G、K 极之间的正向电阻小、反向电阻大外,其他各极之间的正、反向电阻均接近∞。在检测晶闸管时,将万用表拨至 R×1kΩ 挡,测量晶闸管任意两极之间的正、反向电阻。若出现两次或两次以上阻值小的情况,说明晶闸管内部有短路。若 G、K 极之间的正、反向电阻均为∞,说明晶闸管 G、K 极之间开路。若测量时只出现一次阻值小的情况,并不能确定晶闸管一定正常(如 G、K 极之间正常,A、G 极之间出现开路),在这种情况下,需进一步测量晶闸管的触发能力。

(3)晶闸管引脚的判别检测

晶闸管引脚排列依其品种、型号及功能不同而异。要正确使用晶闸管,首先必须识别出晶闸管的各个电极。一般情况下,控制极引线短、细、小,有明显标志,判别时可供参考。

① 用指针式万用表判别。先用 R×1 挡或 R×10 挡测任意两个电极之间的电阻值,若其中有一次测量指针指示范围在几十欧至几百欧之间,则黑表端为门极 G,红表笔端为阴极 K(因为红表笔接万用表内部电源的正极,黑表笔接万用表内部电源的负极),剩下的为阳极 A。因为 PN 结只有正偏导时,内阻很小。

② 用数字万用表判别。将数字万用表拨至二极管挡,红表笔固定接某个引脚,用黑表笔依次接触另外两个引脚。如果在两次测试中,一次显示小于 1V,另一次显示溢出符号 "OL"或"1"(视不同的数字万用表而定),则表明红表笔接的引脚是阴极 K。显示溢出的为

阳极 A,另一极为门极 G,如图 1-9 所示。

若红表笔固定接一个引脚,黑表笔接第二个引脚时显示的数值为 0.6～0.8V,黑表笔接第三个引脚显示溢出符号"OL"或"1",且红表笔所接的引脚与黑表笔所接的第二个引脚对调时,显示的数值由 0.6～0.8V 变为溢出符号"OL"或"1",就可判定该晶闸管为单向晶闸管,如图 1-10 所示。此时红表笔所接的引脚是阴极 K,第二个引脚为门极 G,第三个引脚为阳极 A。

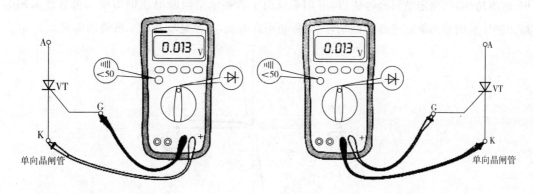

图 1-9　单向晶闸管 K-G 检测　　　　　图 1-10　单向晶闸管 G-K 检测

(4)晶闸管的使用及注意事项

① 选用晶闸管的额定电压时,应参考实际工作条件下的峰值电压的大小,并留出一定的余量。

② 选用晶闸管的额定电流时,除了考虑通过元件的平均电流外,还应注意正常工作时导通角的大小、散热通风条件等因素。在工作中还应注意管壳温度不超过相应电流下的允许值。

③ 使用晶闸管之前,需检查晶闸管是否良好。

④ 严禁用兆欧表检查元件的绝缘情况。

⑤ 电流为 5A 以上的晶闸管要装散热器,并且保证所规定的冷却条件。为保证散热器与晶闸管管芯接触良好,它们之间应涂上有机硅油或硅脂。

⑥ 按规定对主电路中的晶闸管采用过压及过流保护装置。

⑦ 防止晶闸管门极的正向过载和反向击穿。

此外,还要定期对设备进行维护,如清除灰尘、拧紧接触螺丝等。

6. 特殊用途晶闸管

(1)快速晶闸管(Fast Switching Thyristor,FST)

普通晶闸管开通时间和关断时间较长,工作频率较低,主要用于工频电路。为了提高晶闸管工作频率,在管芯结构和制造工艺进行了改进,开关时间以及 du/dt 和 di/dt 都有明显改善,因此有了快速晶闸管,包括所有专为快速应用而设计的晶闸管,分快速晶闸管和高频晶闸管。快速晶闸管其关断时间数十微秒,工作频率高于 400Hz;高频晶闸管 10 μs 左右,工作频率在 10kHz 以上;普通晶闸管关断时间长达数百微秒。高频晶闸管的不足在于其电压和电流定额都不易做高,由于工作频率较高,选择通态平均电流时不能忽略其开关损耗的发热效应。

（2）逆导晶闸管（Reverse Conducting Thyristor，RCT）

将晶闸管反向并联一个二极管制作在同一管芯上的功率集成器件就构成逆导晶闸管，图形符号如图1-11a。从图1-11b的伏安特性曲线可看出逆导晶闸管的正向特性与普通晶闸管相同，反向特性则与普通二极管的正向特性相同。逆导晶闸管具有正向压降小、关断时间短、高温特性好、额定结温高等优点，可用于反向不需要承受阻断电压但需要二极管续流的电路。逆导晶闸管的额定电流有两个，一个是晶闸管电流，一个是反并联二极管的电流。

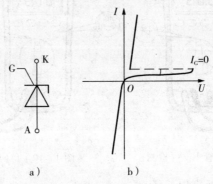

图1-11　逆导晶闸管的电气图形符号和伏安特性

a)电气图形符号　b)伏安特性

（3）光控晶闸管（Light Triggered Thyristor，LTT）

光控晶闸管又称光触发晶闸管，是利用一定波长的光照信号触发导通的晶闸管。小功率光控晶闸管只有阳极和阴极两个端子；大功率光控晶闸管带有光缆，光缆上装有作为触发光源的发光二极管或半导体激光器。

图1-12a为光控晶闸管的电气图形符号，图1-12b为光控晶闸管的伏安特性曲线，从伏安特性来看，转折电压随光照强度的增加而降低。因光信号和电信号有很好的隔离，光触发保证了主电路与控制电路之间的绝缘，且可避免电磁干扰的影响。因此，目前在高压大功率的场合，如高压直流输电和高压核聚变装置中，占据重要的地位。

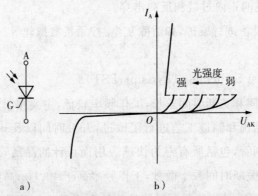

图1-12　光控晶闸管的电气图形符号和伏安特性

a)电气图形符号　b)伏安特性

二、单相半波可控整流电路

在工业生产中需要大量电压可调的直流电源,如直流电动机的调速、同步发电机的励磁、电焊、电镀等都要求直流电压可以方便调节。利用晶闸管的可控单向导电性,可以构成各种输出电压大小可调的整流电路,这种整流电路称为相控整流电路。整流电路的类型很多,按照输入交流电源的相数分类,有单相、三相和多相整流电路;按电路中组成的电力电子器件控制特性分类,有不可控、半控和全控整流电路;按整流电路的结构形式分类,有半波、全波和桥式整流电路等类型。

下面先介绍相控整流电路的名词术语、研究内容及研究方法。

1. 与相控整流电路有关的名词术语

① 控制角 α:从晶闸管承受正向电压起到加触发脉冲使其导通的瞬间,这段时间所对应的电角度。

② 导通角 θ:晶闸管在一个周期内导通的时间所对应的电角度。

③ 移相:改变触发脉冲出现的时刻,即改变触发脉冲 α 的大小,称为移相。改变触发脉冲 α 的大小,使输出整流平均电压 U_d 值发生变化,即移相控制,简称"相控"。

④ 移相范围:控制角 α 的变化范围就是触发脉冲 U_g 的移相范围。它决定了输出电压的变化范围,改变 α 角可使输出整流电压平均值在最大值与最小值之间变化。

⑤ 同步:使触发脉冲与可控整流电路的交流电源电压之间保持频率和相位的协调关系称为同步。使触发脉冲与电源电压保持同步是整流电路正常工作必不可少的条件。

⑥ 换相(换流):在可控整流电路中,从一个晶闸管导通电流变换为另一个晶闸管导通电流的过程称为换相,也称换流。

2. 相控整流电路主要研究的内容

晶闸管整流电路的接线形式很多,数量关系也很复杂,学习时应着重注意以下几个问题:

① 整流电路的输出直流平均电压 U_d 和交流输入电压有效值 U_2 与控制角 α 的关系。

② 交流输入电流有效值 I_2 和直流输出电流平均值 I_d 与控制角 α 的关系。

③ 流过晶闸管电流的有效值 I_T 和直流输出电流平均值 I_d 与控制角 α 的关系。

④ 晶闸管、硅整流管(二极管)和负载上的电压和电流的波形。

⑤ 触发信号的最大移相范围。

我们可以根据上述①的关系中,确定电源变压器二次侧的电压等级,根据②的关系确定变压器的额定电流,根据③的关系确定晶闸管的额定电流,根据④的关系确定晶闸管的额定电压。所以在上述五个关系中,①②两个关系用于选择合适的变压器,③④两个关系用于选择合适的晶闸管,第⑤个关系用于设计触发电路。

3. 相控整流电路研究的主要方法

相控整流电路主要的分析方法是波形分析法,根据波形图,推导出上述五个关系。分析步骤为:

① 画出主电路图。

② 画出相电压或线电压波形图。

③ 绘出触发脉冲。

④ 画出整流电压、电流等波形。

⑤ 根据波形图,计算相关物理量。

⑥ 对整流电路进行综合评价。

在分析相控整流电路时,为了分析方便,常常会做以下假设:

① 假设开关元件是理想的,即开关元件(晶闸管)导通时,通态压降为零,关断时电阻为无穷大。

② 假设变压器是理想的,即变压器漏抗为零、绕组的电阻为零、励磁电流为零。

③ 假设电源是理想的,即交流电网有足够大的容量,电源为恒频、恒压和三相对称,因而整流电路接入点的网压为无畸变正弦波。

4. 单相半波可控整流电路分析

(1)画出主电路图

单相半波可控整流电路的主电路如图 1 - 13a 所示,主电路由变压器 T_r、晶闸管 VT、负载电阻 R 组成。

(2)画出相电压波形图

变压器 T_r 起变换电压和隔离的作用,其一次和二次电压瞬时值分别用 u_1 和 u_2 表示,均为 50Hz 的正弦波,设二次侧电压 u_2 的有效值为 U_2,则 $u_2=\sqrt{2}U_2\sin\omega t$,波形如图 1 - 13b 所示。

(3)画出触发脉冲

假设在电源电压正半波,$\omega t=\omega t_1=\alpha$ 时,触发电路向晶闸管的控制极和阴极间发触发脉冲,触发脉冲的波形如图 1 - 13b 所示。

(4)画出各电压及电流的波形

负载为纯电阻负载,流过电阻的电流波形与电压波形完全一样,只是幅值不一样。负载电压 U_d 及晶闸管两端的电压 U_{VT} 波形如图 1 - 13b 所示,现分析如下:

① 在 $\omega t=0\sim\alpha$ 期间,电源电压为正半波,晶闸管承受正向电压,但没有触发信号,晶闸管处于正向阻断状态,输出电压 u_d、电流 i_d 都等于零,晶闸管两端承受电压 $u_{VT}=u_2$。

② 在 $\omega t=\alpha$ 时刻,晶闸管正偏且有触发电压,晶闸管开始导通,负载上的电压 u_d 等于变压器输出电压 u_2,即 $u_d=u_2$;晶闸管导通时管压降近似为零,即 $u_{VT}=0$。晶闸管导通后,触发电压失去作用,所以晶闸管持续导通。

③ 在 $\omega t=\pi$ 时刻,电源电压过零,晶闸管电流小于维持电流而关断,负载电压、电流为零。晶闸管两端承受电压 $u_{VT}=u_2$。

④ 在 $\omega t=\pi\sim2\pi$ 期间,电源电压负半波,$u_{AK}<0$,晶闸管承受反向电压而处于关断状态,负载电流 i_d 为零,负载上没有输出电压。至此,电路完成一个工作周期,之后,电路周期性重复上述过程。当电压的每一个周期都以恒定的 α 加上触发脉冲时,则负载上就能得到

稳定的电压波形,见图 1 - 13b 所示。

这是一个单方向的脉动直流电压。由于晶闸管只在电源电压正半波内导通,输出电压 u_d 为极性不变但瞬时值变化的脉动直流,故称"半波"整流。

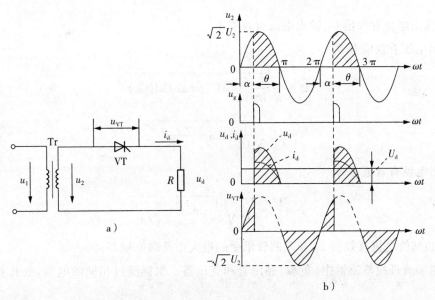

图 1 - 13 单相半波可控整流电路

a)电路图 b)工作波形

直流输出电压 u_d 和负载电流 i_d 的波形相位相同。表 1 - 6 列出了一个周期内晶闸管的工作状态、负载电压、晶闸管端电压的情况。

表 1 - 6 一个周期内各区间晶闸管、负载电压和晶闸管端电压情况

ωt	$0 \sim \alpha$	$\alpha \sim \pi$	$\pi \sim 2\pi$
晶闸管工作情况	VT 截止	VT 导通	VT 截止
u_d	0	u_2	0
u_{VT}	u_2	0	u_2

(5)根据波形图,计算相关物理量

① 直流输出电压平均值 U_d 与输出电流平均值 I_d

直流输出电压平均值 U_d 为

$$U_d = \frac{1}{2\pi} \int_\alpha^\pi \sqrt{2} U_2 \sin\omega t \, \mathrm{d}(\omega t)$$

$$= \frac{\sqrt{2} U_2}{\pi} \frac{1 + \cos\alpha}{2} = 0.45 U_2 \frac{1 + \cos\alpha}{2} \tag{1-2}$$

输出电流平均值 I_d

$$I_d = \frac{U_d}{R} = 0.45\frac{U_2}{R}\frac{1+\cos\alpha}{2} \tag{1-3}$$

② 输出电压有效值 U、输出电流有效值 I

输出电压有效值 U 为

$$U = \sqrt{\frac{1}{2\pi}\int_\alpha^\pi(\sqrt{2}U_2\sin\omega t)^2 \mathrm{d}(\omega t)}$$

$$= U_2\sqrt{\frac{1}{4\pi}\sin2\alpha + \frac{\pi-\alpha}{2\pi}} \tag{1-4}$$

输出电流有效值 I 为

$$I = \frac{U}{R} = \frac{U_2}{R}\sqrt{\frac{1}{4\pi}\sin2\alpha + \frac{\pi-\alpha}{2\pi}} \tag{1-5}$$

③ 晶闸管电流有效值 I_T 和晶闸管承受的最大正反向电压 U_{TM}

单相半波可控整流器中，负载、晶闸管和变压器二次侧流过相同的电流，故其有效值相等，即

$$I = I_T = I_2 = \frac{U_2}{R}\sqrt{\frac{1}{4\pi}\sin2\alpha + \frac{\pi-\alpha}{2\pi}} \tag{1-6}$$

通过 u_{VT} 的波形图可知，晶闸管承受的最大正反向电压为

$$U_{TM} = \sqrt{2}U_2 \tag{1-7}$$

④ 功率因数 PF

整流器功率因数是变压器二次侧有功功率与视在功率的比值，即

$$PF = \frac{P}{S} = \frac{UI_2}{U_2I_2} = \sqrt{\frac{1}{4\pi}\sin2\alpha + \frac{\pi-\alpha}{2\pi}} \tag{1-8}$$

式中：P 为变压器二次侧有功功率，$P = UI = UI_2$；S 为变压器二次侧视在功率，$S = U_2I_2$。

⑤ 触发信号的最大移相范围

由波形图可以看出：改变控制角 α 的大小，直流输出电压 u_d 的波形发生变化，负载上输出电压平均值 U_d 发生变化，显然 $\alpha = 180°$ 时，$U_d = 0$。所以单相半波可控整流器电阻性负载时的移相范围是 $0°\sim180°$。晶闸管的导通角 $\theta_T = 180°-\alpha$。

(6)对整流电路进行综合评价

单相半波相控整流器的优点是电路简单，调整方便，容易实现。其缺点是输出电压及负载电流脉动大(电阻性负载)，每周期脉动一次，且变压器二次侧流过单方向的电流，存在直流磁化、利用率低的问题，为使变压器不饱和，必须增大铁芯截面，这样就导致设备容量增大。若不用变压器，则交流回路有直流电流，使电网畸变引起额外损耗。因此单相半波相控

整流电路只适用于小容量、波形要求不高的场合。

【例1-1】 单相半波可控整流电路,电阻性负载,不经整流变压器直接与220V交流电源相接,要求输出直流电压为85V,最大输出的直流电流为20A,试计算有关电量:α、R_d、U、I_2、I_{VT} 和 $\cos\varphi$,并选择晶闸管。

解：(1)已知 $U_d = 85V$,由式(1-2)得

$$\cos\alpha = \frac{2U_d}{0.45U} - 1 = \frac{2 \times 85}{0.45 \times 220} - 1 = 0.717$$

可得 $\qquad\qquad\qquad\qquad \alpha = 44.2°$

(2)已知 U_d、I_d,计算负载电阻

$$R_d = U_d/I_d = 85/20 = 4.25(\Omega)$$

(3)根据式(1-4)计算负载两端的电压有效值 U

$$U = U_2\sqrt{\frac{\pi-\alpha}{2\pi} + \frac{\sin2\alpha}{4\pi}} = 220 \times 0.676 = 148.7(V)$$

(4)计算变压器二次绕组电流有效值

$$I_2 = \frac{U_2}{R}\sqrt{\frac{\pi-\alpha}{2\pi} + \frac{\sin2\alpha}{4\pi}} = \frac{148.7}{4.25} = 35(A)$$

(5)计算晶闸管电流有效值

$$I_{VT} = I_2 = 35(A)$$

(6)计算功率因数

$$\cos\varphi = \frac{P}{S} = \frac{U}{U_2} = \frac{148.7}{220} = 0.676$$

(7)选择晶闸管定额

$$U_{TM} = \sqrt{2}U_2 = \sqrt{2} \times 220V = 311V$$

$$U_{DRM} = U_{RRM} = (2\sim3) \times 311V = (622\sim933)V$$

$$I_T = (1.5\sim2)\frac{I_{VT}}{1.57} = (1.5\sim2)\frac{35}{1.57} = (33.5\sim44.6)A$$

所以,选择额定电压为700V,额定电流为50A的普通晶闸管,KP50-7。

三、晶闸管的触发电路

通过前面的分析已经知道,晶闸管导通除了要求阳极、阴极间承受正偏电压外,门极与控制极之间也要承受正偏电压。为晶闸管门极与控制极之间提供电压的电路称为触发电路(或门极驱动电路),它决定了晶闸管的导通时刻,是晶闸管变流装置中非常重要的组成部分。

1. 触发电路的基本要求

晶闸管触发电路的工作方式不同,对触发电路的要求也不完全相同,总结起来有以下

几点：

① 触发信号常采用脉冲形式。虽然触发信号可以是交流、直流，因晶闸管在触发导通后控制极就失去控制作用，为减少控制极损耗，一般触发信号采用脉冲形式。常见的触发电压波形如图 1-14 所示。

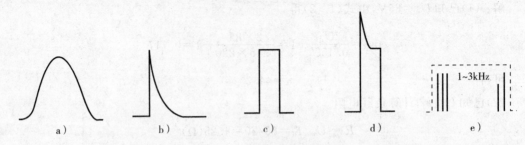

图 1-14　常见触发信号的波形

a)正弦波　b)尖脉冲　c)方波或方脉冲　d)强触发脉冲　e)脉冲列

② 触发脉冲应有足够的功率。晶闸管要想被触发导通，加在门极的触发电压 U_g 和电流 I_g 的大小必须大于晶闸管要求的 U_{GT} 和 I_{GT}，并且要留有足够的余量。在实际应用中，门极触发电压的幅值应比 U_{GT} 大几倍。

③ 触发脉冲电压的前沿要陡，要求小于 10 μs，以使晶闸管在触发导通后阳极电流能迅速上升超过擎住电流而维持导通，并且脉冲要有足够的宽度，但不同性质负载采用的触发脉冲宽度各不相同。

④ 触发脉冲与主电路电源必须同步。两者频率应该相同，而且要有固定的相位关系，使每一周期都能在相同的相位上触发。这种触发脉冲与主电路电源保持固定相位关系的方法称为同步。

⑤ 触发脉冲的移相范围应满足主电路移相范围的要求。

⑥ 触发电路应具有动态响应快、抗干扰能力强、温度稳定性好等性能。

2. 晶闸管触发电路的构成及实现

(1)几种简易实用触发电路

① 本相电压为触发信号的触发电路如图 1-15a 所示，用本相交流电源电压作为触发信号的半波可控整流电路，触发电路由 R、R_P、二极管 VD 构成，调节 R_P 使阻值由小到大，可使控制角 α 逐渐增大。此电路的移相范围小于 90°，电源利用率很低，故很少使用。

② 阻容移相触发电路如图 1-15b 所示，用 RC 电路的充电延时电压信号作为触发信号的半波可控整流电路。R_P 一般取 100kΩ 以上的电位器。当电源负半周时，晶闸管 VT 承受反向电压截止，电源通过 R_d、VD_2 对电容 C 充电，由于时间常数很小，这时电容两端电压 u_c 近似等于 u_2 的波形。当电压过了负半周最大值，VD_2 截止，电容经过 u_2、R_P、R_d 放电。然后反向充电，当 u_c 上升到一定值时，VT 触发导通。改变 R_P 阻值可实现 20°～180° 的移项控制。

③ 数字集成块触发电路如图 1-15c 所示，是用集成电路输出作为触发信号的半波可控整流电路。该触发集成电路可直接触发高灵敏度的晶闸管。

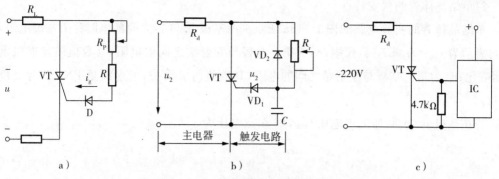

图 1-15 几种简易移相触发电路

a)本相电压为触发信号的触发电路 b)阻容移相触发电路 c)数字集成块触发电路

（2）脉冲变压器构成的晶闸管触发电路

如图 1-16 晶闸管触发电路，V_1、V_2 构成脉冲放大环节，脉冲变压器 TM 和附属电路构成脉冲输出环节。V_1、V_2 导通时，通过脉冲变压器向晶闸管的门极和阴极之间输出触发脉冲。VD_1 和 R_3 是为了 V_1、V_2 由导通变为截止时，脉冲变压器 TM 释放其储存的能量而设。

（3）单结晶体管触发电路

单结晶体管触发电路具有结构简单、调试方便、脉冲前沿陡、抗干扰能力强等优点，广泛应用于 50A 以下中小容量晶闸管的单相可控整流装置中。

1）单结晶体管结构

单结晶体管又称双基极管，它在结构上只有一个 PN 结，三个电极：第一基极（b_1）、第二基极（b_2）和发射极 e。单结晶体

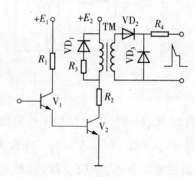

图 1-16 脉冲变压器构成的晶闸管触发电路

管的结构、等效电路及符号如图 1-17 所示。触发电路常用的国产单结晶体管的型号主要有 BT31、BT33、BT35，B 表示半导体，T 表示特种管，第一个数字 3 表示有三个电极，第二个数字 3（或 5）表示耗散功率 300mW（或 500mW）。其外形与管脚排列如图 1-17d 所示。

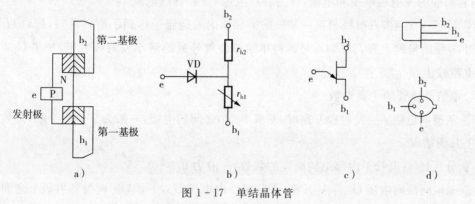

图 1-17 单结晶体管

a)结构图 b)等效电路图 c)图形符号 d)管脚排列

2）单结晶体管的伏安特性

单结晶体管的实验电路如图 1-18a 所示。两基极 b_1 与 b_2 之间的电阻称为基极电阻，其值可表示为 $r_{bb}=r_{b1}+r_{b2}$。式中，r_{b1} 为第一基极与发射结之间的电阻，其数值随发射极电流 i_e 而变化；r_{b2} 为第二基极与发射结之间的电阻，其数值与 i_e 无关；发射结是 PN 结，与二极管等效。

若在基极 b_2、b_1 间加上正电压 U_{bb}，则 A 点电压为

$$U_A=\frac{r_{b1}}{r_{b1}+r_{b2}}U_{bb}=\frac{r_{b1}}{r_{bb}}U_{bb}=\eta U_{bb} \tag{1-9}$$

式中，η 称为分压比，其值一般在 0.3～0.85 之间，如果发射极电压 U_e 由零逐渐增加，就可测得单结晶体管的伏安特性，见图 1-18b。

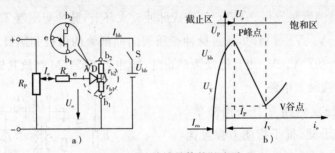

图 1-18 单结晶体管的实验

a）单结晶体管实验电路 b）单结晶体管伏安特性

① 当 $U_e<\eta U_{bb}$ 时，发射结处于反向偏置，管子截止，发射极只有很小的漏电流 I_{ce}。

② 当 $U_e\geq\eta U_{bb}+U_{VD}$，$U_{VD}$ 为二极管正向压降（约为 0.7 伏），PN 结正向导通，I_e 显著增加，r_{b1} 阻值迅速减小，U_e 相应下降，这种电压随电流增加反而下降的特性，称为负阻特性。管子由截止区进入负阻区的临界点 P 称为峰点，与其对应的发射极电压和电流，分别称为峰点电压 U_P 和峰点电流 I_P。I_P 是正向漏电流，它是使单结晶体管导通所需的最小电流，显然 $U_P=\eta U_{bb}$。

③ 随着发射极电流 i_e 不断上升，U_e 不断下降，降到 V 点后，U_e 不在降了，这 V 点称为谷点，与其对应的发射极电压和电流，称为谷点电压 U_V 和谷点电流 I_V。

④ 过了 V 点后，发射极与第一基极间半导体内的载流子达到了饱和状态，所以 U_e 继续增加时，i_e 便缓慢地上升，显然 U_V 是维持单结晶体管导通的最小发射极电压，如果 $U_e<U_V$，管子重新截止。

3）单结晶体管的主要参数

① 基极间电阻 r_{bb}：发射极开路时，基极 b_1、b_2 之间的电阻，一般为 2～10 千欧，其数值随温度上升而增大。

② 分压比 η：由管子内部结构决定的常数，一般为 0.3～0.85。

③ e、b_1 间反向电压 U_{eb1}：b_2 开路，在额定反向电压 U_{eb2} 下，基极 b_1 与发射极 e 之间的反向耐压。

④ 反向电流 I_{eo}：b_1 开路，在额定反向电压 V_{eb2} 下，e、b_2 间的反向电流。

⑤ 发射极饱和压降 U_{eo}：在最大发射极额定电流时，e、b_1 间的压降。

⑥ 峰点电流 I_P：单结晶体管刚开始导通时，发射极电压为峰点电压时的发射极电流。

综上所述，单结管具有以下特点：

① 当发射极电压等于峰点电压 U_P 时，单结管导通。导通之后，当发射电压减小到 $u_e <$ U_V 时，管子由导通变为截止。一般单结管的谷点电压在 $2 \sim 5V$。

② 单结管的发射极与第一基极之间的 r_{b1} 是一个阻值随发射极电流增大而变小的电阻，r_{b2} 则是一个与发射极电流无关的电阻。

③ 不同的单结管有不同的 U_P 和 U_V。同一个单结管，若电源电压 U_{bb} 不同，它的 U_P 和 U_V 也有所不同。在触发电路中常选用 U_V 低一些或 I_V 大一些的单结管。

4）单结晶体管构成脉冲触发电路及元器件参数选择

利用单结晶体管的特性和 RC 电路的充放电特性，可以构成单结晶体管脉冲触发电路，电路如图 1-19a 所示，用以触发晶闸管。设电源未接通时，电容 C 上的电压为零。电源 U_{bb} 接通后，电源电压通过 R_2 和 R_1 加在单结晶体管的 b_2 与 b_1 上，同时又通过 r 和 R 对电容 C 充电。当电容电压 u_C 达到单结晶体管的峰点电压 U_P 时，e、b_1 导通，电容 C 通过 V 和 R_1 放电。因 R_1 很小，放电很快，放电电流在 R_1 上输出一个脉冲去触发晶闸管。电容放电的同时，电容 C 的电压 u_C 逐渐下降，u_C 下降到谷点电压 U_V 时，单结晶体管关断，输出电压 u_{R1} 为零，完成一次振荡。放电一结束，电容器重新开始充电，重复上述过程，电容 C 由于 $\tau_{放} < \tau_{充}$ 而得到锯齿波电压，R_1 上得到一个周期性的尖脉冲输出电压，如图 1-19b 所示。

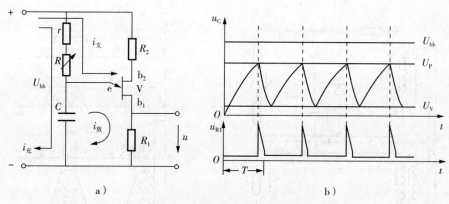

图 1-19　单结晶体管触发电路
a）张弛振荡电路　b）波形图

上述电路的工作过程是利用了单结晶体管负阻特性和 RC 充放电特性，如果改变 R，便可改变电容充放电的快慢，使输出的脉冲前移或后移，从而改变控制角 α，控制了晶闸管触发导通的时刻。显然，充电时间常数 $\tau = RC$ 大时，触发脉冲后移，α 大，晶闸管推迟导通；τ 小时，触发脉冲前移，α 小，晶闸管提前导通。

① 充电电阻 R 的选择

改变充电电阻的大小,就可以改变张弛振荡电路的频率,但是频率的调节有一定的范围,如果充电电阻选择不当,将使单结晶体管自激振荡电路无法形成振荡。

充电电阻的取值范围为

$$\frac{U_{bb}-U_V}{I_V}<R<\frac{U_{bb}-U_P}{I_P} \tag{1-10}$$

其中,U_{bb}——触发电路电源电压;

　　U_V——单结晶体管的谷点电压;

　　I_V——单结晶体管的谷点电流;

　　U_P——单结晶体管的峰点电压;

　　I_P——单结晶体管的峰点电流。

② 电阻 R_2 的选择

电阻是用来补偿温度对峰点电压的影响,通常取值范围为 200～600Ω。

③ 输出电阻 R_1 的选择

输出电阻的大小将影响输出脉冲的宽度与幅值,通常取值范围为 50～100Ω。

④ 电容 C 的选择

电容 C 的大小与脉冲宽窄有关,通常取值范围为 0.1～1 μF。

5)具有同步环节的单结晶体管触发电路

需要特别说明的是,实际中必须解决触发电路与主电路同步的问题,否则会产生失控现象。具有同步的单结晶体管触发电路如图 1-20a 所示,主电路为单相半波可控整流电路。

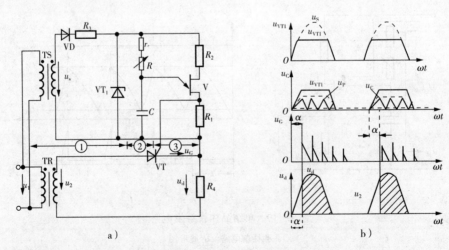

图 1-20　具有同步环节的触发电路

a)单结晶体管触发电路　b)波形图

图中主回路变压器 TR 与触发电路变压器 TS 接在同一电源上,其中图 1-20a 中①为同步环节,②为移相环节,③为脉冲形成和输出环节。TS 二次电压 u_s 经二极管半波整流、稳压管稳压削波,得到梯形波,向触发电路供电。当梯形波过零点时,使电容 C 放电到零,保证了下一个周期电容 C 从零开始充电,并且过零后第一个脉冲产生的相位相同,使主电路和产生的触发脉冲一致,起到了同步作用。通过调整电阻 R 的数值改变第一个脉冲到来的早晚而改变移相角,形成移相环节。从图 1-20b 可看到,稳压管削波(限幅)增大了移相范围,同时也使触发脉冲幅度平衡,提高了晶闸管工作的稳定性。第一个脉冲产生送到主电路用来触发晶闸管导通,完成了由单结晶体管触发电路产生脉冲信号触发主电路的过程。

项目实施

一、项目要求

现有一只普通台灯,实物接线及原理图如图 1-21 所示,要求利用本项目所学知识将其改造为亮度可调节的调光灯。

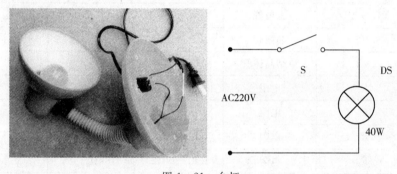

图 1-21　台灯

二、项目实施过程

1. 原理图设计

当灯泡两端电压大小发生改变,则输出给灯泡的功率就会改变,灯泡的亮度也会发生变化,实现调光功能。因此可采用单相半波可控整流电路,使电网 220V 交流电先通过由晶闸管构成的单相半波可控整流电路,再供给灯泡。晶闸管的触发电路可采用单结晶体管构成的触发电路,设计原理图如图 1-22 所示。

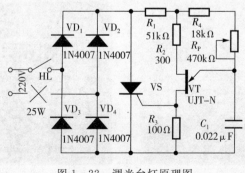

图 1-22　调光台灯原理图

VT、R_2、R_3、R_4、R_P、C 组成单结晶体管张弛振荡器。接通电源前,电容 C 上的电压为零。接通电源后,电容经 R_4,R_P 充电,电压 U_e 逐渐升高。当达到峰值点电压时,e、b1 间导通,电容上电压向电阻 R_3 放电。当电容上的电压降到谷点电压时,单结晶体管恢复阻断状态。此后,电容又重新充电,重复上述过程,结果在电容上形成锯齿状电压,在 R_3 上则形成脉冲电压。此脉冲电压作为可控硅 VS 的触发信号。在 VD_1、VD_2、VD_3、VD_4 桥式整流输出的每一个半波时间内,振荡器产生的第一个脉冲为有效触发信号。调节 R_P 的阻值,可改变触发脉冲的相位,控制晶闸管 VS 的导通角,调节灯泡亮度。

2. 元器件的选择

电路元器件名称、规格型号和数量,如表 1-7 所示。

表 1-7 元器件清单

序 号	元 件	名 称	型号及规格	数 量	备 注
1	$VD_1 \sim VD_4$	二极管	1N4007	4	
2	VS	晶闸管	MCR100-8P86	1	
3	VT	单结晶体管	BT33F	1	
4	R_1	电阻	RT1-0.125-b-51kΩ±5%	1	
5	R_2	电阻	RT1-0.125-b-300Ω±5%	1	
6	R_3	电阻	RT1-0.125-b-100Ω±5%	1	
7	R_4	电阻	RT1-0.125-b-18kΩ±5%	1	
8	R_p	带开关电位器	RT1-0.125-b-470kΩ±5%	1	
9	C	涤纶电容器	CL11-63V-0.022μF±10%	1	
10		导线		若干	

3. PCB 板设计

因为此电路较简单,元器件较少,可以画 PCB 板,也可以直接在面包板上实现,如图 1-23 所示。

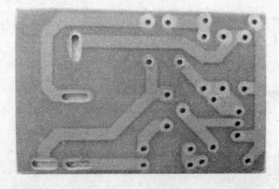 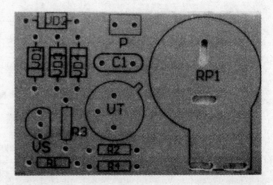

图 1-23 PCB 板

4. 电路板的焊接

焊接前先检查每个元器件的好坏,注意晶闸管及单结晶体管的极性,焊接顺序为由小到大,先焊接电阻和二极管,再焊晶闸管、电容、晶体管,最后开关电位器。

要求焊点大小适中,无漏焊、假焊、虚焊、连焊,焊点光滑、圆润、干净、无毛刺;引脚加工尺寸及成形符合工艺要求;导线长度、剥头长度符合工艺要求,芯线完好,捻头镀锡。焊接完毕的电路板如图 1-24 所示。

将焊接好的单相半波可控整流电路串接在交流电源插头和开关之间,即 VD$_2$ 阳极或 VD$_4$ 阴极接到开关的一端,将 VD$_1$ 阳极或 VD$_3$ 阴极接到插头的一端。为了便于调光,需将电位器旋钮露在壳外面,所以需要在壳上按照旋钮的尺寸开孔,改造后的调光灯如图 1-25 所示。

 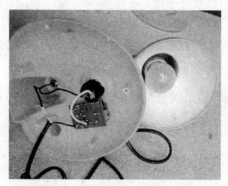

图 1-24　焊接完毕的调压电路　　　图 1-25　改造后的调光灯

5. 电子电路的调试

(1)由于电路直接与市电相连,调试时应注意安全,防止触电。调试前认真、仔细核查各元器件安装是否正确可靠,最后插上灯泡,进行调试。

(2)插上电源插头,人体各部分远离印制电路板,打开开关,右旋电位器把柄,灯泡应逐渐变亮,右旋到头灯泡最亮;反之,左旋电位器把柄,灯泡应逐渐变暗,左旋到头灯光熄灭。效果如图 1-26 所示,大功告成了。

6. 常见故障检修

(1)灯泡不亮,不可调光。由 BT33 组成的单结晶体管张弛振荡器停振,可造成灯泡不亮,不可调光。可检测 BT33 是否损坏,C 是否漏电或损坏等。

图 1-26　调光灯调试效果图

(2)电位器顺时针旋转时,灯泡逐渐变暗。这是电位器中心抽头接错位置所致。

(3)调节电位器 R_P 至最小位置时,灯泡突然熄灭。可检测 R_4 的阻值,若 R_4 的实际阻值太小或短路,则应更换 R_4。

知识拓展

单相半波可控整流电路(带阻感性负载)

前面介绍的调光灯改造项目,其主电路是单相半波可控整流电路,负载灯泡为纯电阻性负载,若负载为直流电机,则为阻感性负载。电感总是阻碍流过其电流的变化,流过电感的电流不能突变,正是由于这个特点,所以整流电路带阻感性负载时其电压、电流的波形及基本数量关系都会发生很大变化。

一、单相半波可控整流电路

1. 画出主电路

单相半波可控整流电路带阻感性负载时的主电路如图 1-27a 所示,主电路由变压器 T、晶闸管 VT、负载电抗 L 及负载电阻 R 组成。

2. 画出相电压波形图

变压器二次交流电压为 $u_2 = \sqrt{2}U_2 \sin\omega t$,波形如图 1-27b 所示。

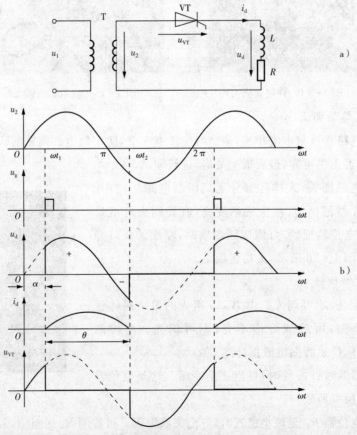

图 1-27 单相半波可控整流电路(阻感性负载)

a)电路图 b)工作波形

3. 画出触发脉冲

假设在电源电压正半波，$\omega t = \omega t_1 = \alpha$ 时，触发电路向晶闸管的控制极和阴极间发触发脉冲，触发脉冲的波形如图 1-27 所示。

4. 画出各电压及电流的波形

各电压电流波形如图 1-27 所示，现分析如下：

(1) 在 $\omega t = 0 \sim \alpha$ 期间：晶闸管阳一阴极间的电压 u_{AK} 大于零，此时没有触发信号，晶闸管处于正向关断状态，输出电压 u_d、电流 i_d 都等于零。晶闸管两端承受电压 $u_{VT} = u_2$。

(2) 在 $\omega t = \alpha$ 时刻，门极加触发信号，晶闸管触发导通，电源电压加到负载上，输出电压 $u_d = u_2$。由于电感的存在，负载电流 i_d 只能从零按指数规律逐渐上升。晶闸管导通时两端承受电压 $u_{VT} = 0$。

(3) 在 $\omega t = \alpha \sim \pi$ 期间：晶闸管一旦导通，控制极失去作用，所以尽管没有触发脉冲，晶闸管仍然导通。输出电流 i_d 从零开始逐渐增大，电源一边向负载供电，一边向电感充电。在 i_d 的上升的过程中，电感产生反向的感应电势（感应电势的方向：上正下负）力图阻碍电流上升。当电流增至最大值后开始下降。在 i_d 的下降的过程中，电感又产生反向的感应电势（感应电势的方向：上负下正）力图阻碍电流的下降。输出电压 $u_d = u_2$。晶闸管两端承受电压 $u_{VT} = 0$。

(4) 在 $\omega t = \pi \sim \omega t_2$ 期间：电源电压 u_2 过零变负，在反向感应电势的作用下，晶闸管继续正偏导通，电感通过晶闸管向电源回馈能量，负载电流继续下降直到 $i_d = 0$。输出电压 $u_d = u_2$，晶闸管两端承受电压 $u_{VT} = 0$。

(5) 在 $\omega t = \omega t_2 \sim 2\pi$ 期间：到 ωt_2 时刻，电感中储存的能量全部释放完了，$i_d = 0$，电流不再变化，感应电势为零。晶闸管承受反向电压关断。输出电压 $u_d = 0$。晶闸管两端承受电压 $u_{VT} = u_2$。

表 1-8 各区间晶闸管的导通、负载电压和晶闸管端电压情况

ωt	$0 \sim \alpha$ (ωt_1)	$\alpha \sim \pi$	$\pi \sim \omega t_2$	$\omega t_2 \sim 2\pi$
晶闸管工作情况	VT 截止	VT 导通	VT 导通	VT 截止
u_d	0	$u_2 > 0$	$u_2 < 0$	0
u_{VT}	u_2			u_2

5. 根据波形图，计算相关物理量

直流输出电压平均值 U_d 为

$$U_d = \frac{1}{2\pi} \int_{\alpha}^{\alpha + \theta} \sqrt{2} U_2 \sin \omega t \, d(\omega t) = 0.45 U_2 \cos \alpha \tag{1-11}$$

6. 对整流电路进行综合评价

由电压电流波形可见，带有阻感性负载时，输出电压与输出电流的波形与带电阻性负载

时完全不同,由于电感的作用,使电流的变化滞后于电压的变化。晶闸管从 α 时刻触发导通到 $\alpha+\theta$ 时关断,负载两端出现负电压。所以,负载电压平均值由于电感的存在而减少了。若电感越大,则维持导电的时间越长,负电压部分占的比例越大,使输出直流电压下降得越多。特别是大电感负载时,输出电压正负面积趋于相等,输出电压平均值趋于零,负载上得不到应有的电压。为解决这一问题,应在电源电压过零变负时,为负载电流提供一条新的电流通路,并迫使晶闸管关断。这样,电感将不再通过电源释放其储能,输出电压不再出现负值。解决的办法是在负载两端并联续流二极管。

二、阻感性负载加续流二极管

1. 画出主电路图

电感性负载加续流二极管的电路如图 1-28a 所示。二极管反向并联在负载的两端。

2. 画出相电压或线电压波形图

电源电压为单相正弦交流电压,$u_2=\sqrt{2}U_2\sin\omega t$,其波形图如 1-28b 所示。

3. 画出触发脉冲

假设在 $\alpha=\omega t_1$ 时刻,晶闸管得到触发脉冲,波形图省略。

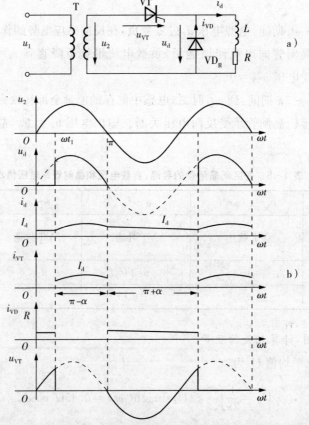

图 1-28 单相半波可控整流电路(阻感性负载加续流二极管)

a)电路图 b)工作波形

4. 画出整流电压、电流等波形

各电压电流波形如图 1-28b 所示,现分析如下:

(1)在 $\omega t = \alpha \sim \pi$ 期间:$u_2 > 0$,晶闸管被触发导通,晶闸管一旦导通,控制极失去作用,所以尽管后面没有触发脉冲,晶闸管仍然导通;续流二极管承受反偏电压截止。电源一边向负载供电,一边向电感充电。输出电流 i_d 开始逐渐增大,在 i_d 的上升的过程中,电感产生反向的感应电势(感应电势的方向:上正下负)力图阻碍电流上升,当电流增至最大值后开始下降。在 i_d 下降的过程中,电感又产生反向的感应电势(感应电势的方向:上负下正)力图阻碍电流的下降。输出电压 $u_d = u_2$,晶闸管两端承受电压 $u_{VT} = 0$,流过晶闸管的电流 $i_{VT} = i_d$,流过二极管的电流 $i_{VD} = 0$。

(2)在 $\omega t = \pi \sim 2\pi$ 期间:电源电压 $u_2 < 0$,在反向感应电势的作用下,二极管正偏导通,电感通过二极管构成续流回路,释放能量,负载两端的输出电压为续流二极管的管压降,接近于零,所以输出电压 $u_d = 0$,$i_{VDR} = i_d$。同时晶闸管承受反偏电压截止,所以 $u_{VT} = u_2$,$i_{VT} = 0$。

(3)在 $\omega t = 2\pi \sim 2\pi + \alpha$ 期间:$u_2 > 0$,但是还没有触发脉冲,晶闸管仍然截止不导通,因此不出现负电压。如果电感足够大,续流二极管一直导通到下一周期晶闸管导通,使 i_d 连续,且 i_d 波形近似为一条直线,所以输出电压 $u_d = 0$,$i_{VD} = i_d$。同时,晶闸管承受反偏电压截止,所以 $u_{VT} = u_2$,$i_{VT} = 0$。

表 1-9 列出了一个周期内晶闸管和续流管的导通及负载电压、晶闸管端电压等情况。

表 1-9 一个周期内晶闸管、续流管、输出电压和电流等情况

ωt	$0 \sim \alpha$	$\alpha \sim \pi$	$\pi \sim 2\pi$	$2\pi \sim 2\pi + \alpha$
晶闸管导通情况	截止	导通	截止	截止
续流管导通情况	导通	截止	导通	导通
u_d	0	u_2	0	0
i_d	近似一条直线(值为 I_d)			
u_{VT}	u_2	0	u_2	u_2
i_{VT}	0	I_d(矩形波)	0	0
i_{VDR}	I_d(矩形波)	0	I_d(矩形波)	I_d(矩形波)

5. 根据波形图,计算相关物理量

1)输出电压平均值 U_d 与输出电流平均值 I_d

由于输出电压波形与电阻性负载波形相同,所以 U_d 计算式与阻性负载时相同,即

$$U_d = 0.45 U_2 \frac{1 + \cos\alpha}{2} \tag{1-12}$$

$$I_d = \frac{U_d}{R} \tag{1-13}$$

2)晶闸管的电流平均值 I_{dT} 与晶闸管电流有效值 I_T

晶闸管的电流平均值 I_{dT}

$$I_{dT} = \frac{\theta_T}{2\pi} I_d = \frac{\pi - \alpha}{2\pi} I_d \qquad (1-14)$$

晶闸管的电流有效值 I_T

$$I_T = \sqrt{\frac{\theta_T}{2\pi}} I_d = \sqrt{\frac{\pi - \alpha}{2\pi}} I_d \qquad (1-15)$$

3)续流二极管的电流平均值 I_{dD} 与续流二极管的电流有效值 I_D

当 $\omega L \gg R$ 时，

$$I_{dD} = \frac{\theta_D}{2\pi} I_d = \frac{\pi + \alpha}{2\pi} I_d \qquad (1-16)$$

$$I_D = \sqrt{\frac{\theta_D}{2\pi}} I_d = \sqrt{\frac{\pi + \alpha}{2\pi}} I_d \qquad (1-17)$$

4)晶闸管和续流二极管承受的最大正反向电压

晶闸管和续流二极管承受的最大正反向电压均为电源电压的峰值：

$$U_{TM} = U_{DM} = \sqrt{2} U_2 \qquad (1-18)$$

5)触发信号的移相范围

① 移相范围和输出电压波形与电阻性负载波形相同,续流二极管可起到提高输出电压的作用。

② 电源电压的正半周,负载电流由晶闸管导通提供,电源电压负半周,由续流二极管维持负载电流。因此波形比电阻负载时平稳得多。在负载电感足够大的情况下,负载电流波形连续且近似一条直线,其值为 I_d。流过晶闸管的电流波形和流过续流二极管的电流波形是矩形波。

③ 晶闸管的导通角 $\theta_T = \pi - \alpha$,续流管的导通角 $\theta_D = \pi + \alpha$。

【例 1-2】 图 1-29 是中小型同步发电机采用单相半波晶闸管自激恒压激磁的原理图。发电机电压为 220V,要求激磁电压为 45V,激磁线圈 L_d 的电阻为 4Ω,电感为 $0.2H$,试求:晶闸管的导通角、流过晶闸管与续流管电流的平均值与有效值。

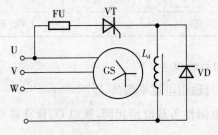

图 1-29 单相半波晶闸管自激恒压激磁的原理图

解: 因 $\omega L_d = 314 \times 0.2 = 62.8\Omega \gg R_d = 4\Omega$,所以为大电感负载,电流波形可看成是平直

的。因为 $U_d = 0.45U_2\dfrac{1+\cos\alpha}{2}$，所以

$$\cos\alpha = \frac{2U_d}{0.45U_2} - 1 = \frac{2\times45}{0.45\times220} - 1 = -0.09$$

查表得 $\alpha = 95.1°$，所以

$$\theta_T = 180° - 95.1° = 84.9°$$

$$I_d = U_d/R_d = 45/4 = 11.25\text{A}$$

晶闸管及续流管中电流平均值与有效值分别为

$$I_{dT} = \frac{84.9°}{360°}\times11.25\text{A} = 2.66\text{A}$$

$$I_T = \sqrt{\frac{84.9°}{360°}}\times11.25\text{A} = 5.45\text{A}$$

$$I_{dD} = \frac{360°-84.9°}{360°}\times11.25\text{A} = 8.6\text{A}$$

$$I_D = \sqrt{\frac{360°-84.9°}{360°}}\times11.25\text{A} = 9.83\text{A}$$

单相半波相控整流器的优点是电路简单、调整方便、容易实现,其缺点是输出电压及负载电流脉动大(电阻性负载),每周期脉动一次,且变压器二次侧流过单方向的电流,存在直流磁化、利用率低的问题。为使变压器不饱和,必须增大铁芯截面,这样就导致设备容量增大。若不用变压器,则交流回路有直流电流,使电网畸变引起额外损耗。因此单相半波相控整流电路只适用于小容量、波形要求不高的场合。

项目小结

本项目以一只调光台灯引入,通过分析调光台灯的原理图,了解到调光台灯主要是由晶闸管构成的单相半波整流电路及单结晶体管构成的触发电路构成。

首先,介绍了晶闸管及其派生器件的结构、工作原理、参数及检测方法。普通晶闸管的管芯内部是四层半导体结构,向外引出 3 个电极,分别为阳极 A、阴极 K 和控制极 G(又称门极)。它的导通条件是晶闸管阳极与阴极间必须接正向电压,同时控制极与阴极之间也要接正向电压。关断条件是减小其阳极电流使其小于维持电流。

其次,介绍了单相半波整流电路,电路的构成、基本工作原理、工作过程及波形分析、基本数量关系等。通过分析可以知道,单相半波整流电路将交流电压转换成了直流电压,这个直流电压方向不变了,但是一个周期内电压大小变化幅度还很大,输出电压纹波系数较高。调光台灯的负载为灯泡,是纯电阻性负载,所以先分析了电阻性负载的情况。知识拓展中我们也分析了单相半波整流电路带阻感性负载的情况。由于电感对电流不能突变,电流的变化滞后电压的变化,当电压过零变负时,晶闸管仍然导通,导通角增大了。学习的时候注意

两者之间的不同。接着分析了由单结晶体管构成的触发电路,先介绍了单结晶体管的结构、工作原理、检测方法,然后介绍了由单结晶体管构成的触发电路的工作过程以及在触发电路中各元器件的参数。

最后,通过对一个不具备调光功能的台灯改造成亮度可调的台灯的过程,使大家对所学知识有了更深的认识和理解,也提高了所学知识的实际应用能力。

思 考 与 练 习

1-1 晶闸管导通的条件是什么?导通后流过晶闸管的电流由什么决定?晶闸管的关断条件是什么?如何实现?晶闸管导通与阻断时其两端电压各为多少?

1-2 如下图所示的晶闸管电路,在断开负载 R 测量输出电压 U_d 是否可调时,发现电压表读数不正常,接上 R 后一切正常,请分析为什么?

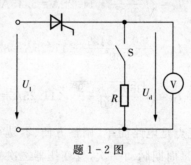

题 1-2 图

1-3 说明晶闸管型号 KP100-8E 代表的意义。

1-4 型号为 KP100-3、维持电流 $I_H=3\text{mA}$ 的晶闸管,使用在下图所示的三个电路中是否合理?为什么(不考虑电压、电流裕量)?

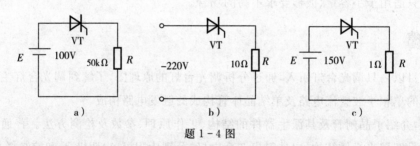

题 1-4 图

1-5 某晶闸管元件测得 $U_{DRM}=840\text{V}$,$U_{RRM}=980\text{V}$,试确定此晶闸管的额定电压是多少?

1-6 某单相半波整流电路中,负载为纯电阻性负载,$R_d=50\Omega$,要求 U_d 在 $0\sim60\text{V}$ 范围内可调,计算:

(1)晶闸管额定电压、电流值。

(2)负载电阻上消耗的最大功率。

1-7 某电阻性负载要求 $0\sim24\text{V}$ 直流电压,最大负载电流 $I_d=30\text{A}$,如用 220V 交流直接供电与用变压器降压到 60V 供电,都采用单相半波整流电路,是否都能满足要求?试比较两种供电方案所选晶闸管的导通角、额定电压、额定电流值以及电源和变压器二次侧的功率因数和对电源的容量的要求有何不同、两种方案哪种更合理(考虑 2 倍裕量)?

1-8 单相半波可控整流电路中,试分析以下三种情况晶闸管两端 u_{VT} 与负载两端 u_d 的电压波形。

(1)晶闸管门极不加触发脉冲。

(2)晶闸管内部短路。

(3)晶闸管内部断开。

1-9 下图是中小型发电机采用的单相半波晶闸管自激励磁电路,L 为励磁电感,发电机满载时相电压为 220V,要求励磁电压为 40V,励磁绕组内阻为 2Ω,电感为 0.1H,试求:满足励磁要求时,晶闸管的导通角及流过晶闸管与续流二极管的电流平均值和有效值。

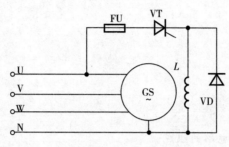

题 1-9 图

1-10 用分压比为 0.6 的单结晶体管组成振荡电路,若 $U_{bb}=20V$,则峰点电压 U_P 为多少? 如果管子的 b1 脚虚焊,电容两端的电压为多少? 如果是 b2 脚虚焊(b1 脚正常),电容两端电压又为多少?

1-11 单结晶体管触发电路中,电容的作用是什么? 若换电感,触发电路还能输出脉冲吗? 为什么?

1-12 画出单相半波可控整流电路,当 $\alpha=60°$ 时,以下三种情况的 u_d、i_T 及 u_T 的波形。

(1)电阻性负载。

(2)大电感负载不接续流二极管。

(3)大电感负载接续流二极管。

项目二 线性直流稳压电源的分析与制作

【学习目标】

(1)了解集成稳压电源电路的组成。

(2)掌握各类单相桥式电路的原理及其工作情况。

(3)学会对桥式整流电路的触发电路进行调试。

(4)熟悉滤波电路的形式及应用场合。

(5)熟悉稳压电路的形式及其典型应用电路及元器件选择。

(6)学会制作简单的线性直流稳压电源。

(7)培养获取新知识及查阅资料的能力以及团结协作的能力。

项目引入

电子设备一般都需要直流电源供电。这些直流电除了少数直接利用干电池和直流发电机外,大多数是采用可以把交流电(市电)转变为直流电的直流稳压电源,如图 2 - 1a 所示。常用的直流稳压电源由电源变压器、整流、滤波以及稳压电路组成,如图 2 - 1b 所示。电源变压器(又称整流变压器)的作用是改变电网上的交流电压,为整流电路提供所需的交流输入电压;整流的作用则是将交变电压变换为单方向的脉动直流电压;而滤波的作用则是减少整流后直流电的脉动成分;稳压电路使输出直流电压保持恒定。采用晶闸管构成的输出 12 ～30V/20A 可调的稳压电源如图 2 - 1c 所示。本项目中将介绍一款简易的电压连续可调的线性直流稳压电源的工作原理、设计及制作。

a)

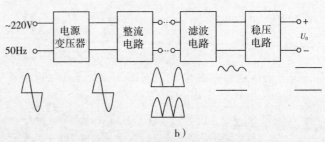

b)

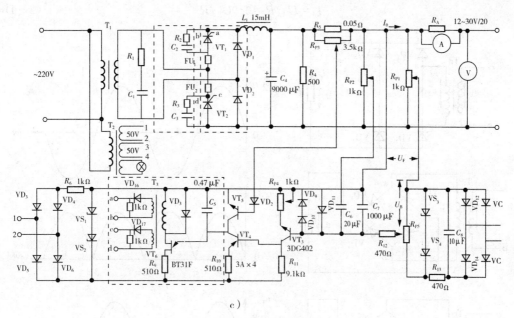

图 2-1　稳压电源

a)实物图　b)结构图　c)原理图

知识链接

一、单相桥式整流电路

在前一个项目中分析了单相半波整流电路,虽然其结构简单,但是在单相半波整流电路中变压器的利用率很低,只利用了电源的半个周期,而且整流给出的电压脉动大,平均值低,在实际中很少采用。在此项目中应用了另外一种整流电路——单相桥式整流电路。单相桥式整流电路可分为单相桥式不控整流电路、单相桥式全控整流电路和单相半控整流电路。

1. 单相桥式不控整流电路

单相桥式不控整流电路有三种画法,如图 2-2a 所示,它是由电源变压器、四只整流二极管 VD_1、VD_2、VD_3、VD_4 和负载电阻 R 组成,四只整流二极管接成电桥形式,故称桥式整流。在交流电源 u_2 正半周时,VD_1、VD_4 承受正偏电压导通,电流沿 a→VD_1→R→VD_4→b→Tr 的二次绕组→a 流通;在交流电源 u_2 负半周时,VD_2、VD_3 承受正偏电压导通,电流沿 b→VD_3→R→VD_2→b→Tr 的二次绕组→b 流通。

负载 R 上的电压和电流波形及二极管 VD_1、VD_4 的波形如图 2-2b 所示。将单相桥式不控整流电路负载的波形与单相半波整流电路负载的波形比较可以看出,单相桥式不控整流电路中电压波形与横坐标包围的面积是单相半波整流电路在 $\alpha=0°$ 时候的两倍,所以输出电压及电流的平均值分别为

$$U_d = 2 \times 0.45 U_2 \frac{1+\cos0°}{2} = 0.9 U_2 \qquad (2-1a)$$

$$I_d = U_d/R = 0.9U_2/R \tag{2-1b}$$

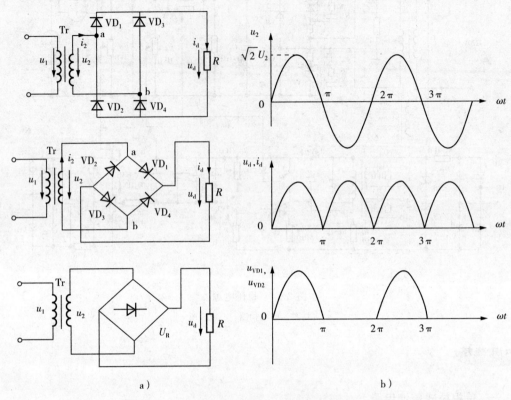

图 2-2　单相桥式不控整流电路

a)原理图　b)波形图

流过每个二极管的平均电流为

$$I_{VD} = I_d/2 = 0.45U_2/R \tag{2-2}$$

每个二极管所承受的最高反向电压为

$$U_{DM} = \sqrt{2}U_2 \tag{2-3}$$

目前,小功率桥式整流电路的四只整流二极管,被接成桥路后封装成一个整流器件,称"硅桥"或"桥堆",四个引脚中两个交流输入端标有"～"或"AC"标记,两个直流输出端标有"＋"和"－"。外面用绝缘塑料封装而成,大功率整流桥在绝缘层外添加锌金属包封,增强散热。整流桥有多种形状:扁形、圆形、方形、板凳形(分直插和贴片)等,最大整流电流从 0.5A 到 100A,最高反向峰值电压从 50V 到 1600V。常见整流桥外形如图 2-3 所示。

需要特别指出的是,二极管作为整流元件,要根据不同的整流方式和负载大小加以选择。如选择不当,则不能安全工作,甚至烧了管子,或者大材小用,造成浪费。另外,在高电压或大电流的情况下,如果手头没有承受高电压或大电流的整流元件,可以把二极管串联或并联起来使用。

图 2-3 整流桥外形图

2. 单相桥式全控整流电路

(1) 电阻性负载

1) 画出主电路图

将单相桥式不控整流电路中的四个二极管用四个晶闸管代替,就构成了单相全控桥式整流电路,带电阻性负载的电路图如 2-4a 所示,主电路由四个晶闸管组成了整流桥,其中 VT_1、VT_4 组成一对桥臂,VT_2、VT_3 组成另一对桥臂,VT_1 和 VT_3 两只晶闸管接成共阴极,VT_2 和 VT_4 两只晶闸管接成共阳极,变压器二次电压 u_2 接在 a、b 两点。

2) 画出相电压波形

假设电源电压为正弦交流电压,$u_2 = \sqrt{2} U_2 \sin\omega t$,其波形如图 2-4b 虚线所示,分别画出了 u_2 及 $-u_2$ 波形。

3) 画出触发脉冲

假设触发电路在 $\omega t = \alpha$ 时刻,给晶闸管 VT_1 和 VT_4 提供触发脉冲,在 $\omega t = \pi + \alpha$ 时刻,给晶闸管 VT_2 和 VT_3 提供触发脉冲,其触发脉冲波形省略。

4) 画出各电压电流波形

各电压、电流波形如图 2-4b 所示,现分析如下。

① 在 u_2 正半波时:a 端电位高于 b 端电位,VT_1 和 VT_4 同时承受正向电压,VT_2 和 VT_3 同时承受反向电压。

在 $\omega t = 0 \sim \alpha$ 区间:虽然晶闸管 VT_1 和 VT_4 承受正压,但无触发脉冲,VT_1 和 VT_4 处于正向阻断状态。所以电路中四个晶闸管都不通。假设四个晶闸管的漏电阻相等,则 $u_{VT1} = u_{VT4} = \dfrac{1}{2}u_2$,$u_{VT2} = u_{VT3} = -\dfrac{1}{2}u_2$,负载电压 $u_d = 0$。

② 在 $\omega t = \alpha \sim \pi$:晶闸管 VT_1 和 VT_4 同时被触发导通。电流沿回路 a→VT_1→R→VT_4

→b→T 的二次绕组→a 流通，VT₁、VT₄、变压器二次侧绕组及负载上均有电流流过且电流相等，VT₁、VT₄ 导通管压降近似为零，$u_{VT1}=u_{VT4}=0$，负载上电压 $u_d=u_2$。此时电源电压反向施加到晶闸管 VT₂、VT₃ 上，使其承受反压而处于关断状态，则 $u_{VT2}=u_{VT3}=-u_2$。晶闸管 VT₁、VT₄ 一直导通到 $\omega t=\pi$ 为止，此时因电源电压过零，晶闸管阳极电流下降为零而关断。

③ 在 u_2 负半波时：b 端电位高于 a 端电位，VT₂ 和 VT₃ 同时承受正向电压，VT₁ 和 VT₄同时承受反向电压。

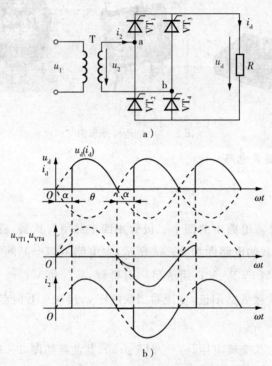

图 2-4 单相桥式全控整流电路（电阻性负载）

a)带电阻性负载的电路 b)电压、电流波形

在 $\omega t=\pi\sim\pi+\alpha$ 区间：晶闸管 VT₂ 和 VT₃ 承受正压，因无触发脉冲而处于正向阻断状态。此时，$u_{VT2}=u_{VT3}=\dfrac{1}{2}u_2$，$u_{VT1}=u_{VT4}=-\dfrac{1}{2}u_2$，负载电压 $u_d=0$。

④ 在 $\omega t=\pi+\alpha$ 时刻：晶闸管 VT₂ 和 VT₃ 被同时触发导通，电流沿 b→VT₃→R→VT₂→a→T 的二次绕组→b 流通，VT₂、VT₃、变压器二次侧绕组及负载上均有电流流过且变压器二次侧绕组电流与负载电流极性相反，VT₂、VT₃ 导通管压降近似为零，$u_{VT2}=u_{VT3}=0$，负载上电压 $u_d=-u_2$。此时电源电压反向施加到晶闸管 VT₁、VT₄ 上，使其承受反压而处于关断状态，则 $u_{VT1}=u_{VT4}=-u_2$。晶闸管 VT₂、VT₃ 一直导通到 $\omega t=2\pi$ 为止，此时电源电压再次过零，晶闸管阳极电流也下降为零而关断。

晶闸管 VT₁、VT₄ 和 VT₂、VT₃ 在对应时刻不断周期性交替导通、关断。表 2-1 列出了一个周期内各区间晶闸管的工作状态、负载电压和晶闸管端电压情况。

表 2-1 一个周期内晶闸管、输出电压和电流等情况

ωt	$0\sim\alpha$	$\alpha\sim\pi$	$\pi\sim\pi+\alpha$	$\pi+\alpha\sim2\pi$
晶闸管 导通情况	VT_1、VT_4截止 VT_2、VT_3截止	VT_1、VT_4导通 VT_2、VT_3截止	VT_1、VT_4截止 VT_2、VT_3截止	VT_1、VT_4截止 VT_2、VT_3导通
u_d	0	u_2	0	u_2
i_d	0	u_2/R	0	u_2/R
u_{VT}	$u_{VT1}=u_{VT4}=0.5u_2$ $u_{VT2}=u_{VT3}=-0.5u_2$	$u_{VT1}=u_{VT4}=0$ $u_{VT2}=u_{VT3}=-u_2$	$u_{VT1}=u_{VT4}=-0.5u_2$ $u_{VT2}=u_{VT3}=0.5u_2$	$u_{VT1}=u_{VT4}=-u_2$ $u_{VT2}=u_{VT3}=0$
i_{VT}	$i_{VT1}=u_{VT4}=0$ $i_{VT2}=i_{VT3}=0$	$i_{VT1}=i_{VT4}=i_2/R$ $i_{VT2}=i_{VT3}=0$	$i_{VT1}=i_{VT4}=0$ $i_{VT2}=i_{VT3}=0$	$i_{VT1}=i_{VT4}=0$ $i_{VT2}=i_{VT3}=u_2/R$
i_2	0	u_2/R	0	$-u_2/R$

5）根据波形图，计算相关物理量

① 输出电压平均值 U_d 与输出电流平均值 I_d

输出电压平均值 U_d 为

$$U_d=\frac{1}{\pi}\int_{\alpha}^{\pi}\sqrt{2}U_2\sin\omega t\,\mathrm{d}(\omega t)=\frac{2\sqrt{2}U_2}{\pi}\frac{1+\cos\alpha}{2}=0.9U_2\frac{1+\cos\alpha}{2} \qquad (2-4)$$

输出电流平均值 I_d 为

$$I_d=\frac{U_d}{R}=0.9\frac{U_2}{R}\frac{1+\cos\alpha}{2} \qquad (2-5)$$

② 输出电压有效值 U 和输出电流有效值 I 及变压器二次侧电流 I_2

$$U=\sqrt{\frac{1}{\pi}\int_{\alpha}^{\pi}\left(\sqrt{2}U_2\sin\omega t\right)^2\mathrm{d}(\omega t)}=U_2\sqrt{\frac{1}{2\pi}\sin2\alpha+\frac{\pi-\alpha}{\pi}} \qquad (2-6)$$

输出电流有效值 I 与变压器二次侧电流 I_2 相同为

$$I=I_2=\frac{U}{R}=\frac{U_2}{R}\sqrt{\frac{1}{2\pi}\sin2\alpha+\frac{\pi-\alpha}{\pi}} \qquad (2-7)$$

③ 晶闸管的电流平均值 I_{dT} 与晶闸管电流有效值 I_T

$$I_{dT}=\frac{1}{2}I_d \qquad (2-8)$$

$$I_T=\frac{U_2}{R}\sqrt{\frac{1}{4\pi}\sin2\alpha+\frac{\pi-\alpha}{2\pi}}=\frac{1}{\sqrt{2}}I_2 \qquad (2-9)$$

④ 功率因数 PF

$$PF=\frac{P}{S}=\frac{UI}{U_2I}=\sqrt{\frac{1}{2\pi}\sin2\alpha+\frac{\pi-\alpha}{\pi}} \qquad (2-10)$$

显然功率因数与 α 相关，$\alpha=0°$时，$PF=1$。

⑤ 移相范围

从上述工作原理和工作波形来看：单相全控桥式整流电路带电阻性负载时，α 的移相范围是 $0° \sim 180°$；晶闸管的导通角 $\theta = 180° - \alpha$；两组触发脉冲在相位上相差 $180°$。

（2）阻感性负载（设 $\omega L \gg R$）

1）画出主电路图

单相桥式全控整流电路带阻感性负载时，其主电路图如图 2-5a 所示。

2）画出相电压波形

假设电源电压为正弦交流电压，$u_2 = \sqrt{2} U_2 \sin \omega t$，其波形如图 2-5b 所示用虚线分别画出了 u_2 及 $-u_2$ 波形。

3）触发脉冲

假设触发电路在 $\omega t = \alpha$ 时刻，给晶闸管 VT_1 和 VT_4 提供触发脉冲，在 $\omega t = \pi + \alpha$ 时刻，给晶闸管 VT_2 和 VT_3 提供触发脉冲，其触发脉冲波形省略。

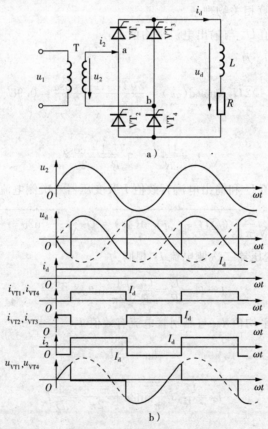

图 2-5 单相桥式全控整流电路（阻感性负载）

a)主电路　b)电流、电压波形

4）画出各电压电流波形

① 在 $\omega t = \alpha \sim \pi$ 期间：晶闸管 VT_1、VT_4 承受正压，在 $\omega t = \alpha$ 时触发晶闸管 VT_1、VT_4 使其导通，电流沿 $a \rightarrow VT_1 \rightarrow L \rightarrow R \rightarrow VT_4 \rightarrow b \rightarrow T$ 的二次绕组 $\rightarrow a$ 流通，电感充电，此时负载上有输出电

压（$u_d = u_{ab} = u_2$）和电流 i_d（电感按指数规律上升，因为是大电感，所以电流基本不变，为一条直线），$i_{VT1} = i_{VT4} = i_d$，$u_{VT1} = u_{VT4} = 0$。电源电压反向加到晶闸管 VT$_2$、VT$_3$ 上，使其承受反压而处于关断状态，$i_{VT2} = i_{VT3} = 0$，$u_{VT2} = u_{VT3} = -u_2$。变压器二次侧绕组电流 $i_2 = i_d$。

② 在 $\omega t = \pi \sim \pi + \alpha$ 期间：电源电压自然过零，VT$_1$、VT$_4$ 要关断，负载电流要降为零，由于电感的存在，电感会产生反向的感应电势 e_L（下正上负）阻碍电流的下降，在反向感应电势作用下晶闸管 VT$_1$、VT$_4$ 继续导通。输出电压（$u_d = u_2$）和电流 i_d 不变仍为直线，$i_{VT1} = i_{VT4} = i_d$，$u_{VT1} = u_{VT4} = 0$。晶闸管 VT$_2$、VT$_3$ 承受正压，因无触发脉冲，VT$_2$、VT$_3$ 处于关断状态，$i_{VT2} = i_{VT3} = 0$，$u_{VT2} = u_{VT3} = -u_2$。变压器二次侧绕组电流 $i_2 = i_d$。

③ 在 $\omega t = \pi + \alpha \sim 2\pi$ 期间：晶闸管 VT$_2$、VT$_3$ 承受正压，触发脉冲使其导通，VT$_1$、VT$_4$ 使其承受反压而变为关断。电流沿 b→VT$_3$→L→R→VT$_2$→a→T 的二次绕组→b 流通，负载上有输出电压（$u_d = u_{ba} = -u_{ab} = -u_2$），电流不变。$i_{VT2} = i_{VT3} = i_d$，$u_{VT2} = u_{VT3} = 0$，$i_{VT1} = i_{VT4} = 0$，$u_{VT1} = u_{VT4} = u_2$。变压器二次侧绕组电流 $i_2 = -i_d$。

④ 在 $\omega t = 2\pi \sim 2\pi + \alpha$（即 $\omega t = 0 \sim \alpha$）期间：晶闸管 VT$_1$、VT$_4$ 承受正压，但无触发脉冲，处于关断状态，电感电流要下降，电感产生反向感应电势阻碍电流的下降，在反向感应电势作用下，VT$_2$、VT$_3$ 继续导通，电感释放能量，晶闸管 VT$_2$、VT$_3$ 维持导通。电流沿 L→R→VT$_2$→a→T 的二次绕组→b→VT$_3$→L，形成续流回路，$u_d = -u_2$，负载电流保持不变。$i_{VT2} = i_{VT3} = i_d$，$u_{VT2} = u_{VT3} = 0$。$i_{VT1} = i_{VT4} = 0$，$u_{VT1} = u_{VT4} = u_2$。变压器二次侧绕组电流 $i_2 = -i_d$。

表 2-2 列出了一个周期内晶闸管、输出电压和电流等情况。

表 2-2　一个周期内晶闸管、输出电压和电流等情况

ωt	$0 \sim \alpha$	$\alpha \sim \pi$	$\pi \sim \pi + \alpha$	$\pi + \alpha \sim 2\pi$	$2\pi \sim 2\pi + \alpha$
晶闸管导通情况	VT$_1$、VT$_4$ 截止 VT$_1$、VT$_4$ 导通	VT$_1$、VT$_4$ 导通 VT$_1$、VT$_4$ 截止	VT$_1$、VT$_4$ 导通 VT$_1$、VT$_4$ 截止	VT$_1$、VT$_4$ 截止 VT$_1$、VT$_4$ 导通	VT$_1$、VT$_4$ 截止 VT$_1$、VT$_4$ 导通
u_d	$-u_2$	u_2	u_2	$-u_2$	$-u_2$
i_d	近似为一条直线（值为 $I_d = U_d/R$）				
u_{VT}	$u_{VT1} = u_{VT4} = u_2$ $u_{VT2} = u_{VT3} = 0$	$u_{VT1} = u_{VT4} = 0$ $u_{VT2} = u_{VT3} = -u_2$	$u_{VT1} = u_{VT4} = 0$ $u_{VT2} = u_{VT3} = -u_2$	$u_{VT1} = u_{VT4} = u_2$ $u_{VT2} = u_{VT3} = 0$	$u_{VT1} = u_{VT4} = u_2$ $u_{VT2} = u_{VT3} = 0$
i_T	$i_{VT1} = i_{VT4} = 0$ $i_{VT2} = i_{VT3} = I_d$	$i_{VT1} = i_{VT4} = I_d$ $i_{VT2} = i_{VT3} = 0$	$i_{VT1} = i_{VT4} = I_d$ $i_{VT2} = i_{VT3} = 0$	$i_{VT1} = i_{VT4} = 0$ $i_{VT2} = i_{VT3} = I_d$	$i_{VT1} = i_{VT4} = 0$ $i_{VT2} = i_{VT3} = I_d$
i_2	$-I_d$	I_d	I_d	$-I_d$	$-I_d$

5）根据波形图，计算相关物理量

① 输出电压平均值 U_d 和输出电流平均值 I_d

$$U_d = \frac{1}{\pi} \int_{\alpha}^{\pi + \alpha} \sqrt{2} U_2 \sin\omega t \, \mathrm{d}(\omega t)$$

$$= \frac{2\sqrt{2} U_2}{\pi} \cos\alpha = 0.9 U_2 \cos\alpha \tag{2-11}$$

$$I_d = \frac{U_d}{R} \qquad (2-12)$$

② 变压器副边电流有效值 I_2

$$I_2 = I_d \qquad (2-13)$$

③ 晶闸管的电流平均值 I_{dT}、有效值 I_T 和承受的最大正、反向电压 U_{TM}

由于晶闸管轮流导电,所以流过每个晶闸管的平均电流只有负载上平均电流的一半,即

$$I_{dT} = \frac{1}{2} I_d \qquad (2-14)$$

有效值和承受的最大正、反向电压分别为

$$I_T = \frac{1}{\sqrt{2}} I_d \qquad (2-15)$$

$$U_{TM} = \sqrt{2} U_2 \qquad (2-16)$$

6)移相范围

从波形可以看出:$\alpha = 90°$输出电压波形正负面积相同,平均值为零,所以移相范围是 $0°$~$90°$。控制角 α 在 $0°$~$90°$ 之间变化时,晶闸管导通角 $\theta \equiv \pi$,导通角 θ 与控制角 α 无关。晶闸管承受的最大正、反向电压 $U_{TM} = \sqrt{2} U_2$。

【例 2-1】 单相全控桥式整流电路,带阻感性负载,$R = 1\Omega$,L 值很大,即满足 $\omega L \gg R$,$U_2 = 100V$,当 $\alpha = 60°$ 时,求:

(1)整流输出平均电压 U_d、电流 I_d 和二次侧电流有效值 I_2;

(2)考虑两倍的安全裕量,选择晶闸管的额定电压和额定电流值。

解:(1)$U_d = 0.9U_2\cos\alpha = 0.9 \times 100 \times \cos60° = 45V$

$I_d = U_d / R = 45 / 1 = 45A$

$I_2 = I_d = 45A$

(2)晶闸管可能承受的最大电压为 $U_{TM} = \sqrt{2} U_2 = 141V$,考虑 2 倍安全裕量,其值为 282V,选额定电压为 300V 的晶闸管。流过晶闸管的电流有效值为

$$I_T = \frac{1}{\sqrt{2}} I_d = 31.82A$$

考虑 2 倍安全裕量时晶闸管的平均电流为 $I_{T(AV)} = 2I_T / 1.57 = 40.54A$,选额定电流为 50A 的晶闸管。

(3)并接续流二极管

单相桥式整流电路带阻感性负载时,由于电感对电流的阻碍作用,使得一个周期内负载上电压出现负值,从而减小了负载电压的平均值。特别地,$\alpha = 90°$时输出电压波形正负面积相同,平均值为零。为扩大移相范围,增大输出电压,可以在负载两端并接一个续流二极管。电路如图 2-6a 所示。接上续流二极管 VD 后,当电源电压降到零时,负载电流经续流二极管 VD 续流,使电路直流输出端只有 1V 左右的压降,迫使晶闸管的电流减小到维持电流以

下面关断。一个周期内晶闸管、续流管、输出电压和电流等情况见表2-3，工作波形如图2-6b所示，这里不作详细分析。

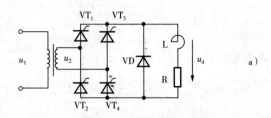

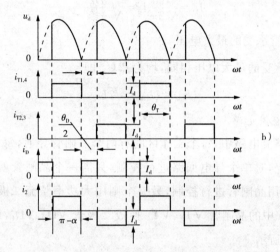

图2-6　单相全控桥阻感性负载带续流二极管

a)电路　b)　工作波形

表2-3　一个周期内晶闸管、续流管、输出电压和电流等情况

ωt	$0 \sim \alpha$	$\alpha \sim \pi$	$\pi \sim \pi + \alpha$	$\pi + \alpha \sim 2\pi$
晶闸管 导通情况	VT₁、VT₄截止 VT₂、VT₃截止	VT₁、VT₄导通 VT₂、VT₃截止	VT₁、VT₄截止 VT₂、VT₃截止	VT₁、VT₄截止 VT₂、VT₃导通
续流管导通情况	VD 导通	VD 截止	VD 导通	VD 截止
u_d	0	u_2	0	$-u_2$
i_d	近似为一条直线（值为 I_d）			
i_T	$i_{T1} = i_{T4} = 0$ $i_{T2} = i_{T3} = 0$	$i_{T1} = i_{T4} = I_d$ $i_{T2} = i_{T3} = 0$	$i_{T1} = i_{T4} = 0$ $i_{T2} = i_{T3} = 0$	$i_{T1} = i_{T4} = 0$ $i_{T2} = i_{T3} = I_d$
i_D	I_d	0	I_d	0

从工作波形可看出：在一个周期中，晶闸管的导通角为 $\pi - \alpha$，即 $\theta_T = \pi - \alpha$，续流管的导通角 $\theta_D = 2\alpha$。

由于输出电压波形与电阻性负载相同，所以 U_d、I_d 的计算公式与电阻性负载相同。

① 流经晶闸管电流的平均值 I_{dT} 与有效值 I_T

$$I_{dT} = \frac{\theta_T}{2\pi} I_d = \frac{\pi-\alpha}{2\pi} I_d \qquad (2-17)$$

$$I_T = \sqrt{\frac{\theta_T}{2\pi}} I_d = \sqrt{\frac{\pi-\alpha}{2\pi}} I_d \qquad (2-18)$$

② 流经续流管电流的平均值 I_{dD} 与有效值 I_D

$$I_{dD} = \frac{\theta_D}{2\pi} I_d = \frac{2\alpha}{2\pi} I_d = \frac{\alpha}{\pi} I_d \qquad (2-19)$$

$$I_D = \sqrt{\frac{\theta_D}{2\pi}} I_d = \sqrt{\frac{\alpha}{\pi}} I_d \qquad (2-20)$$

③ 晶闸管与续流管承受的最大电压

晶闸管与续流管承受的最大电压相同,均为 $\sqrt{2}U_2$ 即

$$U_{TM} = U_{DM} = \sqrt{2}U_2 \qquad (2-21)$$

3. 单相桥式半控整流电路

在单相桥式全控整流电路中,每个工作区间有两个晶闸管导通,每个导电回路由两个晶闸管同时控制。实际上,对单个导电回路进行控制,只需一个晶闸管就可以了。为此,在每个导电回路中,一个仍用晶闸管进行控制,另一个则用大功率整流二极管代替,从而简化了整个电路。把图 2-5a 中的晶闸管 VT_2、VT_4 换成二极管 VD_2、VD_4,即成为单相桥式半控整流电路,如图 2-7a 所示。

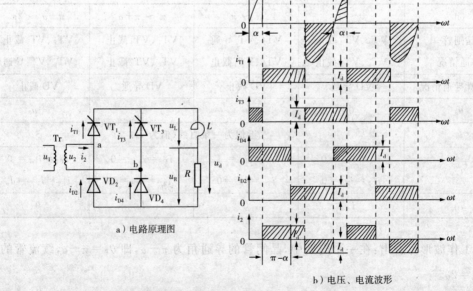

a) 电路原理图

b) 电压、电流波形

图 2-7 单相桥式半控整流电路(带大电感负载)

a) 电路原理图 b) 电压、电流波形

在电阻性负载下,单相桥式半控整流电路和单相桥式全控整流电路的等波形完全相同,因而一些计算公式也相同。下面主要讨论感性负载时的工作情况。

(1)单相桥式半控整流电路(阻感性负载不带续流二极管)

单相桥式半控整流电路阻感性负载不带续流二极管电路原理图如图 2-7a 所示。假设触发电路在 $\omega t=\alpha$ 时刻,给晶闸管 VT_1 提供触发脉冲,在 $\omega t=\pi+\alpha$ 时刻,给晶闸管 VT_3 提供触发脉冲。

① 在 $\omega t=\alpha\sim\pi$ 期间:二极管 VD_2、晶闸管 VT_3 反偏截止,二极管 VD_4 正偏导通,晶闸管 VT_1 承受正压,在 $\omega t=\alpha$ 处 VT_1 由触发脉冲触发导通,电流沿 a→VT_1→L→R→VD_4→b→Tr 的二次绕组→a 流通。此时负载上有输出电压 $u_d=u_2$ 和电流 I_d(大电感,电流为一条直线),$u_{T1}=0$,$i_2=i_{T1}=i_{D4}=I_d$,$i_{T3}=i_{D2}=0$。

② 在 $\omega t=\pi\sim\pi+\alpha$ 期间:u_2 过零变负,VD_2 正偏导通,VT_3 正偏但没有触发脉冲,故截止,VT_1 在反向感应电势的作用下继续正偏导通,负载电流从 a 点→VT_1→L→R→VD_2→a 点,形成续流回路,不再流经变压器二次绕组,VD_4 反偏截止,VD_2、VD_4 自然换相。此阶段,忽略器件的通态压降,则 $u_d=0$,不出现 u_d 为负的情况,$u_{T1}=0$,$i_{T1}=i_{D2}=I_d$,$i_2=i_{T3}=i_{D4}=0$。

③ 在 $\omega t=\pi+\alpha\sim2\pi$ 期间:VT_3 收到触发脉冲导通,VD_2 继续导通,VT_1、VD_4 反偏截止。b 点→VT_3→L→R→VD_2→Tr 二次绕组→a 点向负载供电。负载电压 $u_d=-u_2$,$u_{T1}=u_2$,$i_{T3}=i_{D2}=I_d$,$i_2=-I_d$,$i_{T1}=i_{D4}=0$。

④ 在 $\omega t=2\pi\sim2\pi+\alpha$ 期间(即 $\omega t=0\sim\alpha$ 期间):u_2 过零变正,VD_4 正偏导通,VT_1 正偏但没有触发脉冲,故截止,VT_3 在反向感应电势的作用下继续正偏导通,负载电流从 b 点→VT_3→L→R→VD_4→b 点,不再流经变压器二次绕组,VD_2 反偏截止。负载两端电压 $u_d=0$,$u_{T1}=u_2$,$i_{T3}=i_{D4}=I_d$,$i_2=i_{T1}=i_{D2}=0$。

由此可以看出该电路工作的特点是:晶闸管在触发时刻换流,二极管则在电源过零时刻换流。所以单相半控桥式整流电路即使直流输出端不接续流二极管,由于自身有自然续流能力,负载端与接续流二极管一样,U_d、I_d 的计算公式与电阻性负载相同。流过晶闸管和二极管的电流相等,都是宽度为 180°的方波且与控制角无关,变压器的二次侧电流为正负对称的交变方波。

尽管电路具有自续流能力,但在实际运行时,当突然把控制角 α 增大到 180°或突然切断触发电路时,会发生导通的晶闸管一直导通而两个二极管轮流导通的失控现象。例如 VT_1 导通时,切断触发电路,当 u_2 过零变负时,因电感 L 的作用,使电流通过 VT_1、VD_2 形成续流。L 中的能量如在整个负半周都没有释放完,就使 VT_1 在整个负半周都保持导通。

当 u_2 过零变正时,VT_1 承受正压继续导通,同时 VD_2 关断 VD_4 导通。因此即使不加触发脉冲,负载上仍保留了正弦半波的输出电压。此时触发脉冲对输出电压失去了控制作用,称为失控,这在实际中是不允许的。失控时,输出电压波形相当于单相半波不可控整流电路的波形,不导通的晶闸管两端的电压波形为 u_2 的交流波形。

由于上述原因,实际应用中还需要加续流二极管 VD,以避免可能发生的失控现象。

(2)单相桥式半控整流电路(带续流二极管)

单相桥式半控整流电路(带续流二极管),接上续流二极管 VD 后,当电源电压降到零时,负载电流经续流二极管 VD 续流,使电路直流输出端只有 1V 左右的压降,迫使晶闸管与二极管串联电路中的电流减小到维持电流以下,使晶闸管关断,这样就不会出现失控现象了。电路中各元件工作情况和输出电压、电流波形及数量关系如图 2-8 所示,请自行分析。注意流经整流二极管 VD_2、VD_4 的电流平均值和有效值的计算式与晶闸管相同。

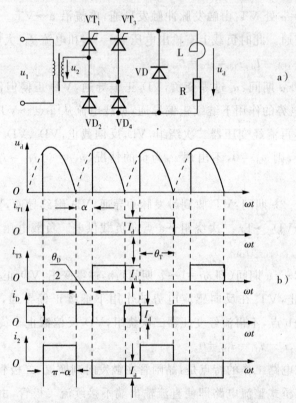

图 2-8   单相桥式半控整流电路(接续流二极管)

a)电路原理图   b)工作波形

【例 2-2】   带续流二极管的单相桥式半控整流电路,由 220V 电源经变压器供电,负载为大电感性,要求直流电压范围是 15~60V,最大负载电流是 10A,晶闸管最小控制角 $\alpha_{\min}=30°$。计算晶闸管、整流二极管和续流管的电流有效值及变压器容量。

解:(1)当输出电压 $U_d=60V$ 时,对应的控制角 $\alpha_{\min}=30°$,则由 $U_d=0.9U_2\dfrac{1+\cos\alpha}{2}$ 可得

$$U_2=\frac{2U_d}{0.9(1+\cos 30°)}=71.4V$$

当输出电压 $U_d=15V$ 时,对应控制角 α 为最大,其值为

$$\cos\alpha_{\max} = \frac{2U_d}{0.9U_2} - 1 = \frac{2\times15}{0.9\times71.4} - 1 = -0.53$$

$$\alpha_{\max} = 122.3°$$

（2）计算晶闸管和整流管的电流定额时需考虑最严重的工作状态在 $\alpha_{\min} = 30°$ 时。

$$I_T = \sqrt{\frac{180°-30°}{360°}} \times 10A = 6.45A$$

整流二极管的电流波形与晶闸管相同，因此整流管的电流有效值与晶闸管相同。

（3）续流二极管最严峻的工作状态对应的情况 $\alpha_{\max} = 122.3°$

$$I_D = \sqrt{\frac{\alpha}{\pi}} I_d = \sqrt{\frac{122.3°}{180°}} \times 10A = 8.24A$$

（4）变压器容量

$\alpha_{\min} = 30°$ 时，变压器二次侧电流有效值为最大值

$$I_2 = \sqrt{\frac{\pi-\alpha}{\pi}} I_d = \sqrt{\frac{180°-30°}{180°}} \times 10A = 9.13A$$

变压器容量

$$S = U_2 I_2 = 71.4\times9.13 = 852V\cdot A$$

（3）单相半控桥电路的另一种接法

如图 2-9a 所示，将全控桥中的 VT_3 和 VT_4 换成二极管 VD_3 和 VD_4，这样可省去续流二极管，续流由 VD_3 和 VD_4 实现。因此，即使不外接续流二极管，电路也不会出现失控现象。但两个晶闸管阴极电位不同，VT_1 和 VT_2 触发电路要隔离。这种电路的电流和电压波形如图 2-9b 所示。本项目介绍中的输出 12~30V/20A 可调稳压电源就是采用了这种电路结构。

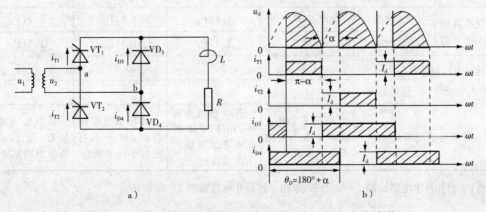

图 2-9　另一种单相半控桥电路的原理图和电压、电流波形

a)电路原理图　b)工作波形

常见单相整流电路的比较见表 2-4。

表 2-4　常见单相整流电路在不同负载时的数量关系

	电路名称	单相半波	单相全控桥		单相半控桥Ⅰ		单相半控桥Ⅱ
	输出平均电压 U_d	$0\sim0.45U_2$	$0\sim0.9U_2$		$0\sim0.9U_2$		$0\sim0.9U_2$
电阻性负载	移相范围	$0°\sim180°$	$0°\sim180°$		$0°\sim180°$		$0°\sim180°$
	晶闸管导通角 θ_T	$180°-\alpha$	$180°-\alpha$		$180°-\alpha$		$180°-\alpha$
	晶闸管最大正向电压	$\sqrt{2}U_2$	$\frac{1}{2}\sqrt{2}U_2$		$\sqrt{2}U_2$		$\sqrt{2}U_2$
	晶闸管最大反向电压	$\sqrt{2}U_2$	$\sqrt{2}U_2$		$\sqrt{2}U_2$		$\sqrt{2}U_2$
	晶闸管平均电流 I_{dT}	I_d	$\frac{1}{2}I_d$		$\frac{1}{2}I_d$		$\frac{1}{2}I_d$
	$\alpha\neq0°$时,输出平均电压 U_d	$0.45U_2\dfrac{1+\cos\alpha}{2}$	$0.9U_2\dfrac{1+\cos\alpha}{2}$		$0.9U_2\dfrac{1+\cos\alpha}{2}$		$0.9U_2\dfrac{1+\cos\alpha}{2}$
	变压器功率（$\alpha=0°$时）一次侧	$2.68P_d$	$1.24P_d$		$1.24P_d$		$1.24P_d$
	二次侧	$3.49P_d$	$1.24P_d$		$1.24P_d$		$1.24P_d$
大电感负载	是否需要续流二极管	要	要	不要	要	不要	不要
	最大移相范围	$180°$	$180°$	$90°$	$180°$	$90°$	$180°$
	晶闸管导通角 θ_T	$180°-\alpha$	$180°-\alpha$	$180°$	$180°-\alpha$	$180°$	$180°-\alpha$
	晶闸管电流有效值与输出电流平均值之比（I_T/I_d）	$\sqrt{\dfrac{180°-\alpha}{360°}}$	$\sqrt{\dfrac{180°-\alpha}{360°}}$	0.707	$\sqrt{\dfrac{180°-\alpha}{360°}}$	0.707	$\sqrt{\dfrac{180°-\alpha}{360°}}$
	续流管电流有效值与输出电流平均值之比（I_D/I_d）	$\sqrt{\dfrac{180°+\alpha}{360°}}$	$\sqrt{\dfrac{\alpha}{180°}}$		$\sqrt{\dfrac{\alpha}{180°}}$		
	续流管最大反向电压 U_{DM}	$\sqrt{2}U_2$	$\sqrt{2}U_2$		$\sqrt{2}U_2$		
	$\alpha\neq0°$时,输出平均电压 U_d	$0.45U_2\times\dfrac{1+\cos\alpha}{2}$	$0.9U_2\times\dfrac{1+\cos\alpha}{2}$	$0.9U_2\times\cos\alpha$	$0.9U_2\times\dfrac{1+\cos\alpha}{2}$	$0.9U_2\times\cos\alpha$	$0.9U_2\times\dfrac{1+\cos\alpha}{2}$
	变压器功率（$\alpha=0°$时）一次侧	$2.22P_d$	$1.11P_d$		$1.11P_d$		$1.11P_d$
	二次侧	$3.14P_d$	$1.11P_d$		$1.11P_d$		$1.11P_d$
	脉动电压情（$\alpha=0°$时）脉动系数 S_n	1.57	0.67		0.67		0.67
	最低脉频	f	$2f$		$2f$		$2f$
	特点与适用场合	最简单,用于波形要求不高的小电流负载	各项整流指标好,用于要求较高或要求逆变的小功率场合		各项整流指标教好,用于不可逆的小功率场合		各项整流指标教好,用于不可逆的小功率场合

注:单相控桥Ⅰ电路如图 2-8a 所示,单相半控桥Ⅱ电路如图 2-9a 所示。

二、单相桥式整流电路的触发电路

在 12～30V/20A 的稳压电源中,主电路如图 2-1c 中所示,是由单相桥式半控整流电路实现的,其中晶闸管 VT_1 要求在交流电压的正半波被触发导通,VT_2 要求在交流电压的负半波被触发导通,这就要求触发 VT_1、VT_2 的两路触发脉冲在相位上要互差180°。在此,其触发电路如图 2-1c 所示,是由单结晶体管 VT_6、晶体管 VT_4、VT_5 组成的具有放大环节的触发电路。二极管 VD_9、VD_{10} 作为晶体管 VT_3 基极回路的正向保护,VD_{11} 反向保护,这样就使晶体管的输入信号限制在 $-1.4 \sim +0.7V$ 之间,以保护放大管。脉冲变压器 T_3 二次侧所接二极管 VD_{16} 和 VD_{17},使输出至晶闸管门极的触发信号为正脉冲,以确保被加到触发晶闸管阴极的触发脉冲为正脉冲。

在单相桥式全控整流电路中有四个晶闸管,其中 VT_1、VT_4 在正半波通,VT_2、VT_3 在负半波通,就要求在交流电的正半波分别给 VT_1、VT_4 的门极提供正电压(触发脉冲),在交流电的负半波分别给 VT_2、VT_3 的门极提供正电压,并且要求这两组触发脉冲在相位上要互差180°。显然,在项目一中介绍的对单个晶闸管提高触发脉冲的电路已经不能满足要求了。这里介绍两种触发电路:锯齿波同步移相触发电路和西门子 TCA785 集成触发电路。

1. 锯齿波同步触发电路

锯齿波同步触发电路可产生相位互差180°两路触发脉冲。锯齿波同步移相触发电路由同步检测、锯齿波形成、移相控制、脉冲形成、脉冲放大等环节组成,其原理图如图 2-10 所示。

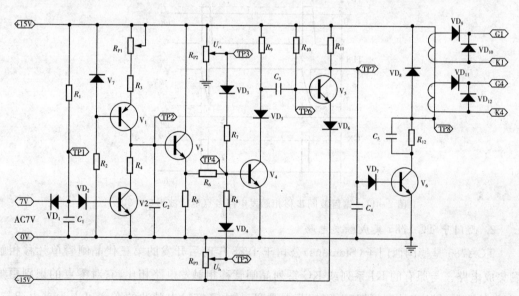

图 2-10 锯齿波同步移相触发电路原理图

由 V_2、VD_1、VD_2、C_1 等元件组成同步检测环节,其作用是利用同步电压 U_T 来控制锯齿波产生的时刻及锯齿波的宽度。锯齿波的形成电路如图 2-10 中的恒流源(V_7,R_2,R_{P1},R_3,V_1)及电容 C_2 和开关管 V_2 所组成。由 V_7、R_2 组成的稳压电路对 V_1 管设置了一个固定基极电压,则 V_1 发射极电压也恒定,从而形成恒定电流对 C_2 充电。当 V_2 截止时,恒流源对 C_2 充电形成锯齿波;当 V_2 导通时,电容 C_2 通过 R_4、V_2 放电。调节电位器 R_{P1} 可以调节恒流源的电流大小,改变电容充电时间常数,从而改变了锯齿波的斜率。控制电压 U_{ct}、偏移电

压 U_b 和锯齿波电压在 V_4 基极综合叠加,从而构成移相控制环节,R_{P2}、R_{P3} 分别调节控制电压 U_{ct} 和偏移电压 U_b 的大小。V_5、V_6 构成脉冲形成放大环节,C_5 为强触发电容改善脉冲的前沿,由脉冲变压器输出触发脉冲,电路的各点电压波形如图 2-11 所示。

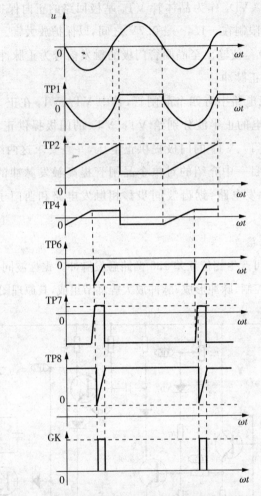

图 2-11 锯齿波同步移相触发电路各点电压波形($\alpha = 90°$)

2. 西门子 TCA785 集成触发电路

TCA785 是德国西门子(Siemens)公司于 1988 年前后开发的第三代晶闸管单片移相触发集成电路。与原有的 KJ 系列或 KC 系列晶闸管移相触发电路相比,它对零点的识别更加可靠,输出脉冲的齐整度更好,而移相范围更宽,且由于它输出脉冲的宽度可人为自由调节,所以适用范围较广。

西门子 TCA785 集成触发电路的内部框图如图 2-12 所示,TCA785 集成块内部主要有"同步寄存器"、"基准电源"、"锯齿波形成电路"、"移相电压"、"锯齿波比较电路"和"逻辑控制功率放大"等功能块组成。

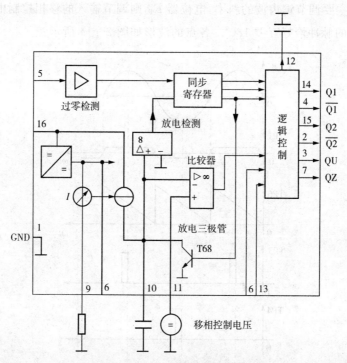

图 2-12 TCA785 集成电路内部框图

同步信号从 TCA785 集成电路的第 5 脚输入,"过零检测"部分对同步电压信号进行检测,当检测到同步信号过零时,信号送"同步寄存器"。

"同步寄存器"输出锯齿波,锯齿波的斜率大小由第 9 脚外接电阻和 10 脚外接电容决定;输出脉冲宽度由 12 脚外接电容的大小决定;14、15 脚输出对应负半周和正半周的触发脉冲,移相控制电压从 11 脚输入,其具体电路如图 2-13 所示。

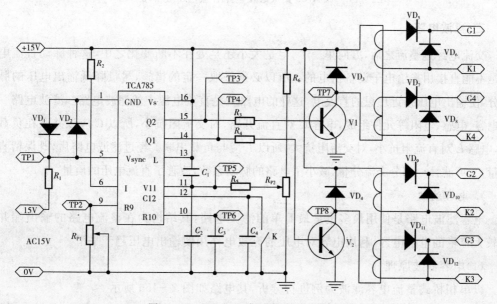

图 2-13 TCA785 集成触发电路原理图

电位器 R_{P1} 主要调节锯齿波的斜率,电位器 R_{P2} 则调节输入的移相控制电压,脉冲从14、15 脚输出,输出的脉冲恰好互差 $180°$。各点的波形如图 2-14 所示。

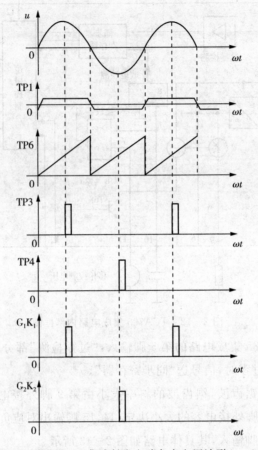

图 2-14　TCA785 集成触发电路各点电压波形($\alpha=90°$)

三、滤波电路

交流电经过整流之后,方向单一了,但是大小还是处在不断变化之中,这种脉动直流电一般是不能直接用来给电子设备供电的。所以必须采取一定的措施,尽量降低输出电压的脉动成分,使输出电压接近理想的直流电,这样的电路就是直流电源中的滤波电路。滤波电路一般由电容、电感、电阻等元件组成,电容 C 对直流开路,对交流阻抗小,所以 C 应该并联在负载两端,电感 L 对直流阻抗小,对交流阻抗大,所以 L 应与负载串联。经过滤波电路后,既保留直流分量,又可滤掉一部分交流分量,减小了电路的脉动系数,改善了直流电压的质量。

1. 电容滤波

电容滤波电路是使用最多也是最简单的滤波电路,其结构为在整流电路的输出端并联一较大容量的电解电容,利用电容对电压的充放电作用使输出电压趋于平滑。

(1)电容滤波原理

以单相桥式整流电容滤波为例进行分析,其电路如图 2-15a 所示。

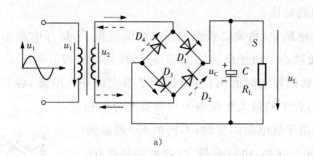

a)

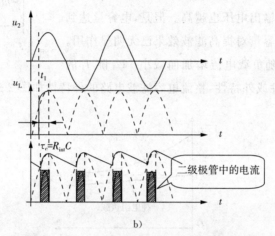

b)

图 2-15 单向桥式整流电容滤波原理图

a)电路 b)波形

① 负载 R_L 未接入时的情况:设电容器两端初始电压为零,接入交流电源后,当 u_2 为正半周时,二极管 D_1、D_3 正偏导通,电流通过 D_1、D_3 向电容器 C 充电;u_2 为负半周时,D_2、D_4 正偏导通,电流经 D_2、D_4 向电容器 C 充电。充电时间常数为:$\tau = R_{in}C$,R_{in} 为变压器二次侧内阻及两个二极管内阻之和。可见,在负载 R_L 未接入时,输出电压与电容两端电压相等,且恒定不变。波形图如图 2-15b 所示。

② 接入负载 R_L 的情况:设变压器副边电压 u_2 从 0 开始上升(即正半周开始)时接入负载 R_L,由于电容器负载未接入前充了电,故刚接入负载时 u_2 的数值小于 U_c,二极管受反向电压作用而截至,电容器 C 经 R_L 放电。电容器放电过程的快慢取决于 R_L 与 C 的乘积,即电路放电时间常数 τ_d,τ_d 越大放电过程越慢,输出电压越平稳。一般地,取

$$\tau_d = R_L C > (3 \sim 5)\frac{T}{2} \qquad (2-22)$$

其中,T 为电源交流电压周期。

当 $U_c < u_2$ 时,二极管 D_1、D_3 承受正偏电压导通,电流通过 D_1、D_3 向电容器 C 充电,U_c 的值增加,直到 $U_c > u_2$ 二极管 D_1、D_3 反偏截止,电容 C 经 R_L 放电,U_c 下降。

u_2 为负半波时,$U_c > |u_2|$,D_2、D_4 截止,电容 C 放电,$U_c < |u_2|$,D_2、D_4 导通,电容 C 充电,负载上的电压 $U_L = U_c$,波形如图 2-15b 所示。

（2）电容滤波电路特性

① 在电容滤波电路中，整流二极管的导电时间缩短了，即导电角小于 $180°$，且放电时间常数越大，导电角越小。由于电容滤波后，输出直流的平均值提高了，而导电角却减小，故整流二极管在短暂的导电时间内，将流过一个很大的冲击电流，容易损坏整流管，所以选择整流二极管时，管子的最大整流电流应留有充分的裕量。

② 滤波效果取决于放电时间常数，不同的 RC 滤波的效果如图 2-16 所示。显然，电容量越大，滤波效果越好，输出波形越趋于平滑，输出电压也越高。但是，电容量达到一定值以后，再加大电容量对提高滤波效果已无明显作用。

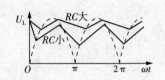

图 2-16　RC 不同时 U_L 的波形

③ 负载直流电压随负载电流增加而减小。U_L 随 I_L 的变化关系称为输出特性或外特性，整流电容滤波电路的外特性如图 2-17 所示。

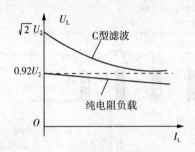

图 2-17　电容滤波外特性

总之，电容滤波电路结构简单，负载直流电压 U_L 较高，纹波也较小，它的缺点是输出特性较差，故适用于负载电压较高，负载变动不大的场合。通常应根据负载电流和输出电压的大小选择最佳电容量，滤波电容器容量和输出电流的关系，参见表 2-4。

表 2-4　中所列滤波电容器容量和输出电流的关系，可供参考

输出电流	2A 左右	1A 左右	0.5～1A	0.1～0.5A	100～50mA	50mA 以下
滤波电容	4000 μF	2000 μF	1000 μF	500 μF	200 μF～500 μF	200 μF

因为决定输出电压的因素很多，电容滤波电路输出电压平均值计算比较麻烦。工程上有详细的曲线可供查阅，一般采用近似估算法：在 $R_L C = (3\sim5)\dfrac{T}{2}$ 时，近似认为 $U_L = 1.2U_2$。

2. 电感滤波

在大电流的情况下，若采用电容滤波电路，则电容容量势必很大，则整流二极管的冲击电流也非常大，在此情况下应采用电感滤波，利用电感器 L 的电流不能突变的特点，在整流电路的负载回路中串联一个电感，使输出电流波形较为平滑。电路结构及波形如图 2-18 所示。

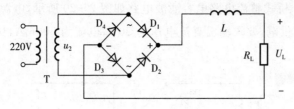

图 2-18　桥式整流电感滤波电路

在桥式整流电路中,当 u_2 正半周时,D_1、D_3 导电,电感中的电流将滞后 u_2 不到 $90°$。当 u_2 超过 $90°$ 后开始下降,电感上的反电势有助于 D_1、D_3 继续导电。当 u_2 处于负半周时,D_2、D_4 导电,变压器副边电压全部加到 D_1、D_3 两端,致使 D_1、D_3 反偏而截止。此时,电感中的电流将经由 D_2、D_4 提供。由于桥式电路的对称性和电感中电流的连续性,四个二极管 D_1、D_3、D_2、D_4 的导电角 θ 都是 $180°$,这一点与电容滤波电路不同。

当忽略电感线圈的直流电阻时,桥式整流电感滤波电路输出平均电压 $U_L \approx 0.9U_2$。电感滤波输出电压较电容滤波为低。故一般电感滤波适用于输出电压不高,输出电流较大及负载变化较大的场合。电感滤波缺点是体积大,成本高。

此外,为了进一步减小负载电压中的交流成分,在电感 L 后再接电容 C,构成 Γ 型滤波电路或 Π 型滤波电路称为复式滤波电路,如图 2-19 所示。其性能和应用场合分别与电感滤波电路及电容滤波电路相似。

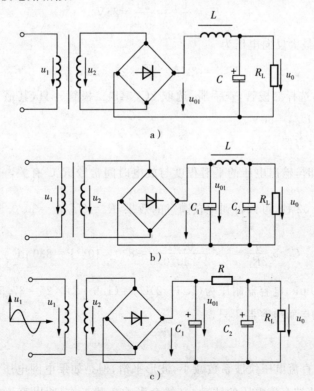

图 2-19　复式滤波电路

a) Γ 型 LC 滤波器　　b) Π 型 LC 滤波器　　c) Π 型 RC 滤波器

【例2-3】 一个桥式整流电路电容滤波电路如图2-20所示,电源由220V、50Hz的交流电压经变压器降压供电,要求输出直流电压为30V,电流为500mA,试选择整流二极管的型号和滤波电容规格。

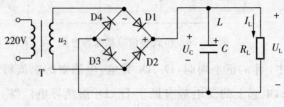

图2-20 滤波电路

解:(1)选择整流二极管

通过每只二极管的平均电流为

$$I_D = \frac{1}{2}I_L = \frac{1}{2} \times 500 = 250 \text{mA}$$

有负载时的直流输出电压为

$$U_L = 1.2U_2$$

故变压器次级电压有效值为

$$U_2 = \frac{U_L}{1.2} = \frac{30}{1.2} = 25 \text{V}$$

每只二极管承受的最大反向电压为

$$U_{RM} = \sqrt{2}U_2 = \sqrt{2} \times 25 \approx 35 \text{V}$$

根据 I_D 和 U_{RM} 选择二极管,查手册,选取 2CZ54B 二极管 4 只,其最大整流 $I_F = 0.5\text{A}$,最高反向工作电压 $U_{RM} = 50\text{V}$。

(2)选择滤波电容器

采用电容滤波时,输出电压的平滑程度与放电时间常数 R_LC 有关,一般取 $R_L \geqslant (3\sim5)\frac{T}{2}$,$T = \frac{1}{5} = \frac{1}{50} = 0.02$ 秒,可以得到比较满意的效果,$R_L = U_L/I_L = 30/0.5 = 60\Omega$。

$$C \geqslant 5\frac{T}{2R_L} = 5 \times \frac{0.02}{2 \times 30/0.5} \approx 830 \times 10^{-6}\text{F} = 830 \text{μF}$$

取标称值 1000 μF,电容器耐压为 $(1.5\sim2)U_2 = (1.5\sim2) \times 25 = 37.5 \sim 50\text{V}$。最后确定选 1000 μF/50V 的电解电容器 1 只。

四、稳压电路

经滤波电路后直流电压纹波系数减小,波形平滑,但是如果电网电压波动或者负载发生变化,会引起负载两端直流电压的波动,必然会影响负载工作,所以直流电压滤波后还必须经过稳压电路,使负载上得到的直流电压是稳定的、平滑的。常用的稳压电路包括稳压管稳压电路、串联型稳压电路及集成稳压电路,其中集成稳压电路由于体积小、可靠性高、使用方便、价格低廉,应用非常广泛,集成稳压器分为输出电压固定和输出电压可调两类。下面分别作介绍。

1. 硅稳压二极管稳压电路

(1)硅稳压二极管稳压电路的原理

硅稳压二极管稳压电路的电路图如图 2-21 所示。U_I 为整流电路输出电压,当稳压二极管两端承受的电压低于其稳压值时,稳压二极管成高阻态,不起作用;当稳压二极管两端承受的电压达到其稳压值时,稳压二极管被反向击穿,很大的电流变化引起只能很小的电压变化,其两端的电压基本保持不变,实现稳压的功能。

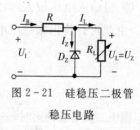

图 2-21　硅稳压二极管
稳压电路

① 当输入电压变化时如何稳压

根据电路图可知

$$U_L = U_Z = U_I - U_R = U_I - I_R R$$

$$I_R = I_L + I_Z$$

输入电压 U_I 的增加,必然引起 U_L 的增加,即 U_Z 增加,从而使 I_Z 增加,I_R 增加,使 U_R 增加,使输出电压 U_L 降低,从而抵消输入电压增加的影响,实现稳压的效果。这一稳压过程可概括如下:

$$U_I\uparrow \rightarrow U_L\uparrow \rightarrow U_Z\uparrow \rightarrow I_Z\uparrow \rightarrow I_R\uparrow \rightarrow U_R\uparrow \rightarrow U_L\uparrow$$

这里 U_L 减小应理解为,由于输入电压 U_I 的增加,在稳压二极管的调节下,使 U_L 的增加没有那么大而已。U_L 还是要增加一点的,这是一个有差调节系统。

② 当负载电流变化时如何稳压

负载电流 I_L 的增加,必然引起 I_R 的增加,即 U_R 增加,从而使 $U_Z = U_L$ 减小,I_Z 减小。I_Z 的减小必然使 I_R 减小,U_R 减小,使输出电压 U_L 增加,从而抵消负载电流增加的影响,实现稳压的效果。这一稳压过程可概括如下:

$$I_L\uparrow \rightarrow I_R\uparrow \rightarrow U_R\uparrow \rightarrow U_Z\downarrow \rightarrow (U_L\downarrow) \rightarrow I_Z\downarrow \rightarrow I_R\downarrow \rightarrow U_R\downarrow \rightarrow U_L\downarrow$$

(2)稳压电阻的计算

稳压二极管稳压电路的稳压性能与稳压二极管击穿特性的动态电阻有关,与稳压电阻 R 的阻值大小有关。稳压二极管的动态电阻越小,稳压电阻 R 越大,稳压性能越好。

稳压电阻 R 的作用是将稳压二极管电流的变化转换为电压的变化,从而起到调节作用,同时 R 也是限流电阻。显然,R 的数值越大,较小 I_Z 的变化就可引起足够大的 U_R 变化,就可达到足够的稳压效果。但 R 的数值越大,就需要较大的输入电压 U_I 值,损耗就要加大。稳压电阻的计算如下。

① 当输入电压最小，负载电流最大时，流过稳压二极管的电流最小。此时 I_{Zmin} 不应小于 I_{Zmin}，由此计算出来稳压电阻的最大值，实际选用的稳压电阻应小于最大值。即

$$R_{max} = \frac{U_{Imin} - U_Z}{I_{Zmin} + I_{Lmax}} \qquad (2-23)$$

② 当输入电压最大，负载电流最小时，流过稳压二极管的电流最大。此时 I_Z 不应超过 I_{Zmax}，由此可计算出来稳压电阻的最小值。即

$$R_{min} = \frac{U_{Imax} - U_Z}{I_{Zmax} + I_{Lmin}} \qquad (2-24)$$

$$R_{min} < R < R_{max} \qquad (2-25)$$

稳压二极管在使用时，一定要串入限流电阻，不能使它的功耗超过规定值，否则会造成损坏。

【例 2-4】 试为某负载设计一个稳定电压 $U_L = 12V$ 的直流稳压电源，设负载电流的变化范围为 $I_L = 0 \sim 5mA$，电网电压有 $\pm 10\%$ 的波动。

解：由于负载要求的稳定电压不需要调节，而负载电流的变化范围又不大，故可采用图 2-22 所示的稳压二极组成的稳压电源供电。下面说明选择此稳压电路参数的方法：

(1) 选稳压管 D_Z。稳压管的稳定电压通常按等于输出电压 U_L 来选择，而稳定电流的选择则应考虑当负载开路时，全部电流都要流过稳压管，以及电源电压升高也会使流过管子的电流增加的情况，一般取 $I_{Zmax} > 2I_{Lmax}$，本例中 $U_L = 12V$，$I_{Lmax} = 5mA$，所以可以选稳压管 2CW5，其稳定电压 $U_Z = (11.5 \sim 14)V$，稳定电流 $I_Z = 5mA$，最大稳定电流 $I_{Zmax} = 20mA$。

(2) 确定稳压电路的输入电压 U_I。在负载电压 U_L 一定的情况下，输入电压 U_I 越大，限流电阻 R 的阻值也越大，这有利于提高电路的稳压精度，但对整流滤波电路的要求就会过高，所以一般地，

$$U_I = (2 \sim 3)U_L = (2 \sim 3) \times 12V = 30V$$

(3) 确定限流电阻 R。当输入电压上升 10%，为最大输入电压 U_{Imax}，$I_L = 0$ 时，流过稳压管的电流应小于稳压管的最大稳定电流 I_{Zmax}，即

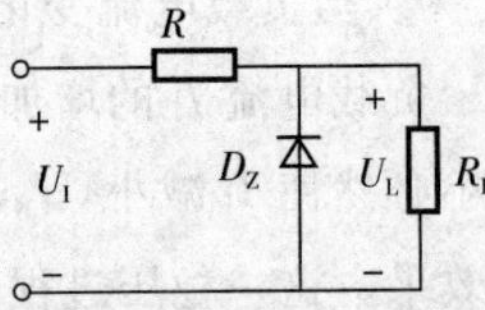

$$\frac{U_{Imax} - U_L}{R} < I_{Zmax},$$

图 2-22

$$R > \frac{U_{Imax} - U_L}{I_{Zmax}} = \frac{1.1 \times 30 - 12}{20} = 1.05k\Omega$$

当电网电压下降 10% 或为最小值 U_{Imin}，而且负载电流最大时，流过稳压管电流最小，应大于稳压管稳定电流 I_Z，即

$$\frac{U_{Imin} - U_L}{R} - I_{Lmax} > I_Z, R < \frac{U_{Imin} - U_L}{I_Z + I_{Lmax}} = \frac{0.9 \times 30 - 12}{5 + 5} 1.5k\Omega$$

取 $R = 1.2k\Omega$，限流电阻 R 的额定功率

$$P=(2\sim3)\frac{(U_{1\max}-U_{L})^2}{R}=(2\sim3)\frac{(1.1\times30-12)^2}{1.2\times10^3}\approx0.7\text{W}$$

所以 R 的功率取 1W。

2. 线性串联型稳压电源

稳压二极管的缺点是工作电流较小,稳定电压值不能连续调节。线性串联型稳压电源工作电流较大,输出电压一般可连续调节,稳压性能优越。目前这种稳压电源已经制成单片集成电路,广泛应用在各种电子仪器和电子电路之中。线性串联型稳压电源的缺点是损耗较大、效率低。

(1)线性串联型稳压电源的构成

线性串联型稳压电源的工作原理可以用图 2-23 加以说明。

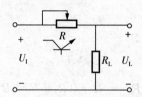

图 2-23　串联稳压电源示意图

显然,$U_{L}=U_{1}-U_{R}$,当 U_{1} 增加时,R 受控制而增加,使 U_{R} 增加,从而在一定程度上抵消了 U_{1} 增加对输出电压的影响。若负载电流 I_{L} 增加,R 受控制而减小,使 U_{R} 减小,从而在一定程度上抵消了因 I_{L} 增加(或 U_{1} 减小)对输出电压的影响。

在实际电路中,可变电阻 R 是用一个三极管来替代的,控制基极电位,从而就控制了三极管的管压降 U_{CE},U_{CE} 相当于 U_{R}。要想输出电压稳定,必须按电压负反馈电路的模式来构成串联型稳压电路。典型的串联型稳压电路如图 2-24 所示。它由调整管、放大环节、比较环节、基准电压源几个部分组成。

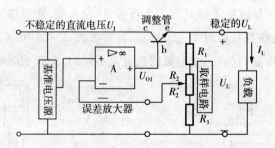

图 2-24　典型的串联型稳压电路方框图

(2)线性串联型稳压电源的工作原理

根据图 2-24,分两种情况来加以讨论。

① 输入电压变化,负载电流保持不变

输入电压 U_{1} 的增加,必然会使输出电压 U_{L} 有所增加,输出电压经过取样电路取出一部分信号 U_{F} 与基准源电压 U_{REF} 比较,获得误差信号 ΔU。误差信号经放大后,用 U_{O1} 去控制调

整管的管压降 U_{CE} 增加,从而抵消输入电压增加的影响。

$$U_I\uparrow\to U_L\uparrow\to U_F\uparrow\to U_{O1}\uparrow\to U_{CE}\uparrow\to U_L\downarrow$$

② 负载电流变化,输入电压保持不变

负载电流 I_L 的增加,必然会使输入电压 U_I 有所减小,输出电压 U_L 必然有所下降,经过取样电路取出一部分信号 U_F 与基准电压源 U_{REF} 比较,获得的误差信号 ΔU。经放大后使 U_{O1} 增加,从而使调整管的管压降 U_{CE} 下降,从而抵消因 I_L 增加使输入电压减小的影响。

$$I_L\uparrow\to U_I\downarrow\to U_L\downarrow\to U_F\downarrow\to U_{O1}\uparrow\to U_{CE}\downarrow\to U_L\uparrow$$

③ 输出电压调节范围的计算

根据图 2-24 可知

$$U_F\approx U_{REF}$$

$$U_F=U_L(R_2{}'+R_3)/(R_1+R_2+R_3)=nU_L$$

其中 n 为取样系数,$n=(R_2{}'+R_3)/(R_1+R_2+R_3)$。

$U_L=U_{REF}/n$,所以

$$U_L=\frac{R_1+R_2+R_3}{R_2{}'+R_3}U_{REF} \tag{2-26}$$

调节 R_2 显然可以改变输出电压。

3. 三端集成稳压器

(1)概述

将线性串联稳压电源和各种保护电路集成在一起就得到了集成稳压器。早期的集成稳压器外引线较多,现在的集成稳压器只有三个外引线:输入端、输出端和公共端,所以又叫三端集成稳压器。它的电路符号如图 2-25 所示,外形如图 2-26 所示。要特别注意,不同型号、不同封装的集成稳压器,它们三个电极的位置是不同的,要查手册确定。

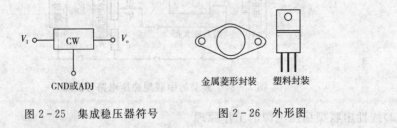

GND或ADJ   金属菱形封装   塑料封装

图 2-25 集成稳压器符号   图 2-26 外形图

(2)线性三端集成稳压器的分类

三端集成稳压器有如下几种:

① 三端固定正输出集成稳压器,国标型号为 CW78××/CW78M××/CW78L××。

② 三端固定负输出集成稳压器,国标型号为 CW79××/CW79M××/CW79L××。

③ 三端可调正输出集成稳压器,国标型号为 CW117××/CW117M××/CW117L××;CW217××/CW217M××/CW217L××；CW317××/CW317M××/CW317L××。

④ 三端可调负输出集成稳压器,国标型号为 CW137××/CW137M××/CW137L××;CW237××/CW237M××CW237L××；CW337××/CW337M××/CW337L××。

⑤ 三端低压差集成稳压器。

⑥ 大电流三端集成稳压器。

以上 1 型号中为军品级;2 为工业品级;3 为民品级。军品级为金属外壳或陶瓷封装,工作温度范围-55℃~150℃;工业品级为金属外壳或陶瓷封装,工作温度范围-25℃~150℃;民品级多为塑料封装,工作温度范围 0℃~125℃。

(3)应用电路

① 固定输出稳压器应用电路

如图 2-27 所示为 LM78×× 系列集成稳压器的典型应用电路图,是一个输出+5V 直流电压的稳压电源电路。IC 集成稳压器 LM7805,引脚 1 是输入端,引脚 2 是接地端,引脚 3 是输出端,C_1、C_2 分别为输入端和输出端滤波电容,当输出电流较大时,LM7805 应配上散热板。

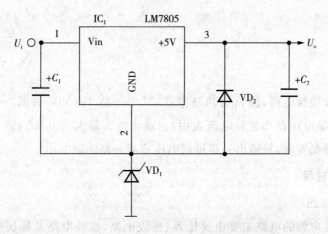

图 2-27 LM7805 集成稳压器典型应用电路

为提高输出电压,在 LM78×× 稳压器 2 脚与地之间串接一稳压二极管 VD_1,可使输出电压 U_o 得到一定的提高,输出电压 U_o 为 78×× 稳压器输出电压与稳压二极管 VD_1 稳压值之和。VD_2 是输出保护二极管,一旦输出电压低于 VD_1 稳压值时,VD_2 导通,将输出电流旁路,保护 LM78×× 稳压器输出级不被损坏。

② 可调输出稳压器应用电路

LM317 是应用最为广泛的电源稳压集成电路之一,它不仅具有固定式三端稳压电路的最简单形式,又具备输出电压可调的特点。引脚 1 为调节端,引脚 2 为输入端,引脚 3 为输出端。此外,还具有调压范围宽、稳压性能好、噪声低、纹波抑制比高等优点。

从图 2-28 的电路中可以看出,317 的输出电压(也就是稳压电源的输出电压)U_o 为两个电压之和,即 $U_o=U_{R1}+U_{R2}$。U_{R1} 电压即为芯片输出端与调节端之间的参考电压,为恒定值 1.25V。而 $U_{R2}=I_{R2}\times R_2$,I_{R2} 由两部分构成,一路是调节端电压 I_D,此电流的平均值一般是 $50\mu A$ 左右,最大值不超过 $100\mu A$,可以忽略不计,另一路为 $I_{R1}=1.25/R_1$。故输出电压 U_o 的表达式可表示为 $U_o=1.25(R_1+R_2)/R_1$。可见,调节 R_2 即可调节输出电压。

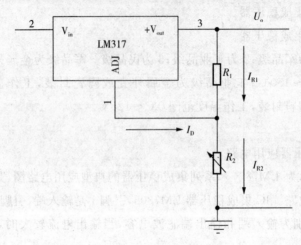

图 2-28　LM317 的典型应用

项目实施

一、项目要求

要求设计一款线性电源,输出为两路电源,其中一路 $1\sim30V$ 可调,一路固定 5V 电压(此电压可供给数显电压表和数显电流表用)。输出电流最大为 0.5A,显示电流的实时值。此项目要求也可降低要求,只输出一路可调电压或者一路固定电压。

二、项目实施过程

1. 设计原理框图

线性直流稳压电源的电路主要由变压器、整流电路、滤波电路及稳压电路等部分组成。另外,如需要显示电压和电流,则可通过数显电压表和数显电流表来实现,数显电压表和数显电流表工作需要 5V 恒定的直流电源供电,其原理框图如图 2-29 所示。

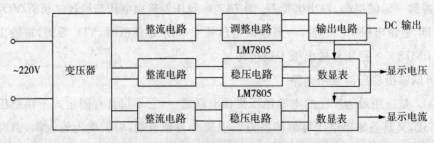

图 2-29　原理框图

2. 设计原理图

可以采用串联线性稳压电路来设计,根据原理框图设计电路如图 2-30 所示。

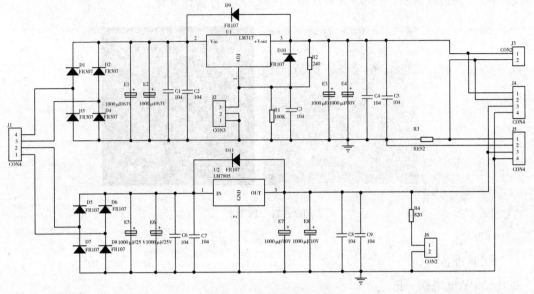

图 2-30　稳压电路

(1)原理图设计思路

电路的主要元件是提供输出可调电压的 LM317 和固定电压的 LM7805,根据前面的分析,均采用典型应用电路。原理图中的滤波电容都用了两个电容并联,实际上也可以只用一个滤波电容就可以了。原理图中 J1 为双路变压器,J2 为可调电阻,J3 为输出可调电压,J4 预留数显电压表接口,J5 为预留的数显电流表接口,J6 为开关。

(2)参数计算

① 变压器

双路变压器,一路输出交流 30V/0.5A,一路输出交流 7.5V/0.5A。

② 整流二极管

耐压 100V 及以上,电流 1A 以上,选用 1N4004 二极管即可。

③ 滤波电解电容

两路均采用桥式整流,桥式整流输出电压为交流的 1.4 倍,因而 30V 那路整流后电压为 $30 \times 1.4 = 42V$,则需要 50V 或 63V 电解电容,容量不小于 1000 μF,LM317 输出端的滤波电容可以采用 35V 电解电容,容量不小于 1000 μF。

7.5V 那路整流后电压为 $7.5 \times 1.4 = 10.5V$,采用 16V 电解电容,容量不小于 1000 μF,LM7805 输出端滤波电容可以采用 10V 电解电容,容量不小于 1000 μF。

LM317 和 LM7805 的输入端和输出端均需要并联一个 104 的独石去耦电容,耐压为 63V 或者 100V 的均可。

（3）PCB 板设计

首先将元器件摆放到合理的位置，如图 2-31 所示。需插拔的或者需要调节的元器件，应放到板子的边缘，滤波电容尽量靠近整流电路，元器件需摆放整齐。

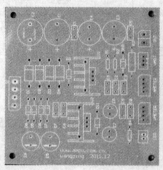 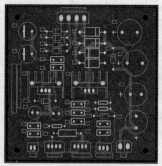

图 2-31 PCB 板

（4）焊接

1）工具准备

① 30W 电烙铁一把。

② 0.8 焊锡丝若干。

③ 松香若干。

④ 烙铁架及高温海绵一套。

⑤ 斜口钳一把。

⑥ 镊子一把。

2）焊接注意事项

印制电路板的焊接，除遵循锡焊要领之外，还应注意以下几点：

图 2-32 焊接之后的电路板

① 烙铁一般选用内热式或外热式烙铁，功率 30W 左右，温度不超过 300℃，烙铁头选用小圆锥形或者尖锥形。

② 加热时应尽量使烙铁头接触印制板上铜箔和元器件引线。对于较大的焊盘（直径大于 5mm），焊接时刻移动烙铁，即烙铁绕焊盘转动。

③ 对于金属化孔的焊接，焊接时不仅要让焊料润湿焊盘，而且孔内也要润湿填充。因此，金属化孔加热时间应比单面板长。

④ 焊接时不要用烙铁头摩擦焊盘，要靠表面清理和预焊来增强焊料润湿性能。耐热性差的元器件应使用工具辅助散热，如镊子。

焊接晶体管时，注意每个管子的焊接时间不要超过 10 秒钟，并使用尖嘴钳或镊子夹持引脚散热，防止烫坏晶体管。焊接集成电路时，在能够保证浸润的前提下，尽量缩短焊接时间，一般每脚不要超过 2 秒钟。焊接好的电路板如图 2-32 所示。

（5）调试

1）工具准备

① 3 位半数字万用表一块。

② 示波器一台。

2）调试步骤

电源输出电压正常后，一般即可使用，如图 2-33 所示，但是如果电压出现异常，应按下面步骤进行调试：

① 首先检查元器件是否安装正确，重点检查电解电容的极性是否正确，二极管的极性是否正确，待确认所有焊装的元器件准确无误后，进行下一步操作。

② 将变压器输入端连接至交流 220V 处，注意安全。

③ 用万用表交流电压挡测量变压器的输出，是否正常，电压范围是否正确。

④ 用万用表直流电压挡，测量整流桥输出端，电压是否正确。

⑤ 继续用万用表直流电压挡，测量 LM317 的输出端，调节电位器，测量输出电压是否为设置的电压。

⑥ 通过改变电位器，来改变输出电压，重复上述测量步骤，来熟悉 LM317 的工作原理。

同理，可用同样的方法测量 LM7805 那路输出电压是否准确。

图 2-33 通电后的稳压电源

（6）故障分析与排除

电源出现的故障一般较少，但是在焊接过程中，经常出现的问题有以下几个：

① 电解电容的极性接反，出现这个问题时，电压会变化，而且容易爆。

② 连焊是焊接中最常见的故障，因此要认真检查，以免出现短路现象。

③ 虚焊是焊接中可能出现的故障，但是通过万用表很快就可以检测出来。

④ 集成稳压电路经常出现的故障是因输入输出接错而出现的电压异常。

项目小结

直流稳压电源在电源技术中占十分重要的地位，直流电源性能的好坏直接决定着设备能否正常工作，具有一个高质量的稳压电源是电路设计首先要考虑的问题。直流稳压电源包括线性直流稳压电源和开关稳压电源。本项目中通过对线性直流稳压电源原理图的分析，引入了单相桥式整流电路、触发电路、滤波电路、稳压电路等概念。

由于单相半波可控整流电路具有明显的缺点,为了能较好地满足负载的要求,在一般小容量的晶闸管整流装置中,较多的使用单相桥式可控整流电路。单相桥式整流电路的形式主要有三种:单相桥式不控整流电路、单相桥式全控整流电路、单相桥式半控整流电路。分别分析他们带串电阻性负载和阻感性负载时的工作过程,电压、电流波形,基本数量关系及其特点。学习时,注意比较三者之间的异同。

单相桥式触发电路的分析,主要分析了三种常用的触发方式:单结晶体管构成的触发电路、锯齿波同步移相触发电路和西门子 TCA 集成触发电路。

接着分析了滤波电路。电容滤波电路结构简单,负载直流电压 U_L 较高,纹波也较小,它的缺点是输出特性较差,故适用于负载电压较高,负载变动不大的场合。通常应根据负载电流和输出电压的大小选择最佳电容量;电感滤波输出电压较电容滤波为低。故一般电感滤波适用于输出电压不高,输出电流较大及负载变化较大的场合。电感滤波缺点是体积大,成本高。

然后,分析了稳压电路,这里主要介绍的是采用集成稳压芯片构成的稳压电路。其中,LM7805 构成的为输出电压恒定的稳压电路;由 LM317 构成的为输出电压连续可调的稳压电路。在学习的时候注意其典型应用电路及使用方法。

最后,要求完成一个线性稳压电源的制作。根据设计要求,先设计结构框图,再画出系统原理图,并计算参数选择元器件,然后画 PCB 板,焊接、调试。进一步熟悉 protel 的应用,元器件的布局应合理,无虚焊、漏焊,焊点规范,能正确使用万用表、示波器等仪器设备分析测试数据。增加了动手能力,实现将理论转化实际前进一大步。

思 考 与 练 习

2-1 在单相桥式全控整流电路中,如果有一只晶闸管因为过流而烧成断路,该电路的工作情况将如何? 如果这只晶闸管短路,该电路的工作情况又会如何?

2-2 单相桥式全控整流电路中,电阻性负载,如果其中一个晶闸管故障断路,此时整流波形如何?设 $\alpha=60°$。

2-3 单相桥式半控整流电路中续流二极管的作用是什么? 在何种情况下,流过续流二极管的电流平均值大于流过晶闸管的电流平均值?

2-4 单相全控桥式整流电路,带阻感负载,$R=1\Omega$,L 值很大,即满足 $\omega L \gg R$,$U_2=100V$,当 $\alpha=60°$ 时,求:

(1)作出输出电压 u_d、输出电流 i_d、变压器二次侧电流 i_2 的波形。

(2)求整流输出平均电压 U_d、电流 I_d 和二次侧电流有效值 I_2。

(3)考虑两倍的安全裕量,选择晶闸管的额定电压和额定电流值。

2-5 某电阻性负载 $R_L=50\Omega$,$U_2=100V$,$\alpha=60°$,采用单相桥式整流电路。

(1)画出该电路原理图。

(2)计算负载两端的平均电压和平均电流的大小。

(3)计算晶闸管的导通角、额定电压、额定电流。

(4)画出 U_0 波形。

2-6 单相桥式全控整流电路,带大电感负载,$U_2=220V$,$R=2\Omega$,求晶闸管的额定电流和额定电压。

2-7 某单相桥式全控整流电路,带大电感负载,变压器二次侧电压 $U_2=220V$,$R=2\Omega$,触发角 $\alpha=30°$

时,求:(1)画出输出电压 u_d、输出电流 i_d 和变压器二次侧电流 i_2 波形。(2)计算整流电路输出平均电压 U_d、平均电流 I_d 及变压器二次电流有效值 I_2。(3)考虑 2 倍安全裕量,选择晶闸管的额定电压、额定电流值。

2-8 带续流二极管的单相桥式半控整流电路,由220V电源经变压器供电,负载为大电感,要求直流电压范围是 15~60V,最大负载电流是 10A,晶闸管最小控制角 $\alpha_{min}=30°$。计算晶闸管、整流二极管和续流二极管的电流有效值及变压器容量。

2-9 在图所示桥式整流电容滤波电路中,$U_2=20V$(有效值),$R_L=40\Omega$,$C=1000\ \mu F$。试问:(1)正常时 $U_L=$?(2)如果测得 U_L 分别为 18V、28V、9V 时,可能出了什么故障?

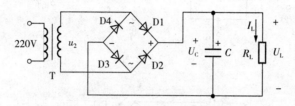

题 2-9 图

2-10 稳压管稳压电路的设计:已知输出电压为 6V,负载电流为 0~30mA。试求图所示电路的参数。(提示:依次选择稳压管、U_1、R、C、U_2、二极管,(1)输出电压、负载电流→稳压管;(2)输出电压→U_1;(3)输出电压、负载电流、稳压管电流、U_1→R;(4)U_1、R→滤波电路的等效负载电阻→C;(5)U_1→U_2;(6)U_2、R 中电流→整流二极管)

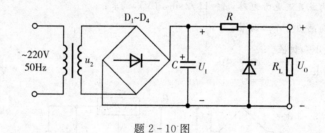

题 2-10 图

2-11 对于基本串联型稳压电源如图所示。计算:

(1)若 U_O 为 10~20V,$R_1=R_3=1k\Omega$,则 R_3 和 U_Z 各为多少?

(2)若电网电压波动 $\pm10\%$,U_O 为 10~20V,$U_{CES}=$ 3V,U_1 至少选取多少伏?

(3)若电网电压波动 $\pm10\%$,U_1 为 28V,U_O 为 10~20V;晶体管的电流放大系数为 50,$P_{CM}=5W$,$I_{CM}=1A$;集成运放最大输出电流为 10mA,则最大负载电流约为多少?

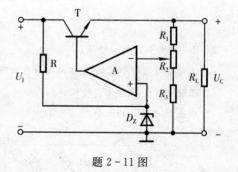

题 2-11 图

2-12 电路如图所示,合理连线,构成5V的直流电源。

2-13 单相桥式整流电容滤波电路如图所示,已知交流电源频率 $f=50Hz$,u_2 的有效值 $U_2=15V$,$R_L=50W$。试估算:

(1)输出电压 U_O 的平均值。

(2)流过二极管的平均电流。

(3)二极管承受的最高反向电压。

(4)滤波电容 C 容量的大小。

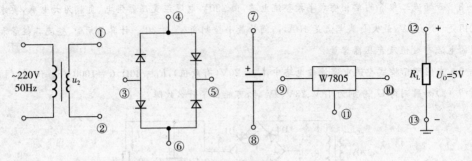

题 2−12 图

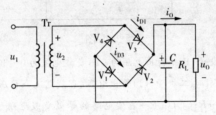

题 2−13 图

2−14 若下图构成直流电源电路,$u_i = 11\sqrt{2}\sin\omega t(\text{V})$,试求:

(1)按正确的方向画出 4 个二极管。

(2)指出 U_O 的大小和极性。

(3)计算 U_E 的大小。

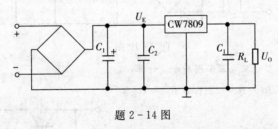

题 2−14 图

2−15 分析如图所示电路:

(1)说明由哪几部分组成,各组成部分包括哪些元件。

(2)在图中标出 U_i 和 U_O 的极性。

(3)求出 U_i 和 U_O 的大小。

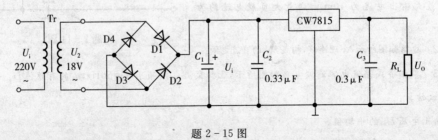

题 2−15 图

项目三 功率可调电火锅的分析与调试

【学习目标】

(1)会用万用表测试双向晶闸管的好坏。

(2)掌握双向晶闸管的工作原理。

(3)会分析功率可调电火锅各部分电路的作用及原理。

(4)熟悉双向晶闸管的触发电路。

(5)掌握交流调压电路的分析方法。

(6)会熟练使用双踪示波器。

(7)养成仔细观察认真做事的良好习惯。

项目引入

电火锅由于便捷、环保、安全等优点,越来越受到人们的欢迎,其实物及电路如图3-1所示。此电火锅功率调节电路,可获得四挡火力,用以适应不同火候的要求。调节波段开关SA的挡位,可以改变电容C_1的充放电速率。C_1两端交流电压通过双向触发二极管VD_3去

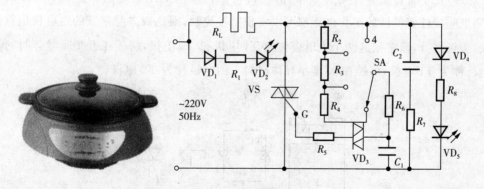

图 3-1 电火锅实物及电路

触发双向晶闸管 VS 导通,并改变了 VS 的导通角,使负载R_L两端交流电压随之发生变化。发光二极管VD_2、VD_5作为信号指示,由于导通角不同,发光亮度各异。SA 置于"1"挡,VD_5显示;SA 置于"4"挡,则VD_2显示;R_5是限流电阻,用来保护 VS。电阻R_7、电容C_2为吸收回路,用来吸收 SA 在选挡时所产生的干扰脉冲,否则在 SA 选挡过程中将对电视机、音响及

其他电声器件产生一定的干扰。本电路的核心器件是双向晶闸管,主电路是由双向晶闸管构成的交流调压电路及触发电路组成。

交流调压电路通常由双向晶闸管组成,用于调节输出电压的有效值。与常规的调压变压器相比,晶闸管交流调压器有体积小、重量轻的特点。其输出是交流电压,但它不是正弦波形,其谐波分量较大,功率因数也较低。

知识链接

一、双向晶闸管的认识

1. 双向晶闸管工作原理

双向晶闸管的外形与普通晶闸管类似,有塑封式、螺栓式、平板式。其外形如图 3-2 所示。

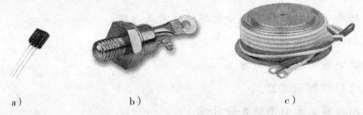

图 3-2 双向晶闸管的外形

a)小电流塑封式 b)螺栓式 c)平板式

但实际上双向晶闸管内部是由 N-P-N-P-N 五层半导体材料制成的,对外也引出三个电极,其结构如图 3-3 所示。双向晶闸管相当于两个单向晶闸管的反向并联,但只有一个控制极。但是无论在阳极和阴极间接入何种极性的电压,只要在它的控制极上加上一个触发脉冲,也不管这个脉冲是什么极性的,都可以使双向晶闸管导通。由于双向晶闸管在阳、阴极间接任何极性的工作电压都可以实现触发控制,因此双向晶闸管的主电极也就没有阳极、阴极之分,通常把这两个主电极称为 T1 电极和 T2 电极,将接在 P 型半导体材料上的主电极称为 T1 电极,将接在 N 型半导体材料上的电极称为 T2 电极。

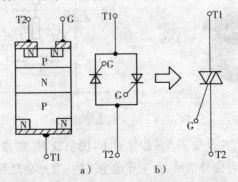

图 3-3 双向晶闸管的电气图形符号和伏安特性

a)结构 b)电路

2. 双向晶闸管伏安特性

双向晶闸管的伏安特性曲线如图 3-4 所示。由于双向晶闸管有两个主电极 T1 和 T2，一个门极，正反向均可触发导通，所以它在第Ⅰ和第Ⅲ象限有对称的伏安特性，是一种理想的交流器件。双向晶闸管与一对反并联晶闸管相比是经济的，且控制电路简单，在交流调压电路、交流电机调速等领域应用较多。

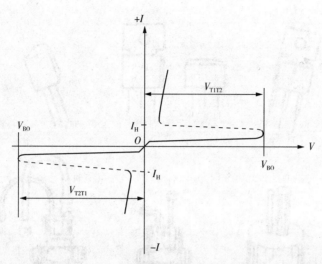

图 3-4　双向晶闸管的伏安特性曲线

3. 双向晶闸管的触发方式

双向晶闸管正、反两个方向都能导通，门极加正、负电压都能触发。主电压与触发电压相互配合，可以得到四种触发方式：

① Ⅰ＋触发方式：主极 T1 为正，T2 为负；门极电压 G 为正，T2 为负。特性曲线在第Ⅰ象限。

② Ⅰ－触发方式：主极 T1 为正，T2 为负；门极电压 G 为负，T2 为正。特性曲线在第Ⅰ象限。

③ Ⅲ＋触发方式：主极 T1 为负，T2 为正；门极电压 G 为正，T2 为负。特性曲线在第Ⅲ象限。

④ Ⅲ－触发方式：主极 T1 为负，T2 为正；门极电压 G 为负，T2 为正。特性曲线在第Ⅲ象限。

由于双向晶闸管的内部结构原因，四种触发方式中灵敏度不相同，以Ⅲ＋触发方式灵敏度最低，使用时要尽量避开，常采用的触发方式为Ⅰ＋和Ⅲ－。

4. 双向晶闸管的检测

(1)判别各电极：

用万用表 R×1 或 R×10 挡分别测量双向晶闸管三个引脚间的正、反向电阻值，若测得某一管脚与其他两脚均不通，则此脚便是主电极 T2。找出 T2 极之后，剩下的两脚便是主电极 T1 和门极 G。测量这两脚之间的正、反向电阻值，会测得两个均较小的电阻值。在电阻

电力电子技术与实践

值较小(约几十欧姆)的一次测量中,黑表笔接的是主电极 T1,红表笔接的是门极 G。

螺栓形双向晶闸管的螺栓一端为主电极 T2,较细的引线端为门极 G,较粗的引线端为主电极 T1。金属封装(TO—3)双向晶闸管的外壳为主电极 T2。塑封(TO—220)双向晶闸管的中间引脚为主电极 T2,该极通常与自带小散热片相连。常见的双向晶闸管引脚排列如图 3－5 所示。

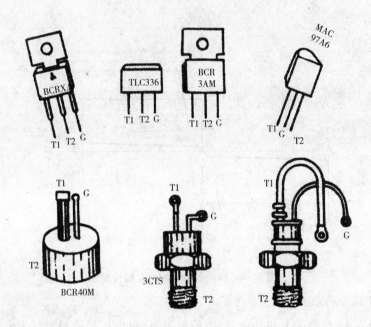

图 3－5　常见双向晶闸管引脚排列

(2)判别其好坏:

用万用表 R×1 或 R×10 挡测量双向晶闸管的主电极 T1 与主电极 T2 之间、主电极 T2 与门极 G 之间的正、反向电阻值,正常时均应接近无穷大。若测得电阻值均很小,则说明该晶闸管电极间已击穿或漏电短路。

测量主电极 T1 与门极 G 之间的正、反向电阻值,正常时均应在几十欧姆(Ω)至一百欧姆(Ω)之间(黑表笔接 T1 极,红表笔接 G 极时,测得的正向电阻值较反向电阻值略小一些)。若测得 T1 极与 G 极之间的正、反向电阻值均为无穷大,则说明该晶闸管已开路损坏。

(3)触发能力检测

对于工作电流为 8 A 以下的小功率双向晶闸管,可用万用表 R×1 挡直接测量。测量时先将黑表笔接主电极 T2,红表笔接主电极 T1,然后用镊子将 T2 极与门极 G 短路,给 G 极加上正极性触发信号,若此时测得的电阻值由无穷大变为十几欧姆(Ω),则说明该晶闸管已被触发导通,导通方向为 T2→T1。再将黑表笔接主电极 T1,红表笔接主电极 T2,用镊子将 T2 极与门极 G 之间短路,给 G 极加上负极性触发信号时,测得的电阻值应由无穷大变为十几欧姆,则说明该晶闸管已被触发导通,导通方向为 T1→T2。

若在晶闸管被触发导通后断开 G 极,T2、T1 极间不能维持低阻导通状态而阻值变为无

· 74 ·

穷大,则说明该双向晶闸管性能不良或已经损坏。若给 G 极加上正(或负)极性触发信号后,晶闸管仍不导通(T1 与 T2 间的正、反向电阻值仍为无穷大),则说明该晶闸管已损坏,无触发导通能力。

对于工作电流在 8 A 以上的中、大功率双向晶闸管,在测量其触发能力时,可先在万用表的某支表笔上串接 1～3 节 1.5 V 干电池,然后再用 R×1 挡按上述方法测量。对于耐压为 400 V 以上的双向晶闸管,也可以用 220 V 交流电压来测试其触发能力及性能好坏。

(4)单向、双向晶闸管的判别

有的单向晶闸管阳极与阴极正反向也都相互导通,初学者判断时可能误判断为双向晶闸管。那么,如何区别单向、双向晶闸管呢?

把万用表打到 R×10Ω 挡,测出相互导通的两个电极。然后测量这两个电极的正反向电阻。若正向、反向电阻差不多,则为双向晶闸管;若正向、反向电阻差别较大,则为单向晶闸管。

另外,双向晶闸管的损坏情况有断路或短路两种状态。若测出三个电极间电阻均为无穷大,其内部可能出现断路;若某两个电极间电阻为零,则可能出现了短路。

二、交流调压电路

交流调压电路是用来变换交流电压幅值(或有效值)的电路。与整流相似,也有单相和三相之分,对于三相负载,又有星形和三角形连接。交流调压电路可用于异步电动机的调压、调速,恒流软启动,交流负载的功率调节,灯光调节,温度调节,供电系统无功调节,用作交流无触点开关、固态继电器等,应用领域十分广泛。

1. 交流调压电路的控制方式

交流调压电路一般有三种控制方式,其波形如图 3-6 所示。

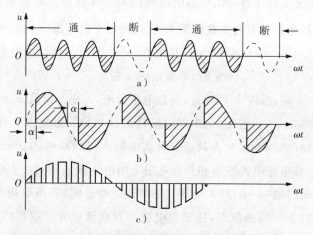

图 3-6 交流调压电路控制方式

a)通断控制 b)相位控制 c)斩波控制

(1)通断控制

通断控制是在交流电压过零时刻导通或关断晶闸管,使负载电路与交流电源接通几个周波,然后再断开几个周波,通过改变导通周波数与关断周波数的比值,实现调节交流电压大小的目的。

通断控制时,输出电压波形基本上是正弦,无低次谐波,但由于输出电压时有时无,电压调节不连续,会分解出分数次谐波。如用于异步电机调压调速,会因电机经常处于重合闸过程而出现大电流冲击,因此很少采用。一般用于电炉调温等交流功率调节的场合。

(2)相位控制

与可控整流的移相触发控制相似,在交流的正半周时触发导通正向晶闸管、负半周时触发导通反向晶闸管,且保持两晶闸管的移相角相同,以保证向负载输出正、负半周对称的交流电压波形。

相位控制方法简单,能连续调节输出电压大小。但输出电压波形非正弦,含有丰富的低次谐波,在异步电机调压调速应用中会引起附加谐波损耗,产生脉动转矩等。

(3)斩波控制

斩波控制利用脉宽调制技术将交流电压波形分割成脉冲列,改变脉冲的占空比即可调节输出电压大小。

斩波控制输出电压大小可连续调节,谐波含量小,基本上克服了相位及通断控制的缺点。由于实现斩波控制的调压电路半周内需要实现较高频率的通、断,因此不能采用晶闸管,须采用高频自关断器件,如 GTR、GTO、MOSFET、IGBT 等。

实际应用中,采取相位控制的晶闸管型交流调压电路应用最广。

2. 单相交流调压电路

(1)电阻性负载

1)电路结构及工作原理

图 3 - 7 为单相交流调压器电阻负载的电路图和工作波形。其晶闸管 VT_1 和 VT_2 反并联连接或采用双向晶闸管 VT 与负载电阻 R 串联接到交流电源 u_1($u_1 = \sqrt{2} U_1 \sin\omega t$)上。在电源电压为正半波,当 $\omega t = \alpha$ 时触发 VT_1 晶闸管,VT_1 导通。负载上有电流 i_0 通过,负载上有电压,输出电压 $u_0 = u_1$。当 $\omega t = \pi$ 时,电源电压 u_1 过零,$i_0 = 0$,VT_1 自行关断,$u_0 = 0$。在电源的负半波 $\omega t = \pi + \alpha$ 时,触发 VT_2 导通,负载电阻得电,u_0 变为负值 $u_0 = u_2$。在 $\omega t = 2\pi$ 时,$i_0 = 0$,VT_2 自行关断,$u_0 = 0$。若正、负半周以同样的移相角 α 触发 VT_1 和 VT_2,则负载电压有效值可以随 α 角而改变,实现交流调压。负载电阻上得到缺角的交流电压波形。由于是电阻性负载,所以负载电路电流波形和加在电阻上的电压波形相同。

正负半周 α 起始时刻($\alpha = 0$)均为电压过零时刻。稳态时,正负半周的 α 相等,两只晶闸管的控制角 α 应保持 180° 的相位差,使输出电压不含直流成分。这里的两只晶闸管相当于一个无触点开关,允许频繁操作,无电弧,寿命长。

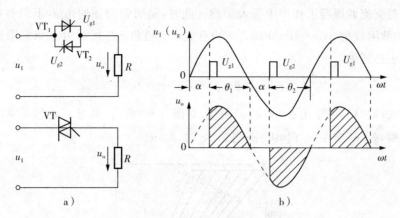

图 3-7　带电阻负载单相交流调压器

a)电路图　b)波形图

2)数量关系

① 输出电压有效值 U_o 与输出电流有效值 I_o。

负载电阻 R_L 上的电压有效值 U_o 与控制角 α 之间的关系为

$$U_\text{o} = \sqrt{\frac{1}{\pi}\int_\alpha^\pi (\sqrt{2}U_1\sin\omega t)^2\,\text{d}(\omega t)} = U_1\sqrt{\frac{1}{2\pi}\sin 2\alpha + \frac{\pi-\alpha}{\pi}} \tag{3-1}$$

输出电流有效值 I_o 为

$$I_\text{o} = \frac{U_\text{o}}{R} \tag{3-2}$$

其中,U_1 为输入交流电压的有效值。从式(3-1)中可以看出,随着 α 角的增大,U_o 逐渐减小;当 $\alpha=0$ 时,输出电压有效值最大,$U_\text{o}=U_1$;当 $\alpha=\pi$ 时,$U_\text{o}=0$。因此,单相交流调压器对于电阻性负载,其电压的输出调节范围为 $0\sim U_1$,控制角 α 的移相范围为 $0\sim\pi$。

② 流过晶闸管电流有效值 I_T

$$I_\text{T} = \sqrt{\frac{1}{2\pi}\int_\alpha^\pi \left(\frac{\sqrt{2}U_1\sin\omega t}{R}\right)^2\,\text{d}(\omega t)} = \frac{U_1}{R}\sqrt{\frac{1}{2}\left(1-\frac{\alpha}{\pi}+\frac{\sin 2\alpha}{2\pi}\right)} \tag{3-3}$$

流过晶闸管的平均电流 I_dT 和电流有效值 I_T 与全波整流时一样,但是,单相交流调压与单相全波整流输出电压有本质不同,前者输出电压为交流,后者则为直流。

(2)电感性负载

1)电路结构及工作原理

电路如图 3-8 所示。当交流调压器的负载是电动机、变压器一次绕组等电感性负载时,晶闸管的工作情况与具有电感性负载的整流情况相似。

由于电感的存在,在 $u_1=0$ 时,负载电流 $i_\text{o}\neq 0$,在电感的反向感应电势的作用下,导通的晶闸管继续正偏导通,继续导通的时间跟负载阻抗角 φ 有关。这种关断

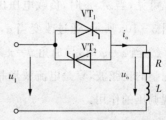

图 3-8　单相交流调压器

电感负载电路图

的滞后现象对交流调压器工作产生很大影响。此时,晶闸管的导通角 θ,不但与控制角 α 相关,而且与负载阻抗角 $\varphi(\varphi=\arctan(\omega L/R))$ 有关。导通角 θ 与控制角 α、负载阻抗角 φ 之间的定量关系表达式为

$$\sin(\alpha+\theta-\varphi)=\sin(\alpha-\varphi)e^{\frac{\theta}{\lg\varphi}} \tag{3-4}$$

再根据式(3-4),可绘出 $\theta=f(\alpha,\varphi)$ 曲线,如图 3-9 所示,通过三者的关系曲线可以发现:当 $\alpha>\varphi$ 时,$\theta<\pi$;当 $\alpha=\varphi$ 时,$\theta=\pi$;当 $\alpha<\varphi$ 时,$\theta>\pi$。

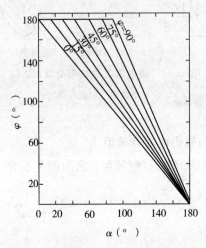

图 3-9 单相交流调压电路以 φ 为参变量时 θ 与 α 的关系

下面分别就 $\alpha>\varphi$、$\alpha=\varphi$、$\alpha<\varphi$ 三种情况来讨论调压电路的工作情况:

① 当 $\alpha>\varphi$ 时,导通角 $\theta<\pi$。在 α 时刻给 $\mathrm{VT_1}$ 发触发脉冲,$\mathrm{VT_1}$ 导通,负载电压 $u_\circ=u_2$,由于电感的阻碍作用,负载电流 $i_\circ$ 从零开始增加;$\alpha=\pi$ 时刻,u_2 过零变负,在电感的反向电动势的作用下,$\mathrm{VT_1}$ 继续导通,电感通过 $\mathrm{VT_1}$ 放电,由于 $\alpha>\varphi$,导通角 $\theta<\pi$,故在 $\pi+\alpha$ 时刻之前,电感能量释放完了,$\mathrm{VT_1}$ 关断,由于此时 $\mathrm{VT_2}$ 还没有收到触发脉冲,故 $\mathrm{VT_2}$ 也关断,负载电压 $u_\circ=0$,负载电流 $i_\circ=0$。

在 $\pi+\alpha$ 时刻给 $\mathrm{VT_2}$ 发触发脉冲,$\mathrm{VT_2}$ 被触发导通,负载电压 $u_\circ=u_2$,由于电感的阻碍作用,负载电流 $i_\circ$ 从零开始反向增加;$\alpha=2\pi$ 时刻,u_2 过零变正,在电感的反向电动势的作用下,$\mathrm{VT_2}$ 继续导通,电感通过 $\mathrm{VT_2}$ 放电;在 $\mathrm{VT_1}$ 被触发导通前,电感能量已经释放完了,$\mathrm{VT_2}$ 关断,负载电压 $u_\circ=0$,负载电流 $i_\circ=0$。

可见,当 $\alpha>\varphi$ 时,负载电压出现断续,α 越大,θ 越小,波形断续愈严重,其电压电流波形如图 3-10a 所示,通过改变当 α,可以改变负载电压的大小。

② 当 $\alpha=\varphi$ 时,导通角 $\theta=\pi$。此时,每个晶闸管轮流导通 $180°$,负载电压、电流的波形都是完整的正弦波,只是电流波形相位滞后电压波形 α 角度,如图 3-10b 所示。$u_\circ=u_1$,不能实现调压的作用。

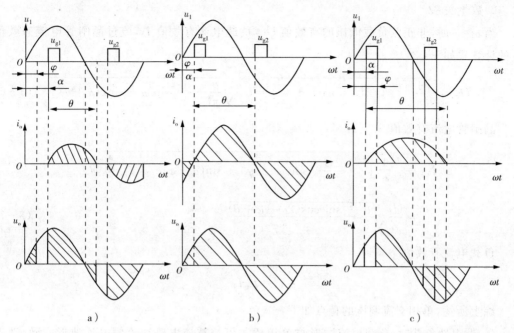

图 3－10　带电感性负载的单相交流调压电路波形

a)α＞φ　b)α＝φ　c)α＜φ

③ 当 α＜φ 时，θ＞π。电源接通后，在电源的正半周，设先触发 VT_1，则 VT_1 的导通角 θ ＞180°。

如果采用窄脉冲触发，当 VT_1 的电流下降为零而关断时，VT_2 的门极脉冲已经消失，VT_2 无法导通。到了下一周期，VT_1 又被触发导通重复上一周期的工作，结果形成单向半波整流现象，回路中出现很大的直流电流分量，无法维持电路的正常工作。电路工作于感性负载的半波整流，只有一个晶闸管导通。回路的直流分量会造成变压器、电机等负载的铁芯饱和，甚至烧毁线圈及熔断器、晶闸管等，使电路不能正常工作。

如果采用宽脉冲或脉冲列触发，则当 VT_1 关断时，VT_2 的触发脉冲 U_{g2} 仍然存在，VT_2 将导通，电流反向流过负载。这种情况下，VT_2 的导通，总是在 VT_1 的关断时刻，而与 α 角的大小无关。同样原因，VT_1 的导通时刻，正是 VT_2 的关断时刻，也与 α 角无关。VT_1 和 VT_2 将不受控制角 α 变化的影响，连续轮流导通。负载电压是完全对称连续的波形。如图 3－10c 所示。交流电源将始终加在负载上，负载电压是一个完整的正弦电压，$u_o＝u_1$。负载电流也是完整的正弦电流，其大小为：

$$i_o = \frac{U_o}{\sqrt{R^2 + (\omega L)^2}} \tag{3-5}$$

可见，当 α≤φ 并采用宽脉冲触发时，负载电压、电流总是完整的正弦波，改变控制角 α，负载电压、电流的有效值不变，即电路失去交流调压作用。因此在感性负载时，要实现交流调压的目的，则最小控制角 α＝φ（负载的功率因素角），所以 α 的移相范围为 φ～π。

2）数量关系

当 $\alpha > \varphi$ 时，非正弦负载电压的有效值 U_o，负载电流有效值 I_o，流过晶闸管电流有效值 I_T 的计算式如下：

$$U_o = \sqrt{\frac{1}{\pi}\int_{\alpha}^{\alpha+\theta}(\sqrt{2}U_1\sin\omega t)^2\,\mathrm{d}(\omega t)} = U_1\sqrt{\frac{\theta}{\pi}+\frac{1}{\pi}[\sin2\alpha-\sin2(\alpha+\theta)]} \quad (3-6)$$

晶闸管电流有效值

$$I_{VT} = \sqrt{\frac{1}{\pi}\int_{\alpha}^{\alpha+\theta}\left\{\frac{\sqrt{2}U_1}{Z}\left[\sin(\omega t-\varphi)-\sin(\alpha-\varphi)\mathrm{e}^{\frac{\alpha-\omega t}{\mathrm{tg}\varphi}}\right]\right\}^2\,\mathrm{d}(\omega t)}$$

$$= \frac{U_1}{Z}\sqrt{\frac{\theta}{\pi}-\frac{\sin\theta\cos(2\alpha+\varphi+\theta)}{\cos\varphi}} \quad (3-7)$$

负载电流有效值

$$I_o = \sqrt{2}\,I_T \quad (3-8)$$

综上所述，单相交流调压的特点如下：

① 带阻性负载时，负载电流波形与单相桥式可控整流电路交流侧电流波形一致，改变控制角 α 可以改变负载电压有效值，达到交流调压的目的。单相交流调压的触发电路完全可套用整流触发电路。

② 带电感性负载时，不能用窄脉冲触发。否则，当 $\alpha < \varphi$ 时会发生有一个晶闸管无法导通的现象，电流出现很大的直流分量。

③ 带电感性负载时，最小控制角为 $\alpha_{\min} = \varphi$（负载功率因数角），所以移相范围为 $\varphi \sim 180°$，而带阻性负载时移相范围为 $0° \sim 180°$。

【例 3-1】 有一额定电压 220V，额定功率 10kW 的电炉，采用晶闸管单相交流调压。现使其工作在 5kW，试求电路的控制角 α，工作电流 I_o 及电源侧功率因数 PF。

解：电炉可看成是纯电阻性负载，$P = U^2/R$，则负载在额定状态运行时，

$$P_N = U_N^2/R = 10 \times 10^3 = 220^2/R$$

负载在非额定状态运行时，

$$P_o = U_o^2/R = 5 \times 10^3 = U_o^2/R$$

由上面两式可得

$$U_o = \sqrt{\frac{1}{2}} \times 220 = 155.6\mathrm{V}, R = 220^2/(10 \times 10^3) = 4.84\Omega$$

再由 $PF = \dfrac{P}{S} = \dfrac{U_o I_o}{U_1 I_o} = \dfrac{U_o}{U_1} = \sqrt{\dfrac{1}{2\pi}\sin2\alpha+\dfrac{\pi-\alpha}{\pi}} = \dfrac{155.6}{220} = 0.707$ 得

$$\alpha = \pi/2$$

$$I_o = 5 \times 10^3/155.6 = 32.1\mathrm{A}$$

3. 三相交流调压

工业中交流电源多为三相系统，交流电机也多为三相电机，应采用三相交流调压器实现

调压。三相交流调压电路与三相负载之间有多种连接方式,其中以三相 Y 形连接调压方式最为普遍。

(1)负载 Y 形无中性线连接的交流调压电路

图 3-11 为 Y 形三相交流调压电路,这是一种最典型、最常用的三相交流调压电路,它的正常工作须满足:

① 三相中至少有两相的晶闸管导通才能构成通路,而且其中一相是正向晶闸管导通,另一相是反向晶闸管导通。

② 为了保证在任何情况下有两个晶闸管同时导通,各晶闸管的触发脉冲宽度应大于 60°,或采用双窄脉冲触发。

③ 为了保证输出的三相电压对称,并有一定的调节范围,要求晶闸管的触发信号必须与相应的交流电源有一致的相序;各触发信号之间还必须严格保持一定的相

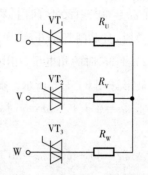

图 3-11　Y 形连接三相调压电路

位关系。即对于图 3-11 所示的三相三线交流调压电路而言,同向(正向或反向)的晶闸管之间脉冲信号互差 120°。同一相反并联的两个晶闸管触发信号互差 180°。每隔 60°触发一只晶闸管,触发顺序为 $VT_1 \sim VT_6$。

为简单起见,仅分析该三相调压电路接电阻性负载(负载功率因数角 $\varphi=0$)时,不同触发控制角 α 下负载上的相电压、电流波形,如图 3-12 所示。

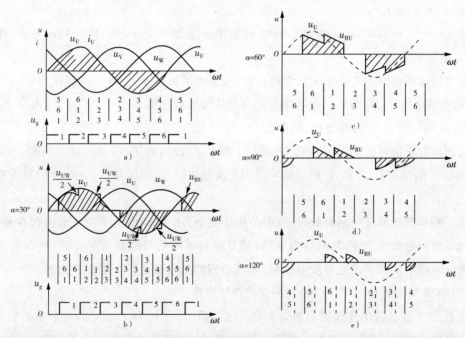

图 3-12　Y 形连接三相交流调压电路输出电压、电流波形(电阻负载)

a)$\alpha=0°$　b)$\alpha=30°$　c)$\alpha=60°$　d)$\alpha=90°$　e)$\alpha=120°$

1)$\alpha=0°$时的相电压、相电流

波形如图 3-12a 所示。当 $\alpha=0°$ 时触发导通 VT_1，以后每隔 60° 依次触发导通 VT_2、VT_3、VT_4、VT_5、VT_6。在 $\omega t=0°\sim60°$ 区间内，u_U、u_W 为正，u_V 为负，VT_5、VT_6、VT_2 同时导通；在 $\omega t=60°\sim120°$ 区间内，VT_6、VT_1、VT_2 同时导通，……由于任何时刻均有三只晶闸管同时导通，且晶闸管全开放，负载上获得全电压。各相电压、电流波形正弦、三相平衡。

2)$\alpha=30°$时的相电压、相电流

波形如图 3-12b 所示。此时情况复杂，须分子区间分析。

① $\omega t=0°\sim30°$：$\omega t=0$ 时，u_U 变正，VT_4 关断，但 u_V 未到位，VT_1 无法导通，U 相负载电压 $u_U=0$。

② $\omega t=30°\sim60°$：$\omega t=30°$ 时，触发导通 VT_1；V 相 VT_6、W 相 VT_5 均仍承受正向阳极电压保持导通。由于 VT_5、VT_6、VT_1 同时导通，三相均有电流，此子区间内 U 相负载电压 $u_{RU}=u_U$（电源相电压）。

③ $\omega t=60°\sim90°$：$\omega t=60°$ 时，u_W 过零，VT_5 关断；VT_2 无触发脉冲不导通，三相中仅 VT_6、VT_1 导通。此时线电压 u_{UV} 施加在 R_U、R_W 上，故此子区间内 U 相负载电压 $u_{RU}=u_{UV}/2$。

④ $\omega t=90°\sim120°$：$\omega t=90°$ 时，VT_2 触发导通，此时 VT_6、VT_1、VT_2 同时导通，此子区间内 U 相负载电压 $u_{RU}=u_U$。

⑤ $\omega t=120°\sim150°$：$\omega t=120°$ 时，u_V 过零，VT_6 关断；仅 VT_1、VT_2 导通，此子区间内 U 相电压 $u_{RU}=u_{UW}/2$。

⑥ $\omega t=150°\sim180°$：$\omega t=150°$ 时，VT_3 触发导通，此时 VT_1、VT_2、VT_3 同时导通，此子区间内 U 相电压 $u_{RU}=u_U$。

负半周可按相同方式分子区间作出分析，从而可得如图 3-12b 中阴影区所示一个周波的 U 相负载电压 u_{RU} 波形。U 相电流波形与电压波形成比例。

3)$\alpha=60°$、90°、120°时相电压、相电流

用同样分析法可得 $\alpha=60°$、90°、120° 时 U 相电压波形，如图 3-12c、d、e 所示。$\alpha>150°$ 时，因 $u_{UV}<0$，虽 VT_6、VT_1 有触发脉冲但仍无法导通，交流调压器不工作，故控制角移相范围为 0°～150°。

当三相调压电路接电感负载时，波形分析很复杂。由于输出电压与电流间存在相位差，电压过零瞬间电流不为零，晶闸管仍导通，其导通角 θ 不仅与控制角 α 有关，还和负载功率因数角 φ 有关。如果负载是异步电动机，其功率因数角还随运行工况而变化。

(2)负载 Y 形连接带中性线的三相交流调压电路

负载 Y 形连接带中性线的三相交流调压电路如图 3-13 所示。它由 3 个单相晶闸管交流调压器组合而成，其公共点为三相调压器中线，每一相可以作为一个单相调压器单独分析，其工作原理和波形与单相交流调压相同。

在晶闸管交流调压电路中，每相负载电流为正负对称的缺角正弦波，它包含有较大的奇次谐波电流，3 次谐波电流的相位是相同的，中性线的电流为一相 3 次谐波电流的三倍，且数

值较大,这种电路的应用有一定的局限性。

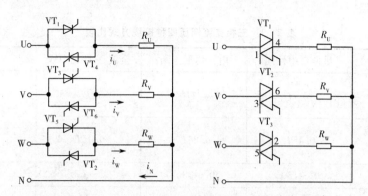

图 3-13　负载 Y 形连接带中性线的三相交流调压电路

（3）晶闸管与负载连接成内三角形的三相交流调压电路

晶闸管与负载连接成内三角形的三相交流调压电路如图 3-14 所示。该电路的优点是:由于晶闸管串接在三角形内部,流过的是相电流,在同样线电流情况下,管子的容量可降低,另外线电流中无 3 的倍数次谐波分量。缺点是只适用于负载是三个分得开的单元的情况,因而其应用范围也有一定的局限性。

（4）三相晶闸管接于 Y 形负载中性点的三相交流调压电路

图 3-14　晶闸管与负载连接成内三角形的三相交流调压电路

电路如图 3-15 所示,它要求负载是三个分得开的单元,从图 3-15 中电流波形可见,输出电流出现正负半周波形不对称,但其面积是相等的,所以没有直流分量。

此种电路使用元件少,触发线路简单,但由于电流波形正负半周不对称,故存在偶次谐波,对电源影响较大。

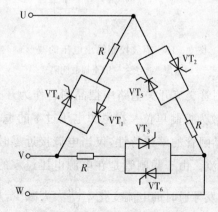

图 3-15　三相晶闸管接于 Y 形负载中性点的三相交流调压电路

三相交流调压电路与三相负载之间有多种连接方式,各有其特点,其技术经济指标各不相同,详见表 3-1。

表 3-1　三相交流调压四种接线方式比较

接线方式	星形带中性线	内三角形连结	全波 Y 形无中线	接与 Y 形负载中性点
晶闸管工作电压（峰值）	$\sqrt{\dfrac{2}{3}}U_1$	$\sqrt{2}U_1$	$\sqrt{2}U_1$	$\sqrt{2}U_1$
晶闸管工作电流（峰值）	$0.45I_1$	$0.26I_1$	$0.45I_1$	$0.68I_1$
移相范围	$0°\sim180°$	$0°\sim180°$	$0°\sim150°$	$0°\sim210°$
应用情况	适用于中小容量可接中线的各种负载	实际应用较少	适用于各种负载	实际应用较少

4. 其他交流电力控制电路

当交流调压电路采用通断控制时,还可以实现交流调功和交流无触点开关的功能。

(1)交流调功电路

交流调功器的主电路结构与前面介绍的交流调压主电路形式完全一样,只不过他们的控制方式不同,交流调压是采用移向控制,交流调功器是采用过零的周波控制,如图 3-16 所示。

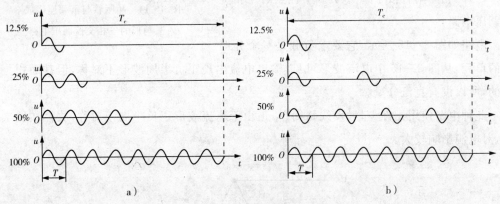

图 3-16　周波控制输出电压的波形
a)全周波连续式　b)全周波间隔式

所谓过零触发,是在晶闸管交流开关电路中把晶闸管作为开关元件串接在交流电源与负载之间,以交流电源周波数为控制单位。在电源电压过零的瞬时(离零点 $3°\sim5°$ 内)使晶闸管受到触发而导通,利用晶闸管的擎住特性,仅当电流接近零时才关断,从而使负载能够得到完整的正弦波电压和电流。由于晶闸管是在电源电压过零的瞬时被触发导通,这就可保证瞬态负载浪涌电流和触发导通时的电流变化率 $\dfrac{\mathrm{d}u}{\mathrm{d}t}$ 大大减少,从而使晶闸管由于 $\dfrac{\mathrm{d}u}{\mathrm{d}t}$ 过大而失效或换相失败的机率大大变小。通过改变晶闸管在设定周期内通断时间的比例,达到调节负载两端电压的目的,即调节负载功率的目的。这种装置又称晶闸管过零调功器或周波控制器。

图 3-16 表示出了全周波两种控制方式(全周波连续式和全周波间隔式)。由图可见,不论采用哪种工作方式,调功器中的晶闸管都是在电源电压过零时,按通断控制规律被触发导通,其输出都是有间隔的正弦波。负载电压在晶闸管导通时接近电源电压,而当晶闸管关断时为零。通过改变通断时间的比值达到调压的目的,其实质是通过调节设定周期内的周波数来实现输出功率的调节。在这里晶闸管起到一个通断频率可调的快速开关的作用。由于是在电压过零时给晶闸管的触发脉冲,使晶闸管始终处于全导通或全阻断状态。

设交流电源周期为 T,设定调节周期为 T_c(为 T 的整数倍),在设定周期 T_c 内晶闸管导通的周波数为 n,则调功器的输出功率

$$P = \frac{nT}{T_c} P_n \tag{3-9}$$

调功器输出电压有效值

$$U = \sqrt{\frac{nT}{T_c}} U_n \tag{3-10}$$

其中,P_n——设定时间 T_c 内全导通时装置的输出功率有效值;U_n——设定时间 T_c 内全导通时装置的输出电压有效值。

(2)交流无触点开关

如果将反并联的两单向晶闸管或单只双向晶闸管串入交流电路,代替机械开关起接通和关断电路的作用,就构成了交流无触点开关。这种电力电子开关无触点,无开关过程的电弧,响应快,其工作频率比机械开关高,有很多优点。但由于导通时有管压降,关断时有阳极漏电流,因而还不是一种理想的开关,但已显示出其广泛的应用前景。

交流无触点开关主电路与交流调压电路相同,但其开通与关断是随机的,可以分为任意接通模式和过零接通模式。前者可在任何时刻使晶闸管触发导通,后者只能在交流电源电压过零时才能触发晶闸管,因而有一定开通时延,如 50Hz 交流电网中,最大开通时延约 10ms。关断时,由于晶闸管的掣住特性,不能在触发脉冲封锁时立即关断;感性负载又要等到电流过零时才能关断,均有一定关断时延。

图 3-17a 是一种简单交流无触点开关。当控制开关 S 闭合时,电源 u_1 正、负半周分别通过二极管 VD_1、VD_2 和 S 接通晶闸管 VT_1、VT_2 的门极,使相应晶闸管交替导通。如果 S 断开,晶闸管因门极开路而不能导通,相当交流电路关断。

采用双向晶闸管作交流无触点开关电路如图 3-17b 所示。在控制开关 S 闭合时,电源 u_1 正半周双向晶闸管 VT 以 I+方式触发导通,电源负半周时以 III-方式触发导通,负载上因此而获得交流电能。如果 S 断开,VT 因门极开路而不能导通,负载上电压为零,相当交流开关断开。

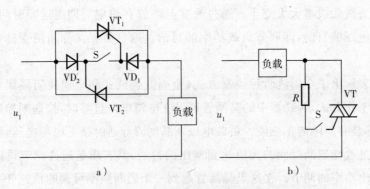

图 3-17　晶闸管交流电力开关

a)一种简单的交流无触点开关　b)双向晶闸管构成的交流无触点开关电路

图 3-18 为三相自动控温电热炉的典型电路。它采用双向晶闸管作为功率开关,当开关 Q 拨到"自动"位置时,炉温就能自动保持在给定温度。若炉温低于给定温度,温控仪 KT(调节式毫伏温度计)使常开触点 KT 闭合,VT₄(小容量双向晶闸管)被触发导通,负载电阻 R_L 接入交流电源,电炉升温。若炉温到达给定温度,温控仪的常开触点 KT 断开,VT₄关断,继电器 KA 失电,双向晶闸管 VT₁～VT₄关断,电阻 R_L 与电源断开,电炉降温,使炉温被控制在给定范围内波动,实现自动恒温控制。

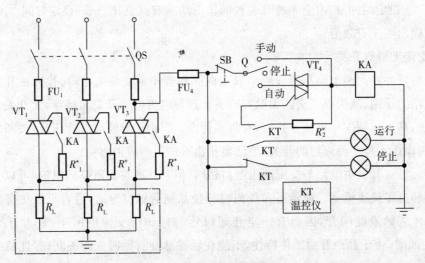

图 3-18　电热炉温控电路

【例 3-2】　在交流调压电路中,线电压有效值 $U=380\text{V}$, $R=1\Omega$, $\omega L=1.73\Omega$,计算晶闸管电流最大有效值、晶闸管电压最大瞬时值和 α 角的控制范围。

解:当改变 α 时,该调压器有两种不同的工作状态:在同一时刻,每一相都有一只晶闸管导电,称为 1 类工作状态。在同一时刻,有一相晶闸管不导通,另两相晶闸管导通,称为 2 类工作状态。下面分别计算。

(1)晶闸管电流最大值出现在 1 类工作状态时,

$$\varphi = \mathrm{tg}^{-1}\left(\frac{\omega L}{R}\right) = \mathrm{tg}^{-1}\left(\frac{1.73}{1}\right) = 60°$$

$$Z = \sqrt{1^2 + 1.73^2} = 2\,\Omega$$

晶闸管电流最大有效值发生在时,每相负载电流为完整的正弦波,其有效值

$$I = \frac{U}{\sqrt{3}Z} = \frac{380}{2\sqrt{3}} = 110\mathrm{A}$$

故

$$I_\mathrm{T} = \frac{I}{\sqrt{2}} = \frac{110}{\sqrt{2}} = 77.78\mathrm{A}$$

(2)2类工作状态时,不同的晶闸管两端可能出现最高瞬时电压

$$u_{\max} = \pm\sqrt{6}\,U/2 = \pm(\sqrt{6}/2)\times 380 = \pm 465.4\mathrm{V}$$

(3)最大 $\alpha = 150°$,最小 $\alpha = 60°$,故 $60°<\alpha<150°$。

三、双向晶闸管触发电路

1. 双向晶闸管简易触发电路

双向晶闸管简易触发电路如图 3-19 所示。电网电压 220V,经 R_L(负载)、R_1、R_W 对 C 充电,当 C 上的电压超过双向二极管 DB 导通电压时,DB 导通,将电压加到 G 极,使双向可控硅触发导通。调节 R_W 与改变 C 的充电时间常数,从而改变可控硅的导通角。调光及调温等电路一般均用此形式。

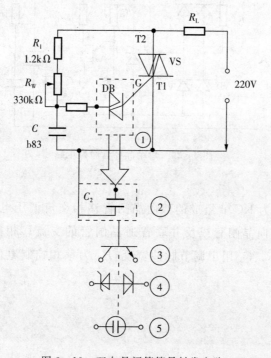

图 3-19　双向晶闸管简易触发电路

RC 触发电路如图 3-19 中②所示,将双向二极管用电容 C_2 代替。利用 R_C 电路充放电特性,通过两级 R_C 电路为 VS 提供触发电压,当 C_2 上的电压充到一定幅值时,即可触发 VS。此电路简单,但可靠性差。

三极管触发电路如图 3-19 中③所示,用一个三极管代替。利用三极管的 c、e 极间的导电特性,可以触发双向可控硅。不用三极管的 b 极,只用 c、e 两极。此电路上只能输出半个电压波形,实用于低压小负载。

双稳压管触发电路如图 3-19 中④所示。电路形式及工作原理与图 3-19 中①基本相同,仅将 DB 换成了反向串联的两只稳压管,稳压管的稳压值应选与 DB 导通电压值相同,一般选取 20~30V 稳压管。一般稳压管价格低、易购,用稳压管代换 DB 是一种明智的选择。

氖管触发电路如图 3-19 中⑤所示。利用氖管在一定的电压下激发放电发出辉光的特性,定时输出触发脉冲电压,控制 VS 的导通,此电路还可以利用氖泡发辉光作工作指示器。因氖管激发电压较高,故脉冲电压触发较迟钝,可控硅导通角一般较小,输出电压低,因此 R_W 的取值不能过大。

2. 单结晶体管触发电路

图 3-20 所示为单结晶体管触发的交流调压电路,调 R_P 阻值可以改变负载 R_L 上电压的大小。

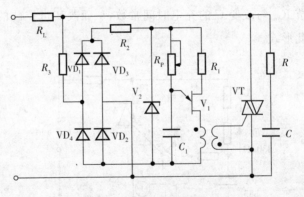

图 3-20　单结晶体管触发电路

3. 集成触发器

图 3-21 所示即为 KC06 组成的双向晶闸管移相交流调压电路。该电路主要适用于交流直接供电的双向晶闸管或反并联普通晶闸管的交流移相控制。R_{P1} 用于调节触发电路锯齿波斜率,R_4、C_3 用于调节脉冲宽度,R_{P2} 为移相控制电位器,用于调节输出电压的大小。

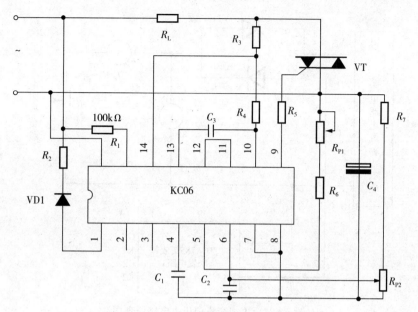

图 3-21 双向晶闸管移相交流调压电路

项目实施

单相交流调压器的调试

一、准备工作

① 相关实训装置一台。

② 双踪示波器。

③ 万用表。

④ 导线若干。

二、实施过程

1. 单相交流调压器带纯电阻性负载

（1）按原理图搭建电路

单相交流调压器的主电路由两个反向并联的晶闸管组成，如图 3-22 所示。

图中电阻 $R=450\Omega$，电抗器 $L_d=700\mathrm{mH}$。注意图中的电流表、电压表为交流电流表和交流电压表。双向晶闸管可采用两个普通晶闸管反向并联的方式得到，触发电路采用 TCA785 集成触发电路提供。将触发器的输出脉冲端"G1"、"K1"、"G2"和"K2"分别接至主电路相应晶闸管的门极和阴极。

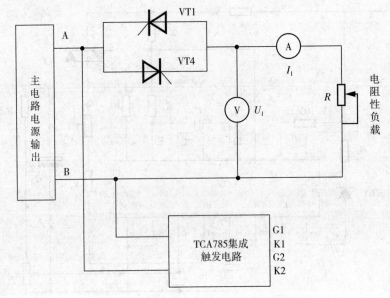

图 3 - 22　单相交流调压主电路原理图

（2）调试

用示波器观察负载电压、晶闸管两端电压 U_{VT} 的波形。调节"TCA785 集成触发电路"上的电位器，观察在不同 α 角时各点波形的变化，并记录 $\alpha=30°$、$60°$、$90°$、$120°$ 时的波形。

2. 单相交流调压器带纯阻感性负载

阻感性负载通常可以用纯电阻和电感串联的方式模拟得到。

（1）在对电阻电感性负载进行调试时，需要调节负载阻抗角的大小，因此应该知道电抗器的内阻和电感量。常采用直流伏安法来测量内阻，如图 3 - 23 所示。电抗器的内阻为

$$R_L = U_L / I$$

电抗器的电感量可采用交流伏安法测量，如图 3 - 24 所示。由于电流大时，对电抗器的电感量影响较大，采用自耦调压器调压，多测几次取其平均值，从而可得到交流阻抗为

$$Z_L = \frac{U_L}{I} \tag{3-11}$$

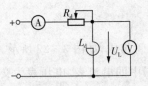

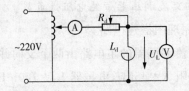

图 3 - 23　用直流伏安法测电抗器内阻　　　图 3 - 24　用交流伏安法测定电感量

电抗器的电感为

$$L = \sqrt{\frac{Z_L^2 - R_L^2}{2\pi f}} \tag{3-12}$$

这样，即可求得负载阻抗角

$$\varphi = \arctan \frac{\omega L}{R_{\mathrm{d}} + R_{\mathrm{L}}}$$

欲改变阻抗角,只需改变滑线变阻器 R 的电阻值即可。

(2)切断电源,将 L 与 R 串联,改接为电阻电感性负载。按下"启动"按钮,用双踪示波器同时观察负载电压 U_1 和负载电流 I_1 的波形。调节 R 的数值,使阻抗角为一定值,观察在不同 α 角时波形的变化情况,记录 $\alpha > \varphi$、$\alpha = \varphi$、$\alpha < \varphi$ 三种情况下负载两端的电压 U_1 和流过负载的电流 I_1 波形。

三、总结

分析纯电阻性负载和阻感性负载的输出电压有何不同?是如何导致不同的?并分析电阻电感性负载时,α 角与 φ 角相应关系的变化对调压器工作的影响。

交-交变频器

交-交变频电路是直接将电网固定频率的交流电变换为所需频率的交流电。这种变流装置称交-交变频器,也称周波变换器(Cyclo Convertor)。它广泛应用于大功率低转速的交流电动机调速传动,也用于电力系统无功补偿、感应加热用电源、交流励磁变速、恒频发电机的励磁电源等。因为没有中间的直流环节,减少了一次能量变换过程,消耗能量少。但这种变频电路的输出频率受到限制,它低于输入频率,而且输出电压频率与变频电路的具体结构有关。

一、单相交-交变频电路

1.电路结构和工作原理

单相输出交-交变频电路组成如图 3－25a 所示。它由具有相同特征的两组晶闸管整流电路反向并联构成。其中一组整流器称为正组整流器(P 组),另外一组称为反组整流器(N 组)。如果正组(P 组)整流器工作,反组整流器(N 组)被封锁,负载端输出电压为上正下负,负载电流 i_0 为正;负组整流器(N 组)工作,正组(P 组)整流器被封锁,则负载端得到输出电压为上负下正,负载电流 i_0 为负。这样,只要交替地以低于电源的频率切换正反组整流器的工作状态,则在负载端就可以获得交变的输出电压。如果在一个周期内控制角 α 是固定不变的,则输出电压波形为矩形波。此种方式控制简单,但矩形波中含有大量的谐波,对电机负载的工作很不利。如果控制角 α 不固定,在正组工作的半个周期内让控制角 α 按正弦规律从 90° 逐渐减小到 0°,然后再由 0° 逐渐增加到 90°,那么正组整流电路的输出电压的平均值就按正弦规律变化,从零增大到最大,然后从最大减小到零,如图 3－25b 所示(三相交流输入)。在反组整流电路工作的半个周期内采用同样的控制方法,就可以得到接近正弦波的输出电压。两组变流器按一定的频率交替工作,负载就得到该频率的交流电。改变两组变流器的切换频率,就可改变输出频率 $\omega_。$。改变变流电路的控制角 α,就可以改变交流输出电压的幅值。

正反两组整流器切换时,不能简单地将原来工作的整流器封锁,同时将原来封锁的整流器立即导通。因为已导通的晶闸管并不能在触发脉冲取消的那一瞬间立即被关断,必须待晶闸管承受反压时才能关断,如果两组整流器切换时,触发脉冲的封锁和开放是同时进行,原先导通的整流器不能立即关断,而原来封锁的整流器已经导通,就会出现两组桥同时导通的现象,导致产生很大的短路电流,使晶闸管损坏。为了防止在负载电流反向时环流产生,将原来工作的整流器封锁后,必须留有一定死区时间,再将原来封锁的整流器开放工作。这种两组桥任何时刻只有一组桥工作,在两组桥之间不存在环流,称为无环流控制方式。

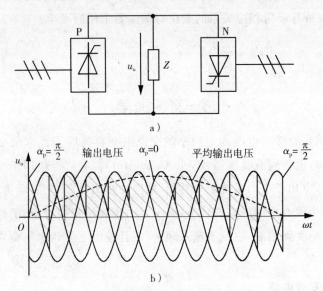

图 3-25   单相输出交-交变频电路及波形
a)电路   b)输出电压

2. 变频电路的工作过程

交-交变频电路的负载可以是电感性、电阻性或电容性。下面以使用较多的电感性负载为例,说明组成变频电路的两组相控整流电路是怎样工作的。

当我们将电感性负载的交-交变频电路理想化,忽略变流电路换相时 $u_。$ 的脉动分量,就可把变频电路等效成图 3-26a 所示的正弦波交流电源和二极管的串联。其中,交流电源表示变流电路可输出交流正弦电压,二极管体现了变流电路的电流单向性。设负载阻抗角为 φ,输出电流滞后输出电压 φ 角。两组变流电路工作时,采取直流可逆调速系统中的无环流工作方式,即一组变流电路工作时,封锁另一组变流电路的触发脉冲。其工作状态可说明如下:

$t_1 \sim t_3$ 期间:$i_。$ 正半周,正组工作,反组被封锁。其中,$t_1 \sim t_2$ 阶段,$u_。$ 和 $i_。$ 均为正,正组整流,输出功率为正;$t_2 \sim t_3$ 阶段,$u_。$ 反向,$i_。$ 仍为正,正组逆变,输出功率为负。

$t_3 \sim t_5$ 期间:$i_。$ 负半周,反组工作,正组被封锁。则 $t_3 \sim t_4$ 阶段,$u_。$ 和 $i_。$ 均为负,反组整流,输出功率为正;$t_4 \sim t_5$ 阶段,$u_。$ 反向,$i_。$ 仍为负,反组逆变,输出功率为负。

输出电压 u_o 和输出电流 i_o 波形如图 3 - 26b 所示。由此可知哪组整流电路工作是由输出电流 i_o 的方向决定，而与输出电压极性 u_o 无关。变流电路是工作于整流状态还是逆变状态，则是由输出电压方向和输出电流方向的异同决定。

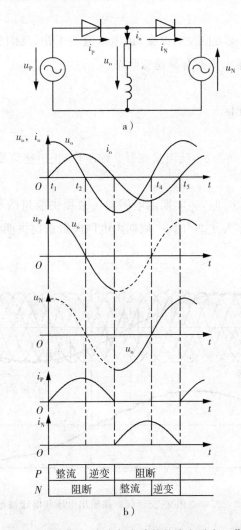

图 3 - 26　理想化交-交变频电路的整流和逆变工作状态

a) 交-交变频电路　b) 电流、电压波形

对于电感性负载，输出电压超前电流。考虑无环流工作方式下 i_o 过零的死区时间，可以将图 3 - 27 所示变频电路输出电压、电流波形的一个周期分为六个阶段：

(1) 第一阶段

输出电压过零为正，由于电流滞后，$i_o < 0$，且整流器的输出电流具有单向性，负载负电流必须由反组整流器输出，则此阶段为反组整流器工作，正组整流器被封锁。由于 u_o 为正，则反组整流器必须工作在有源逆变状态。

(2) 第二阶段

电流过零，为无环流死区。

（3）第三阶段

$i_o>0$，$u_o>0$。由于电流方向为正，反组电流须由正组整流器输出，此阶段为正组整流器工作，反组整流器被封锁。由于 u_o 为正，则正组整流器必须工作在整流状态。

（4）第四阶段

$i_o>0$，$u_o<0$。由于电流方向没有改变，正组整流器工作，反组整流器仍被封锁，由于电压反向为负，则正组整流器工作在有源逆变状态。

（5）第五阶段

电流为零，为无环流死区。

（6）第六阶段

$i_o<0$，$u_o<0$。电流方向为负，反组整流器必须工作，正组整流器被封锁。此阶段反组整流器工作在整流状态。

u_o 和 i_o 的相位差小于 $90°$ 时，一周期内电网向负载提供能量的平均值为正，电动机工作在电动状态；当二者相位差大于 $90°$ 时，一周期内电网向负载提供能量的平均值为负，电网吸收能量，电动机为发电状态。

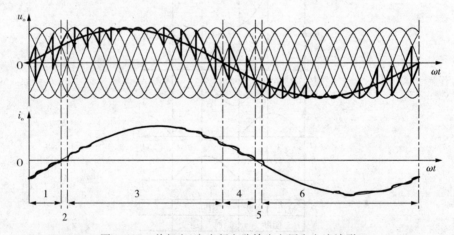

图 3-27　单相交-交变频电路输出电压和电流波形

二、三相交-交变频电路

交-交变频电路主要用于交流调速系统。因此，实际使用的主要是三相交-交变频器。三相交-交变频电路是由三组输出电压相位差为 $120°$ 的单相交-交变频电路组成的，电路接线形式主要有以下两种。

1. 公共交流母线进线方式

图 3-28 所示是公共交流母线进线方式的三相交-交变频电路原理图，它由三组彼此独立的，输出电压相位差为 $120°$ 的单相交-交变频电路组成，它们的电源进线通过进线电抗器接在公共的交流母线上。因为电源进线端公用，所以三相变频电路的输出端必须隔离。为此，交流电动机的三个绕组必须拆开，同时引出六根线。公共交流母线进线三相交-交变频电路主要用于中等容量的交流调速系统。

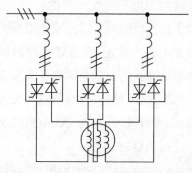

图 3 - 28 公共交流母线进线方式的三相交-交变频电路(简图)

2. 输出星形连结方式

图 3 - 29 所示是输出星形连结方式的三相交-交变频电路原理图。电源进线通过进线电抗器接在公共的交流母线上。三相交-交变频电路的输出端星形连结,电动机的三个绕组也是星形连结,电动机中点和变频器中点接在一起,电动机只引三根线即可。因为三组单相变频器连接在一起,电源进线端公用,其电源进线就必须隔离,所以三组单相变频器分别用三个变压器供电。和整流电路一样,同一组桥内的两个晶闸管靠双触发脉冲保证同时导通。两组桥之间则是靠各自的触发脉冲有足够的宽度,以保证同时导通。

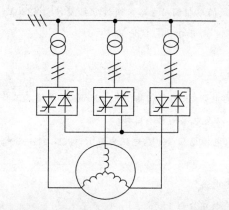

图 3 - 29 输出星形连结方式三相交交变频电路(简图)

项目小结

本项目以功率可调电火锅的原理图引出双向晶闸管、双向晶闸管触发电路及交流调压电路。

首先介绍了双向晶闸管的外形、原理及检测。双向晶闸管的作用和两个普通晶闸管反向并联基本一样,但前者与后者相比控制电路简单且经济,在交流调压电路、交流电机调速等领域应用较多。

接着介绍了交流调压器,交流-交流变换器分为两类:频率不变仅改变电压大小的交流电压控制器或交流调压器,和交-交直接变频器。电压控制器实质是交流电压斩波调压器,倚靠晶闸管的移相控制仅将交流电源电压正弦波形的一部分送至负载,交流电源电压正弦波的另一部分被晶闸管处于截止状态时阻断。因此输出电压总是小于输入电压。单相交流电压控制器常用于小功率的单相电动机供电、照明灯光控制和电加热温度控制。三相交流电压控制器常用于三相交流异步电动机的变压调试和作为异步电动机的启动器使用。相控交交直接变频器依靠交流电源电压过零、反向换相,所以开关器件采用晶闸管就可以了。晶闸管相控直接变频器适用于高压、大容量、低速的交流电机的运行。主要缺点是交流输入电流谐波严重,输入功率因数低,且控制也较复杂。

后面通过对交流调压控制器的调试,可加深对电阻性负载和阻感性负载时,输出电压电流波形的区别。

思 考 与 练 习

3-1 在交流调压电路中,采用相位控制和通断控制各有什么优缺点?

3-2 单相交流调压电路,负载阻抗角为 $30°$,问控制角 α 的有效移相范围有多大? 如为三相交流调压电路,则 α 的有效移相范围又为多大?

3-3 一电阻性负载加热炉由单相交流调压电路供电,如 $\alpha=0°$ 时为输出功率最大值,试求功率为 80%,50% 时的控制角 α。

3-4 采用双向晶闸管组成的单相调功电路采用过零触发,$U_2=220\text{V}$,负载电阻 $R=1\Omega$,在控制的设定周期 T_C 内,使晶闸管导通 0.3s,断开 0.2s。试计算:

(1)输出电压的有效值。

(2)负载上所得的平均功率。

3-5 一台 $220\text{V}/10\text{kW}$ 的电炉,采用单相晶闸管交流调压,现使其工作在功率为 8kW 的电路中,试求电路的触发延迟角 α、工作电流以及电源侧功率因数。

3-6 单相交流调压电路,电源电压 220V,电阻负载 $R=9\Omega$,当 $\alpha=30°$ 时,求:

(1)输出电压和负载电流。

(2)晶闸管额定电压和额定电流。

(3)输出电压波形和晶闸管电压波形。

3-7 如图所示为单相晶闸管交流调压电路,其中 $U_2=220\text{V}$,$L=5.516\text{mH}$,$R=1\Omega$,求:

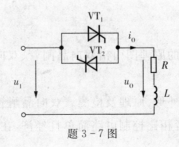

题 3-7 图

(1)触发角的移相范围。

(2)负载电流的最大有效值。

(3)最大输出功率和功率因数。

3-8 晶闸管反并联的单相交流调压电路,输出电路 $U_2 = 220\text{V}$,$R = 5\Omega$。如晶闸管开通 100 个电源周期,关断 80 个电源周期,求:

(1)输出电压平均值。

(2)输出平均功率。

(3)输入功率因数。

(4)单个晶闸管的电流有效值。

3-9 图示为一单相交流调压电路,试分析当开关 Q 置于位置 1、2、3 时电路的工作情况,并画出开关置于不同位置时,负载上得到的电压波形。

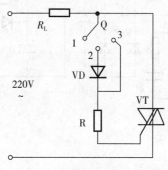

题 3-9 图

3-10 采用晶闸管反并联的三相交流调功电路,线电压 $U_1 = 380\text{V}$,对称负载电阻 $R = 2\Omega$,三角形连接,若采用通断控制,导电时间为 15 个电源周期,负载平均功率为 43.3kW,求控制周期和通断比。

3-11 如图所示为单相交流调压电路,电感负载,$U_2 = 220\text{V}$,$L = 5.516\text{mH}$,$R = 1\Omega$,试求:

(1)触发延迟角移相范围。

(2)负载电流最大有效值。

(3)最大输出功率和功率因数。

(4)画出负载电压与电流的波形。

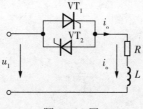

题 3-11 图

3-12 交-交变频电路的最高输出频率是多少?制约输出频率提高的因素是什么?

3-13 三相交-交变频电路有哪两种接线方式?它们有什么区别?

3-14 交-交变频电路的主要特点和不足之处是什么?其主要用途是什么?

3-15 如图所示为运用双向晶闸管作为无触点开关的电动机控制电路,试分析其工作原理。

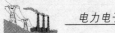

提示:选择开关 SA 打在"2"时,电动机处于普通工作状态,操作 SB₁、SB₂ 使电动机启动、停止。SA 打在"1"时,电动机能自动重复地完成通断。

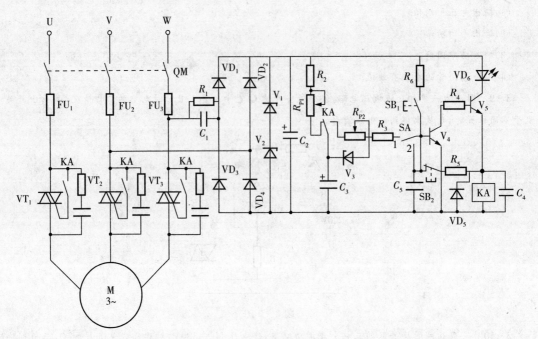

题 3-15 图

项目四　开关电源的分析与制作

【学习目标】

(1)熟悉全控型电力电子器件 GTR、MOSFET、IGBT 等的图形符号,掌握其开关条件、主要参数及其检测。

(2)熟悉电力电子器件的保护。

(3)熟悉开关型稳压电源的原理、电路组成。

(4)了解 PWM 控制器 SG3525 的组成及工作原理。

(5)熟悉开关电源芯片 LM2576 的使用及元器件的选择。

(6)学会制作简单的开关电源。

(7)了解软开关的基本概念。

(8)强化安全用电意识和职业行为规范。

项目引入

前面分析了线性稳压电源,其优点是结构简单,调节方便,输出电压稳定性强,纹波电压小。缺点是功耗大、效率低(20%～49%),需加散热器,因而设备体积大、笨重、成本高。随着电子工业的发展,高频率、高耐压、大功率开关管的问世,无工频电源变压器的开关型稳压电源在工业化国家中已经普及。因调整管工作在开关状态,功耗大大减小,提高效率,开关型稳压电源的效率可达70%～95%,体积小,重量轻,适于固定的大负载电流、输出电压小范围调节的场合。开关电源是利用现代电力电子技术,控制开关管开通和关断的时间比率,维持稳定的直流输出电压的一种电源。图 4-1 是常见的一种开关电源,其主要由整流与滤波电路、DC-DC 变换器、取样比较电路、占空比控制电路等构成。

DC-DC 变换器现已实现模块化,且设计技术及生产工艺在国内外均已成熟和标准化,并已得到广大用户的认可。利用单片式开关稳压器 LM2576 替代线性稳压器构成串联开关式稳压电源,在电路中只需增加续流二极管和储能电感等几只元器件,使电路更加简洁,除具有线性电源宽范围连续可调的优点外,同时使电源效率得到了大幅度提高,在负载较轻时,不加散热器也能正常工作,又使整机的重量和体积有所减少。

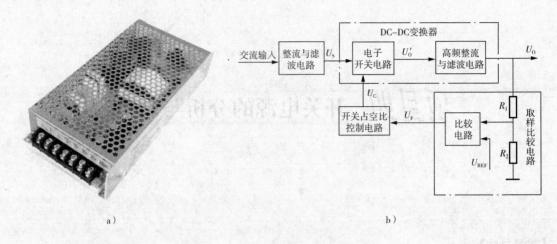

图 4-1　开关电源实物图与结构图

a)实物图　b)结构图

知识链接

一、全控型电力电子器件的认识

在开关电源框图中可以看到,DC-DC变换器的输入电压是通过整流与滤波得到的直流电压,即 DC-DC 变换器的输入信号是直流电,输出也是直流电,实现这种功能的电路称为直流斩波电路。由于晶闸管是半控型器件,整流电路中当交流电过零变负时可使晶闸管自然关断,而 DC-DC 变换器中,器件承受的是直流电压,若用晶闸管,则一旦导通后无法关断,故须增加强迫关断电路,将使电路更加复杂。所以一般都是使用全控型电力电子器件。全控型电力电子器件包括门极可关断晶闸管(GTO)、功率场效应晶体管(P-MOSET)、绝缘栅双极型晶体管(IGBT)、功率集成电路 PIC。

1. 功率晶体管 GTR

功率晶体管又称电力晶体管(Giant Transistor)简称 GTR,直译为巨型晶体管,是一种耐高电压、大电流的双极结型晶体管,有时候也称为 Power BJT。GTR 通常指耗散功率(或输出功率)1 瓦以上的晶体管。GTR 的电气符号与普通晶体管相同。常见大功率晶体三极管的外形如图 4-2 所示。从图可见,大功率晶体三极管的外形除体积比较大外,其外壳上都有安装孔或安装螺钉,便于将三极管安装在外加的散热器上。它是一种双极型大功率高反压晶体管,具有自关断能力,控制方便,开关时间短,高频特性好,价格低廉等优点。

(1)GTR 的结构和工作原理

GTR 结构的如图 4-3a 所示,其结构是由三层半导体材料两个 PN 结构成,有 NPN 和 PNP 型两种,NPN 型图形符号如图 4-3b 所示。

GTR 的工作原理与普通的三极管基本原理是一样的,如图 4-3c 所示,主要通过控制基极电流来控制集电极电流。当有足够大的电流驱动信号从基极流过时,就能使管子处于完

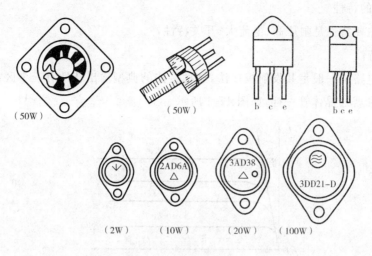

图 4-2　GTR 的外观

全导通的状态,当撤去这个信号时,管子自动关断。故它是自关断能力的全控型器件。

在实际应用中,GTR 多采用共发射极接法。β 为 GTR 的电流放大系数,定义为集电极电流 i_c 与基极电流 i_b 之比,即

$$\beta=\frac{i_c}{i_b} \tag{4-1}$$

反映了基极电流对集电极电流的控制能力也表示 GTR 的放大能力。单管 GTR 的 β 值比小功率的晶体管小得多,通常为 10 左右。达林顿接法可有效增大电流增益,通常采用至少由两个晶体管按达林顿接法组成的单元结构,但饱和压降增加了,开关速度变慢。所以采用集成电路工艺将许多这种单元并联而成,提高了集成度和可靠性。

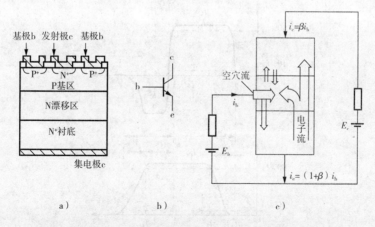

图 4-3　GTR 的结构、电气图形符号和内部载流子的流动

a)内部结构断面示意图　b)电气图形符号　c)内部载流子的流动

(2)GTR 的特性

GTR 的主要特性是耐压高、电流大、开关特性好。

① 静态特性

GTR 在电路中一般是共发射极接法,这种接法的典型输出特性有三个区:截止区、放大区和饱和区,和普通晶体管一样,如图 4-4 所示。

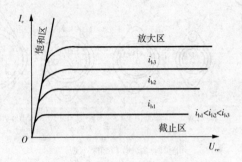

图 4-4　共发射极接法时 GTR 的输出特性

在电力电子电路中,GTR 工作在开关状态,即工作在截止区或饱和区;在开关过程中,即在截止区和饱和区之间过渡时,要经过放大区。在截止区,$i_b<0$(或 $i_b=0$),GTR 承受高电压,且只有很小的电流流过,类似于开关的断态;在放大区,$I_c=\beta i_b$,工作在开关状态的 GTR 应避免工作在放大区以防止功耗过大损坏 GTR;在饱和区,i_b 变化时,I_c 不再改变,管压降 U_{ces} 很小,类似于开关的通态,在 I_c 不变时,U_{ces} 随管壳温度 T_c 的增加而增加。

② 动态特性

动态特性包括开通过程和关断过程。图 4-5 给出了 GTR 开通和关断过程中基极电流 i_b 和集电极电流 i_c 波形的关系。

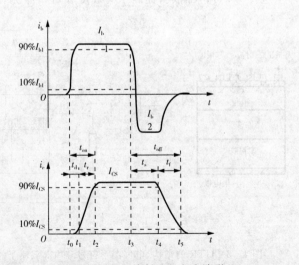

图 4-5　GTR 的开通和关断过程电流波形

开通过程是延迟时间 t_d 和上升时间 t_r 之和即为开通时间 t_{on},延迟时间主要是由发射结势垒电容和集电结势垒电容充电产生的。增大 i_b 的幅值并增大 di_b/dt，可缩短延迟时间，同时可缩短上升时间，从而加快开通过程。关断过程是储存时间 t_s 和下降时间 t_f 二者之和，即关断时间 t_{off}，储存时间 t_s 是用来除去饱和导通时储存在基区的载流子的，是关断时间的主要部分。减小导通时的饱和深度或者增大基极抽取负电流 I_{b2} 的幅值和负偏压，可缩短储存时间，从而加快关断速度，但会使集电极和发射极间的饱和导通压降 U_{ces} 增加，从而增大通态损耗。

GTR 的开关时间在几微秒以内，比晶闸管和 GTO 都短很多。

（3）GTR 的极限参数

GTR 的主要参数包括电流放大倍数 b、直流电流增益 h_{FE}、集射极间漏电流 I_{ceo}、集射极间饱和压降 U_{ces}、开通时间 t_{on} 和关断时间 t_{off}。此外，还有如下的参数：

① 最高工作电压：GTR 上电压超过规定值时会发生击穿，击穿电压不仅和晶体管本身特性有关，还与外电路接法有关。

② 集电极最大允许电流 I_{CM}：即集电极最大电流 I_{CM}（最大电流额定值），一般将直流电流放大倍数 β 下降到额定值的 $1/2\sim1/3$ 时集电极电流 I_c 的值定为 I_{CM}。因此，通常 I_c 的值只能到 I_{CM} 值的一半左右，使用时绝不能让 I_c 值达到 I_{CM}，否则 GTR 的性能将变坏。

③ 集电极最大耗散功率 P_{CM}：即 GTR 在最高工作温度下所允许的耗散功率，它等于集电极工作电压与集电极工作电流的乘积。这部分能量转化为热能使管温升高，在使用中要特别注意 GTR 的散热。如果散热条件不好，会促使 GTR 的平均寿命下降。产品说明书中给 P_{CM} 时同时给出壳温 T_c，间接表示了最高工作温度。

④ 最高结温 T_{JMT}：GTR 的最高结温与半导体材料的性质、器件制造工艺、封装质量有关。一般情况下，塑封硅管的 T_{JMT} 为 $125℃\sim150℃$，金封硅管的 T_{JMT} 为 $150℃\sim170℃$，高可靠平面管的 T_{JMT} 为 $175℃\sim200℃$。

（4）GTR 的二次击穿现象与安全工作区

① GTR 的二次击穿现象：GTR 的一次击穿在集电极电压升高至击穿电压时，I_c 迅速增大，出现雪崩击穿的时候。只要 I_c 不超过限度，GTR 一般不会损坏，工作特性也不变。二次击穿在一次击穿发生时，I_c 增大到某个临界点，会突然急剧上升，并伴随电压的陡然下降，常会导致器件的永久损坏，或者工作特性明显衰变。

② 安全工作区（Safe Operating Area，SOA）：为保证管子正常工作，避免二次击穿现象出现，生产厂家规定安全工作区。如图 4-6 所示，安全工作区是由最高电压 U_{CEM}、集电极最大电流 I_{CM}、最大耗散功率 P_{CM}、二次击穿临界线 P'_{SB} 限定的。

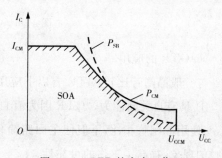

图 4-6 GTR 的安全工作区

（5）GTR 驱动电路

开通驱动电流应使 GTR 处于准饱和导通

状态,使之不进入放大区和深饱和区,关断 GTR 时,施加一定的负基极电流有利于减小关断时间和关断损耗,关断后同样应在基射极之间施加一定幅值(6V 左右)的负偏压。GTR 驱动电流的前沿上升时间应小于 $1\mu s$,以保证它能快速开通和关断。理想的 GTR 基极驱动电流波形如图 4-7 所示。

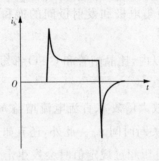

图 4-7　理想的 GTR 基极驱动电流波形

图 4-8 给出了 GTR 的一种驱动电路,包括电气隔离和晶体管放大电路两部分。二极管 VD_2 和电位补偿二极管 VD_3 构成贝克钳位电路,也是一种抗饱和电路,使 GTR 导通时处于临界饱和状态。负载较轻时,如 V_5 发射极电流全注入 V,会使 V 过饱和,关断时退饱和时间延长。有了贝克钳位电路,当 V 过饱和使得集电极电位低于基极电位时,VD_2 会自动导通,使多余的驱动电流流入集电极,维持 $U_{bc} \approx 0$。这样,使得 V 导通时始终处于临界饱和。

C_2 为加速开通过程的电容。开通时,R_5 被 C_2 短路。可实现驱动电流的过冲,并增加前沿的陡度,加快开通。

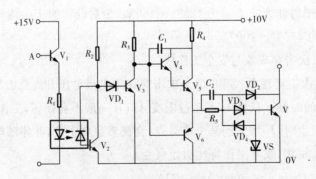

图 4-8　GTR 的一种驱动电路

(6)GTR 的应用

与一般晶闸管比较,GTR 有以下应用特点:

① 具有自关断能力。GTR 因为有自关断能力,所以在逆变回路中不需要复杂的换流设备,与使用晶闸管相比,不但使主回路简化、重量减轻、尺寸缩小,更重要的是不会出现换流失败的现象,提高了工作的可靠性。

② 能在较高频率下工作。GTR 的工作频率比晶闸管高 1~2 个数量级,不但可获得晶

闸管系统无法获得的优越性能,而且因频率提高还可降低各磁性元件和电容器件的规格参数及体积重量。当然,GTR 也存在二次击穿的问题,管子裕量要考虑足够一些。目前 GTR 的容量已达 400A/1200V、1000A/400V,工作频率可达 5kHz,模块容量可达 1000A/1800V,频率为 30kHz,因此也可被用于不停电电源、中频电源和交流电机调速等电力变流装置中。20 世纪 80 年代以来,在中、小功率范围内取代晶闸管,但目前又大多被 IGBT 和电力 MOSFET 取代。

2. 可关断晶闸管 GTO

门极可关断晶闸管(Gate - Turn - Off - Thyristor)简称 GTO,是一种具有自关断能力的晶闸管。

（1）GTO 的结构和工作原理

GTO 的结构与普通晶闸管的相同点,P1N1P2N2 四层半导体结构,外部引出阳极、阴极和门极。和普通晶闸管不同的是:GTO 是一种多元的功率集成器件,内部包含数十个甚至数百个共阳极的小 GTO 元,这些 GTO 元的阴极和门极则在器件内部并联在一起,共有一阳极,如图 4 - 9。

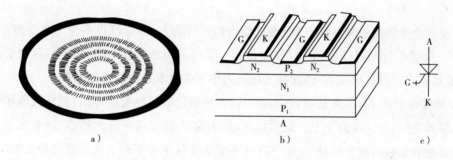

图 4 - 9　GTO 的内部结构和电气图形符号

a)各单元的阴极、门极间隔排列的图形　b)并联单元结构断面示意图　c)电气图形符号

GTO 的工作原理与普通晶闸管一样,两个等效晶体管 PNP 和 NPN 的电流放大倍数分别为 α_1 和 α_2。GTO 和普通晶闸管触发导通的条件是:当它的阳极与阴极之间承受正向电压,门极加正脉冲信号(门极为正,阴极为负)时,可使 $\alpha_1 + \alpha_2 > 1$,从而在其内部形成电流正反馈,使两个等效晶体管饱和导通。但 GTO 兼顾到关断特性,晶体管饱和导通接近临界状态。导通后的管压降比较大,一般为 2~3V。当 GTO 的门极加负脉冲信号(门极为负,阴极为正)时,门极出现反向电流,此反向电流将 GTO 的门极电流抽出,使其电流减小,α_1 和 α_2 也同时下降,以致无法维持正反馈,从而使 GTO 关断。所以,只要在 GTO 的门极加负脉冲信号,即可将其关断。多元集成结构还使 GTO 比普通晶闸管开通过程快,承受 $\mathrm{d}i/\mathrm{d}t$ 能力强。

GTO 能够通过门极关断的原因是其与普通晶闸管有如下区别:

① 在制造工艺上设计 α_2 较大,使晶体管 V_2 控制灵敏,易于 GTO 关断;

② 导通时饱和不深,接近临界饱和,有利门极控制关断,但导通时管压降增大;

③ 多元集成结构使 GTO 元阴极面积很小,门、阴极间距大为缩短,使得 P_2 基区横向电

阻很小,能从门极抽出较大电流。

④ 由于 GTO 门极关断时,可在阳极电流下降的同时再施加逐步上升的电压,不像普通晶闸管关断时是在阳极电流等于零后才能施加电压的。因此,GTO 关断期间功耗较大。

(2)GTO 的主要参数

GTO 的基本参数与普通晶闸管大多相同,现将不同的主要参数介绍如下。

① 最大可关断阳极电流 I_{ATO}:由门极可靠关断为决定条件的最大阳极电流为最大可关断阳极电流。GTO 的最大阳极电流除了受发热温升限制外,还会由于管子阳极电流 I_A 过大,使 $\alpha_1 + \alpha_2$ 稍大于 1 的临界导通条件被破坏,管子饱和加深,导致门极关断失败。因此,GTO 必须规定一个最大可关断阳极电流,也就是 GTO 的额定电流。该值与管子电压上升率、工作频率、反向门极电流峰值和缓冲电路参数有关,在使用中应予以注意。

② 电流关断增益 β_{off}:最大可关断阳极电流与门极负脉冲电流最大值 I_{GM} 之比称为电流关断增益,即

$$\beta_{off} = \frac{I_{ATO}}{I_{GM}}$$

关断增益这个参数是用来描述 GTO 关断能力的。目前大功率 GTO 的关断增益为 3~5。

β_{off} 一般很小,这是 GTO 的一个主要缺点。采用适当的门极电路,很容易获得上升率较快、幅值足够大的门极负电流,因此在实际应用中不必追求过高的关断增益。

③ 擎住电流 I_L:与普通晶闸管定义一样,I_L 是指门极加触发信号后,阳极大面积饱和导通时的临界电流。GTO 由于工艺结构特殊,其 I_L 要比普通晶闸管大得多,因而在加电感性负载时必须有足够的触发脉冲宽度。GTO 有能承受反压和不能承受反压两种类型,在使用时要特别注意。

(3)GTO 的应用

GTO 主要用于高电压、大功率的直流变换电路(即斩波电路)、逆变器电路中,例如恒压恒频电源(CVCF)、常用的不停电电源(UPS)等。另一类 GTO 的典型应用是调频调压电源,此电源较多用于风机、水泵、轧机、牵引等交流变频调速系统中。此外,由于 GTO 具有耐压高、电流大、开关速度快、控制电路简单方便等特点,因此还特别适用于汽油机点火系统。

3. 功率场效应晶体管(P – MOSFET)

功率场效应晶体管(Power MOS Field Effect Transistor)简称 P – MOSFET,又叫绝缘栅功率场效应晶体管。功率场效应晶体管是一种单极型电压控制器件,通过栅极电压来控制漏极电流。该器件不但有自关断能力,而且有驱动功率小、工作速度高、无二次击穿问题、安全工作区宽等优点。

(1)P – MOSFET 的结构和工作原理

功率场效应晶体管是一种单极型电压控制器件,通过栅极电压来控制漏极电流。按导电沟道可分为 P 沟道和 N 沟道。当栅极电压为零时,漏源极间存在导电沟道的称为耗尽

型;对于 N(P)沟道器件,栅极电压大于(小于)零时才存在导电沟道的称为增强型。在功率 MOSFET 中,应用较多的是 N 沟道增强型。

图 4-10a 为常用的功率 MOSFET 的外形,图 4-10b 给出了 N 沟道增强型功率 MOSFET 的结构,图 4-10c 为功率 MOSFET 的电气图形符号,三个极分别是栅极 G、源极 S、漏极 D。

D、S 加正电压(漏极为正,源极为负),其工作原理如下。

① 截止:$U_{GS}=0$ 时,P 体区和 N 漏区的 PN 结反偏,D、S 之间无电流通过。

② 导电:如果在 G、S 之间加一正电压 U_{GS},由于栅极是绝缘的,所以不会有电流流过,但栅极的正电压会将其下面 P 区中的空穴推开,而将 P 区中的少数载流子电子吸引到栅极下面的 P 区表面。当 U_{GS} 大于某一电压 U_T 时,栅极下 P 区表面的电子浓度将超过空穴浓度,从而使 P 型半导体反型成 N 型半导体而成为反型层,该反型层形成 N 沟道而使 PN 结 J1 消失,漏极和源极导电。电压 U_T 称开启电压或阀值电压,U_{GS} 超过 U_T 越多,导电能力越强,漏极电流越大。

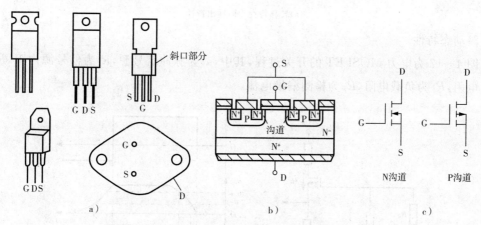

图 4-10　P-MOSFET 的结构和电气图形符号

a)外形　b)结构　c)电气符号

(2)P-MOSFET 的特性

1)静态特性

I_D 和 U_{GS} 的关系曲线反映了输入电压和输出电流的关系,称为 MOSFET 的转移特性,如图 4-11a 所示。从图可知,I_D 较大时,I_D 与 U_{GS} 的关系近似线性,曲线的斜率被定义为 MOSFET 的跨导,MOSFET 是电压控制型器件,其输入阻抗极高,输入电流非常小。图 4-11b 是 MOSFET 的漏极伏安特性,即输出特性。从图中可以看出,MOSFET 有三个工作区:

① 截止区(对应于 GTR 的截止区):$U_{GS} \leqslant U_T$,$I_D = 0$。

② 饱和区(对应于 GTR 的放大区):$U_{GS} > U_T$,$U_{DS} \geqslant U_{GS} - U_T$。当 U_{GS} 不变时,I_D 几乎不随 U_{DS} 的增加而增加,近似为一常数,故称饱和区。当用做线性放大时,MOSFET 工作在该区。

③ 非饱和区(对应于 GTR 的饱和区):$U_{GS} > U_T$,$U_{DS} < U_{GS} - U_T$。漏源电压 U_{DS} 和漏极电流 I_D 之比近似为常数。当 MOSFET 作开关应用而导通时即工作在该区。

电力 MOSFET 工作在开关状态,即在截止区和非饱和区之间来回转换,漏源极之间有寄生二极管,漏源极间加反向电压时,器件导通。

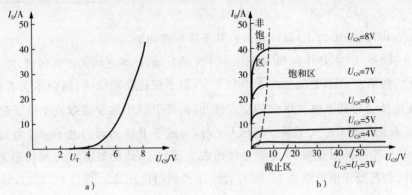

图 4 - 11　功率 MOSFET 的转移特性和输出特性

a)转移特性　b)输出特性

2)动态特性

图 4 - 12 为电力 MOSFET 的开关过程,其中,u_P 为脉冲信号源,R_s 为信号源内阻,R_G 为栅极电阻,R_L 为负载电阻,R_F 为检测漏极电流。

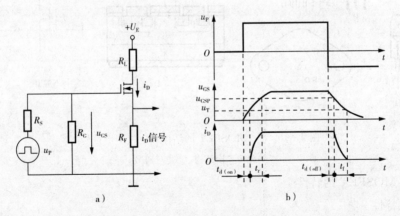

图 4 - 12　电力 MOSFET 的开关过程

a)测试电路　b)开关过程波形

功率 MOSFET 存在输入电容 C_{in},包含栅、源电容 C_{GS} 和栅、漏电容 C_{GD},当驱动脉冲电压到来时,C_{in} 有充电过程,栅极电压 u_{GS} 呈指数曲线上升,如图 4 - 12 所示。当 u_{GS} 上升到开启电压 U_T 时,开始出现漏极电流 i_D。u_P 前沿时刻到 $u_{GS} = U_T$ 并开始出现 i_D 的时刻间的时间段称为开通延迟时间 $t_{d(on)}$。此后,i_D 随着 u_{GS} 的上升而上升。u_{GS} 从 u_T 上升到 MOSFET 进入非饱和区的栅压 U_{GSP} 的时间段称为电流的上升时间 t_r。i_D 稳态值由漏极电源电压 U_E 和漏极负载电阻决定,U_{GSP} 的大小和 i_D 的稳态值有关。U_{GS} 达到 U_{GSP} 后,在 u_P 作用下继续升高直至达到稳态,但 i_D 已不变。功率 MOSFET 开通时间 t_{on} 是开通延迟时间与上升时间之和。

当驱动脉冲电压下降到零时,栅源极输入电容 C_{in} 通过栅极电阻放电,栅极电压 u_{GSM} 按指数曲线下降,当下降到 U_{GSP} 时,功率 MOSFET 的漏源极电压 u_{DS} 开始上升,这段时间称为关断延迟时间 $t_{d(off)}$;当 C_{in} 继续放电,u_{GS} 从 U_{GSP} 继续下降起,i_D 减小,到 $u_{GS} < U_T$ 时沟道消失,i_D 下降到零,这段时间称为电流下降时间 t_f。关断延迟时间和下降时间之和是功率 MOSFET 的关断时间 t_{off}。

MOSFET 的开关速度和 C_{in} 充放电有很大关系,使用者无法降低 C_{in},但可降低驱动电路内阻 R,减小时间常数,加快开关速度。MOSFET 只靠多子导电,不存在少子储存效应,因而关断过程非常迅速,开关时间在 $10 \sim 100$ns 之间,工作频率可达 100kHz 以上,是主要电力电子器件中最高的。

场控器件,静态时几乎不需输入电流,但在开关过程中需对输入电容充放电,仍需一定的驱动功率。开关频率越高,所需要的驱动功率越大。

(3)P-MOSFET 的主要参数

除了前面介绍的跨导 G_{fs}、开启电压 U_T 以及 $t_{d(on)}$、t_r、$t_{d(off)}$ 和 t_f,主要还有如下参数。

① 漏源击穿电压 U_{BDS}:是决定 P-MOSFET 的最高工作电压,是为了避免管子进入雪崩击穿区而设的极限参数,该值随温度的升高而增大。

② 通态电阻 R_{on}:通常规定在确定的栅极电压 U_{GS} 下,功率 MOSFET 由可调电阻区进入饱和区时的直流电阻为通态电阻,它是影响最大输出功率的重要参数。在开关电路中,它决定了信号输出幅度和自身损耗,还直接影响器件的通态压降。器件的电压越高其值越大。

③ 最大漏极电流 I_{DM}:是功率 MOSFET 电流定额参数,表征了功率 MOSFET 的电流容量,其大小主要受器件沟道宽度的限制。

④ 栅源击穿电压 U_{BGS}:栅源之间的绝缘层很薄,超过 20V 将导致绝缘层击穿,规定最大栅源击穿电压 U_{BGS} 极限值为 20V。

⑤ 漏源间的耐压、漏极最大允许电流和最大耗散功率:它们决定了功率 MOSFET 的安全工作区。功率 MOSFET 一般不存在二次击穿问题,但仍留有一定裕量。

(4)功率 MOSFET 的应用

功率 MOSFET 是单极型电压控制器件,驱动电路简单,驱动功率小,开关速度快,但电流容量小,耐压低,通态压降大。它适合于开关电源、高频感应加热等高频场合,但不适合大功率装置。

(5)MOSFET 的检测

① 判断极性

场效应开关管的极性判别方法:将万用表电阻档量程拨至 R×1k 挡,分别测量三个管脚之间的电阻。若某脚与其他两只引脚之间的电阻值均为无穷大,并且交换表笔后再测仍为无穷大,则此脚为 G 极,其他两脚为 S 极和 D 极;然后用万用表测 S 极与 D 极间的电阻一次,交换两表笔后再测一次,其中阻值较低的一次,黑表笔接的是 S 极,红表笔接的是 D 极。

② 判断好坏

判断场效应开关管好坏的方法:将万用表电阻档量程拨至 R×1k 挡,用黑表笔接 D 极,红表笔接 S 极,用手同时触及一下 G、D 极,场效应开关管应呈瞬时导通状态,即表针摆向阻值较小的位置;再用手触及一下 G、S 极,场效应开关管应无反应,即表针在回零位置不动。此时,即可判断该场效应开关管为好管。

4. 绝缘栅双极型晶体管(IGBT)

前面提到的 GTR 和 GTO 的特点均为双极型电流驱动器件,通流能力很强,开关速度较低,所需驱动功率大,驱动电路复杂。而 MOSFET 的优点为单极型电压驱动器件,开关速度快,输入阻抗高,热稳定性好,所需驱动功率小而且驱动电路简单。GTR 和 MOSFET 取长补短结合而成的复合器件绝缘栅双极晶体管(Insulated - gate Bipolar Transistor,IGBT 或 IGT),有着二者的优点,具有很好的特性。1986 年投入市场后,取代了 GTR 和一部分 MOSFET 的市场,成为中小功率电力电子设备的主导器件。若继续提高其电压和电流容量,可取代 GTO 的地位。目前在电机控制、中频和开关电源以及要求快速和低损耗的领域很受欢迎。

(1)IGBT 的结构和工作原理

绝缘栅双极晶体管(IGBT)本质上是一个场效应晶体管,只是在漏极和漏区之间多了一个 P 型层,其简化等效电路如图 4 - 13a 所示。根据国际电工委员会的文件建议,各部分名称基本沿用场效应晶体管的相应命名。IGBT 的三个电极,分别是漏极 D、源极 E 和栅极 G。输入部分是一个 MOSFET 管,图中 R_{dr} 标示 MOSFET 的等效调制电阻(即漏极、源极之间的等效电阻);输出部分为一个 PNP 三极管 V_3。此外,还有一个内部寄生的三极管 V_2(NPN 管)和一个在 NPN 晶体管 V_2 的基极与发射极之间的体区电阻 R_{br}。为了兼顾长期以来人们的习惯,IEC 规定源极引出的电极端子(含电极端)称为发射极端(子),漏极引出的电极端(子)称为集电极端(子)。电气符号如图 4 - 13b 所示。

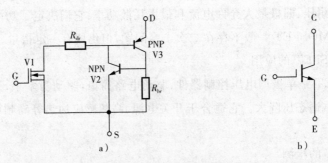

图 4 - 13 绝缘栅双极晶体管

a)IGBT 的简化等效电路 b)IGBT 的图形符号

在应用电路中,IGBT 的 C 端接电源正极,E 端接电源负极。它的导通和关断由栅极电压 u_{GE} 来控制。栅射间施以正向电压且大于开启电压时,P - MOSFET 内形成沟道,为 PNP 型的晶体管提供基极电流,从而使 IGBT 导通。此时,由于电导调制效应,电阻减小,使高耐压的 IGBT 也具有低的通态压降。在栅射间施以负电压或不加信号时，P‐MOSFET 内的沟道消失，PNP 晶体管的基极电流被切断，IGBT 关断。由此可知，IGBT 的导通原理与 P‐MOSFET 相同。

（2）IGBT 的基本特性

① 输出特性

IGBT 的输出特性以 U_{GE} 为参考变量时，I_C 与 U_{CE} 间的关系，如图 4‐14a 所示。分为三个区域：正向阻断区、有源区和饱和区。分别与 GTR 的截止区、放大区和饱和区相对应。当 $U_{GE} > U_{GE(TH)}$（开启电压：一般为 3～6V）时，IGBT 开通，其输出电流 I_C 与驱动电压 U_{GE} 基本呈线性关系。当 $U_{GE} < U_{GE(TH)}$ 时，IGBT 关断。值得注意的是，IGBT 的反向电压承受能力很差，其反向阻断电压 U_{BM} 只有几十伏，因此限制了它在需要承受高反压场合的应用。

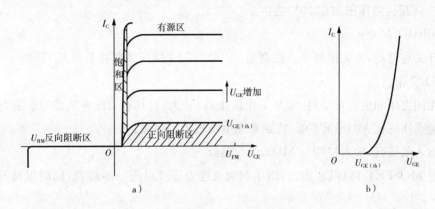

图 4‐14　IGBT 的转移特性和输出特性

a）转移特性　b）输出特性

② 转移特性

IGBT 的转移特性是指输出集电极电流 I_C 与栅射电压 U_{GE} 之间的关系曲线。IGBT 的转移特性与 MOSFET 转移特性类似，如图 4‐14b 所示。当栅射电压小于开启电压 $U_{GE(th)}$ 时，IGBT 处于关断状态。在 IGBT 导通后的大部分集电极电流范围内，I_C 与 U_{GE} 呈线性关系，U_{GE} 越高，I_C 越大。最高栅射电压受最大集电极电流限制，其最佳值一般取为 15V 左右。

（3）擎住效应

由上图可以看到，IGBT 内部的寄生三极管 V_2 与输出三极管 V_3 等效于一个晶闸管。内部体区电阻 R_{br} 上的电压降作为一个正向偏压加在寄生三极管 V_2 的基极和发射极之间。当 IGBT 处于截止状态和处于正常稳定通态时（i_c 不超过允许值时），R_{br} 上的压降都很小，不足以产生 V_2 的基极电流，V_2（NPN）不起作用。但是，如果 i_c 瞬时过大，R_{br} 上压降过大，则可能使 V_2 导通，一旦 V_2 导通，即使撤除栅极电压 U_{GE}，IGBT 仍然会像晶闸管一样处于通态，使删极 G 失去控制作用，这种现象称为擎住效应。在 IGBT 的设计制造时，已尽可能降低体区电阻 R_{br}，使 IGBT 的集电极电流在最大允许值 I_{CM} 时，R_{br} 上的压降扔小于 V_2 管的起始导电所必需的正偏压，但是实际工作中一旦 i_c 过大时则可能出现擎住效应。如果外电路不能

限制住 i_c 的增长则可能损坏器件。

除过大的 i_c 可能导致产生擎住效应外,当 IGBT 处于截止状态时,如果集电极电源电压过高使 V_3 管(PNP)漏电流过大,也可能在 R_{br} 上产生过高压降使 V_2 导通而出现擎住效应。

(4)IGBT 的主要参数

① 最大集射极间电压 U_{CES}:决定了器件的最高工作电压,它由内部 PNP 晶体管的击穿电压确定,具有正温度系数。

② 最大集电极电流:包括集电极连续电流 I_C 和峰值电流 I_{CM},为 IGBT 的额定电流,表征其电流容量。I_C 受结温的限制,I_{CM} 是为避免擎住效应的发生。

③ 最大集电极功耗 P_{CM}:正常工作温度下允许的最大功耗。

④ 最大栅射极电压 U_{GES}:栅极电压是由栅氧化层和特性所限制,为了确保长期使用的可靠性,应将栅极电压限制在 20V 之内。

总结 IGBT 特点:

① 开关速度高,开关损耗小。在电压 1000V 以上时,开关损耗只有 GTR 的 1/10,与电力 MOSFET 相当。

② 相同电压和电流定额时,安全工作区比 GTR 大,且具有耐脉冲电流冲击能力。

③ 通态压降比 MOSFET 低,特别是在电流较大的区域。

④ 输入阻抗高,输入特性与 MOSFET 类似。

⑤ 与 MOSFET 和 GTR 相比,耐压和通流能力还可以进一步提高,同时保持开关频率高的特点。

(5)IGBT 的检测

① 判断极性

判断栅极(G)、集电极(C),首先将万用表拨在 R×1kΩ 挡。测量时,若某一极与其他两极阻值为无穷大,调换表笔后该极与其他两极的阻值仍为无穷大,则判断此极为栅极(G)。其余两极再用万用表测量,若测量阻值为无穷大,则调换表笔后测量阻值较小。在测量阻值较小时的一次中,则判断红表笔接的为集电极(C),黑表笔接的为发射极(E)。

② 判断好坏

将万用表拨在 R×10kΩ 挡,用黑表笔接 IGBT 的集电极(C),红表笔接 IGBT 的发射极(E),此时万用表的指针在零位。用手指同时触及一下栅极(G)和集电极(C),这时 IGBT 被触发导通,万用表的指针摆向阻值较小的方向,并能站住指示在某一位置。然后再用手指同时触及一下栅极(G)和发射极(E),这时 IGBT 被阻断,万用表的指针回零。此时即可判断 IGBT 是好的。

③ 注意事项

任何指针式万用表皆可用于检测 IGBT。注意判断 IGBT 好坏时,一定要将万用表拨在 R×10kΩ 挡。因 R×1kΩ 及其以下各挡万用表内部电池电压太低,检测好坏时不能使 IGBT 触发导通,从而无法判断 IGBT 的好坏。此方法同样也可以用于检测功率场效应晶体管(P-MOSFET)的好坏。此法检测 IGBT 简单方便、准确可靠。

二、开关型稳压电路

开关型稳压电源因其自身功耗小、体积小、重量轻,得到越来越广泛的使用,尤其适用于大功率且负载固定、输出电压调节范围不大的场合。开关电源技术不断地发展,出现了许多不同种类的开关稳压电源,其中按调整管与负载的连接方式可分为串联型和并联型。下面主要介绍采用全控型电力电子器件作开关管的串联开关型稳压电源和并联开关型稳压电路的组成和工作原理。

1. 串联开关型稳压电路

(1)变换电路

所谓串联开关型稳压电路是指这种稳压电路的主回路是由调整管 T 与负载相串联构成,且调整管 T 工作在线性状态,其基本原理图如图 4-15 所示,又称为降压(Buck)变换电路。

降压变换器是最简单也是最基本的高频变换器。图 4-15 中 E 为固定的直流电源;调整管 T 是晶体管开关,图中使用的是大功率晶体管 IGBT,有导通和关断两种工作状态,这里假设开关管都是理想状态;电感 L 和电容 C 为输出端滤波电路,将脉冲波变成纹波较小的直流波;D 为续流二极管,为 L 提供续流回路;IGBT 由重复频率为 $f=1/T$ 的控制脉冲 u_B 驱动的。在脉冲周期的 t_{on} 期间,u_B 为高电平,IGBT 导通,在脉冲周期的 t_{off} 期间,u_B 为低电平,IGBT 关断。下面来分析降压变换器的工作原理:

① 在 $0 \sim t_{on}$ 期间:u_B 为高电平,IGBT 导通,D 反偏截止,其等效电路如图 4-15b 所示。电源 E 通过 IGBT 向负载供电,同时向电感 L 储存能量,向电容 C 充电,L 中的电流近似按线性规律上升,电源电流 $i=i_L$,$u_D=E$,电感 L 两端的压降 $u_L=E-U_o$,U_o 为负载电压平均值。

② 在 $t_{on} \sim T$ 期间,即 t_{off} 期间:u_B 为低电平,IGBT 关断。电感 L 两端产生反向的感应电势(极性为右正左负)来阻碍电流的减小,在反向感应电势的作用下,二极管 D 正偏导通,其等效电路如图 4-15c 所示,由电容向负载供电。电感 L 在 t_{on} 期间储存的能量经续流二极管 D 传送给负载,此时电感 L 电流线性下降,电源电流 $i=0$,$u_D=0$,$u_L=-U_o$。

通常电路工作频率较高,若电感和电容量足够大,在电路进入稳态后,输出电压近似为恒定值 U_o。在一个周期中电感 L 两端的电压为

$$u_L = \begin{cases} E-U_o & 0 \leqslant t \leqslant t_{on} \\ -U_o & t_{on} \leqslant t \leqslant T \end{cases} \tag{4-2}$$

电感为无功元件,不消耗功率,在一个周期中储存了多少能量就释放了多少能量,即在稳态运行时,在一个周期中电感电流 i_L 的增量和减量应相等,即

$$\int_0^{t_{on}} \frac{u_L}{L} dt + \int_{t_{on}}^{T} \frac{u_L}{L} dt = 0 \tag{4-3}$$

由以上两式可得输出直流电压为

$$U_o = \frac{t_{on}}{T} \cdot E = D \cdot E \tag{4-4}$$

式中，$D = t_{on}/T$ 称为占空比。显然，改变 D 即可调节输出电压 U_O，且由于 $0 < D < 1$，则 $U_O < E$，输出电压平均值总是小于输入电压平均值，所以称为降压变换器或降压斩波电路。

输出电流平均值为

$$I_o = \frac{U_o}{R_L} \tag{4-5}$$

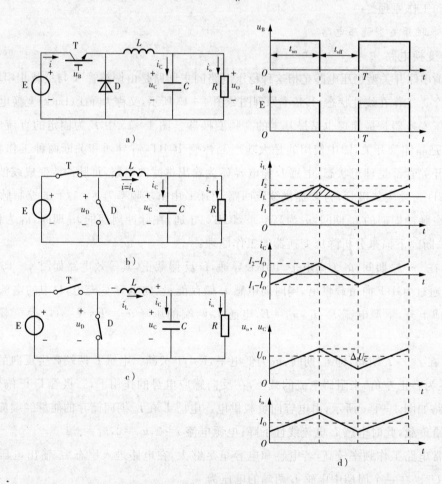

图 4-15　降压变换器的基本原理

a)基本原理图　b)T 饱和导通时的等效电路　c)T 截止时的等效电路　d)各电量的工作波形

在换能电路中，如果电感 L 数值太小，在 T_{on} 期间储能不足，那么在 T_{off} 还未结束时，能量已释放完了，将导致输出电压为零，出现台阶，这是绝对不允许的。同时，为了使输出电压的交流分量足够小，C 的取值应足够大。即只有在 L 和 C 都足够大时，输出电压 U_o 和负载电流 I_o 才为连续的，L 和 C 越大，U_o 的波形越平滑。

（2）串联开关型稳压电路的组成

在图 4-15 所示的换能电路中，当输入电压波动或负载变化时，输出电压将随之增大或减小。可以想象,如果能在 U_O 增大时减小占空比,而在 U_O 减小时增大占空比,那么输出电压就可以获得稳定。将 U_O 的采样电压通过反馈调节控制电压 u_B 的占空比,就可达到稳压的目的,由此而构思的串联型稳压电源的结构框图如图 4-16 所示。它包括调整管及其开关驱动电路(电压比较器)、采样电路、三角波发生电路、基准电压电路、比较放大电路、滤波电路(电感 L、电容 C 和续流二极管 D)等几个部分。

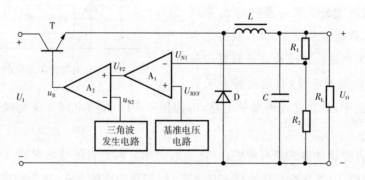

图 4-16　串联开关型稳压电源的结构框图

若所有的开关和滤波元件都是无损耗的,根据能量守恒原理,输出电压 U_O 与输入电压 U_1 之间也有如下关系:

$$U_O \approx \frac{t_{on}}{T} U_1 \qquad\qquad (4-6)$$

(3)串联开关型稳压电路的工作原理

基准电压电路输出稳定的电压,采用电压 U_{N1} 与基准电压 U_{REF} 之差,经 A_1 放大后,作为由 A_2 组成的电压比较器的阈值电压 U_{P2},三角波发生电路的输出电压与之相比较,得到控制信号 u_B,控制调整管的工作状态。

当 U_O 升高时,采样电压会同时增大,并作用于比较放大电路的反向输入端,与同向输入端的基准电压比较放大,使放大电路的输出电压减小,经电压比较器使 u_B 的占空比变小,因此输出电压随之减小,调节结果使 U_O 基本不变。上述变化过程可简述如下:

$$U_O \uparrow \to U_{N1} \uparrow \to U_{P2} \downarrow \to D \downarrow$$
$$U_O \downarrow \text{——————————————}$$

当 U_O 因某种原因减小时,与上述变化相反,即

$$U_O \downarrow \to U_{N1} \downarrow \to U_{P2} \uparrow \to D \uparrow$$
$$U_O \uparrow \text{——————————————}$$

图 4-17 所示为三角波 u_{N2} 和 u_B 的波形,与图 4-15 所示波形对照,可以进一步理解开关型稳压电路的工作原理,当采样电压 $U_{N1} < U_{REF}$ 时,占空比大于 50%;当 $U_{N1} > U_{REF}$ 时,占空比小于 50%;因而改变 R_1 与 R_2 的比

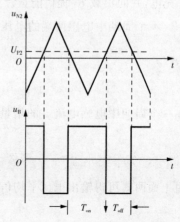

图 4-17　图 4-16 所示电路的波形

值,可以改变输出电压的数值。

应当指出,由于负载电阻变化时会影响 LC 滤波电路的滤波效果,因而开关型稳压电路不适用于负载变化较大的场合。

从图 4-16 所示电路工作原理的分析可知,控制过程是保持调整管开关周期 T 不变的情况下,通过改变开关管导通时间 t_{on} 来调节脉冲占空比,从而达到稳压目的,故称之为脉宽调制型开关电源。目前有多种脉宽调制型开关电源的控制器芯片,有的还将开关管

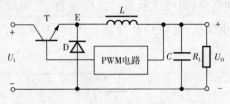

图 4-18　开关型稳压电路的简化电路

也集成于芯片之中,且含有各种保护电路,因而图 4-16 所示电路可简化成图 4-18 所示电路。

调节脉冲占空比的方式还有两种,一种是固定开关调整管的导通时间 T_{on},通过改变振荡频率 f(即周期 T)调节开关管的截止时间 T_{off} 以实现稳压的方式,称为频率调制型开关电源。另一种是同时调整导通时间 T_{on} 和截止时间 T_{off} 来稳定输出电压的方式,称为混合调制型开关电源。

2. 并联开关稳压电路

所谓并联开关型稳压电路是指这种稳压电路的主回路是由调整管 T 与负载相并联构成,其基本原理图如图 4-19 所示,又称为升压(Boost)变换电路或升压斩波电路。假设电感 L 及电容 C 很大,下面来分析升压变换器的工作原理:

(1)在 $0 \sim t_{on}$ 期间:u_B 为高电平,T 导通,电感电流 i_L 线性增大,电感 L 储能增加。二极管 VD 承受反向电压而截止。电源 E 向电感 L 充电,因 L 值很大,充电电流基本恒定为 I_1,同时电容 C 上的电压向负载 R 供电,因 C 值很大,保持输出电压为恒值,记为 U_O。

(2)在 $t_{on} \sim T$ 期间,即 t_{off} 期间:电感电流 i_L 下降,电感产生反向感应电势阻碍电流的减小,感应电势极性为右正左负,与电源电势 E 叠加,强迫二极管 VD 导通,E 和 L 共同向电容 C 充电,并向负载 R_L 提供能量。

一个周期中电感两端的电压为

$$u_L = \begin{cases} E & 0 \leqslant t \leqslant t_{on} \\ E - U_O & t_{on} \leqslant t \leqslant T \end{cases} \qquad (4-7)$$

在一个周期中电感电流 i_L 的增量和减量相等,即

$$\int_0^{t_{on}} \frac{u_L}{L}\mathrm{d}t + \int_{t_{on}}^{T} \frac{u_L}{L}\mathrm{d}t = 0 \qquad (4-8)$$

由上面两式可得输出电压平均值为

$$U_O = \frac{T}{T - t_{on}} \cdot E = \frac{1}{1 - D} \cdot E \qquad (4-9)$$

显然,由于 $0<D<1$,则 $U_O>E$,所以是升压变换器,改变 D 即可改变输出电压 U_O 的大小。

输出电流平均值为

$$I_O = \frac{U_O}{R_L} \tag{4-10}$$

升压斩波电路之所以能使输出电压高于电源电压,关键有两个原因:一是电感 L 储能之后具有使电压泵升的作用,二是电容 C 可将输出电压保持住。Boost 直流变换电路的效率很高,一般可达 92% 以上。

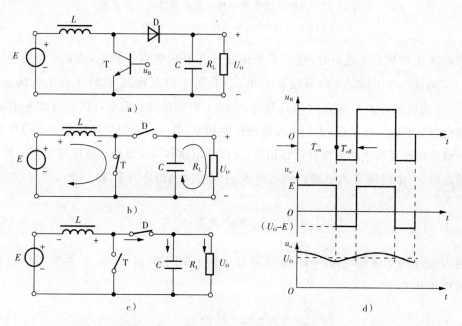

图 4-19　升压变换器的基本原理

a)基本原理图　b)T 饱和导通时的等效电路　c)T 截止时的等效电路　d)各电量的工作波形

在图 4-19a 所示换能电路中加上脉宽调制电路后,便可得到并联开关型稳压电路,如图 4-20 所示。其稳压原理与图 4-16 所示电路的原理相同,这里不再赘述。

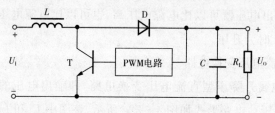

图 4-20　并联型开关稳压电路的原理图

3. 构成开关电源的其他基本环节

(1)升降压式直流电压变换电路

升降压式直流电压变换电路是由降压式和升压式两种基本变换电路混合串联而成,也称为 Buck-Boost 电路,它主要用于可调直流电源。其输出电压可以小于输入电压,也可以大于输入电压,且输出电压极性与输入电压的相反。电路原理及工作波形如图 4−21 所示。

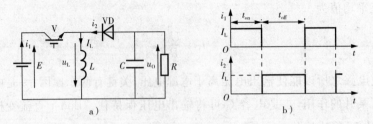

图 4−21 升降压式直流电压变换电路及其工作波形
a)升降压式直流电压变换电路原理图 b)工作波形

当斩波开关 V 处于通态时,电源 E 经斩波开关 V 向电感 L 供电,使其存储能量,同时,电容 C 维持输出电压恒定并向负载 R 供电。VD 处于阻断状态,此时电流 i_1 方向如图 4−21a 所示。当斩波开关 V 关断时,VD 导通,电感 L 存储的能量向电容 C 和负载 R 释放。可见负载电压极性为上负下正,也与电源电压极性相反,与前面介绍的降压直流电压变换电路和升压直流电压变换电路的情况正好相反,所以该电路称为反极性直流电压变换电路。

稳态时,一个周期 T 内电感 L 两端电压 u_L 对时间的积分为零,即

$$\int_0^T u_L \mathrm{d}t = \int_0^{t_{on}} u_L \mathrm{d}t + \int_{t_{on}}^T u_L \mathrm{d}t = 0 \qquad (4-11)$$

当 V 处于通态期间时,$u_L = E$;而当 V 处于断态期间时,$u_L = -u_o$。如果 V、VD 是没有损耗的理想开关,则

$$E \cdot t_{on} = U_O \cdot t_{off} \qquad (4-12)$$

所以输出电压为

$$U_O = \frac{t_{on}}{t_{off}} E = \frac{t_{on}}{T - t_{on}} E = \frac{D}{1-D} E \qquad (4-13)$$

改变占空比 D,输出电压既可以比电源电压高,也可以比电源电压低。当 $0 < D < 1/2$ 时为降压,当 $1/2 < D < 1$ 时为升压。

(2)库克(Cuk)直流电压变换电路

库克(Cuk)电路也属升降压型直流电压变换电路,即输出电压的平均值既能高于输出电压,又能低于输入电压。电路形式如图 4−22a 所示,该图中 L_1 和 L_2 为储能电感,VD 是快速恢复续流二极管,电容 C 是传送能量的耦合电容。这种电路的特点是:输出电压极性与输入电压相反,输出端电流的交流纹波小,输出直流电压平稳,降低了对外部滤波器的要求。

该电路的等效电路如图 4−22b 所示,相当于开关 S 在 A、B 两点之间交替切换。斩波开关 V 处于通态时,相当于开关 S 合向 B 点由于电容 C 上的电压 u_C 使二极管 VD 反偏而截

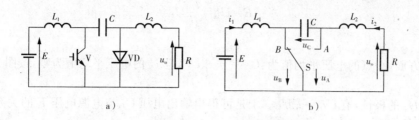

图 4-22 库克直流电压变换电路

a)原理图 b)等效电路

止,直流电源 E 向电感 L_1 输送能量,电感 L_1 中的电流 i_{L1} 线性增长,电感 L_1 电流 i_{L1} 的回路为:$E \rightarrow L_1 \rightarrow V$。与此同时,原来储存在电容 C 中的能量向负载和 L_2 释放。电容 C 的放电回路为:$R \rightarrow L_2 \rightarrow C \rightarrow V$。$i_C = i_2$,负载获得反极性电压。

斩波开关 V 关断时,相当于开关 S 合向 A 点 L_1 中的感应电动势改变方向,使二极管 VD 正偏而导通,L_1 经 C、VD 对 C 充电储能,所以其电流 i_{L1} 线性减小。而对电容充电的电流 $i_C = i_1$,其方向与放电电流的方向相反,因此 i_C 突变为负值。在此期间,L_2 向负载释放能量,其电流 i_{L2} 也呈线性下降。通过上述分析可知,在整个周期 $T = t_{on} + t_{off}$ 中,电容 C 从输入端向输出端传递能量,只要 L_1、L_2 和 C 足够大,就可保证输入、输出电流是平稳的。稳态时电容 C 的电流在一周期内的平均值为零。也就是其对时间的积分为零,即

$$\int_0^T i_C \mathrm{d}t = 0 \qquad (4-14)$$

在图 4-22b 的等效电路中,开关 S 合向 B 点时间为 V 处于通态的时间 t_{on},则电容电流和时间的乘积为 $I_2 t_{on}$。开关 S 合向 A 点的时间为 V 处于断态的时间 t_{off},则电容电流和时间的乘积为 $I_1 t_{off}$。由此可得

$$I_2 t_{on} = I_1 t_{off} \qquad (4-15)$$

从而可得

$$\frac{I_2}{I_1} = \frac{t_{off}}{t_{on}} = \frac{T - t_{on}}{t_{on}} = \frac{1-D}{D} \qquad (4-16)$$

当电容 C 很大使电容电压 u_C 的脉动足够小时,输出电压 u_o 与输入电压 E 的关系可用以下方法求出:当开关 S 合到 B 点时,B 点电压 $u_B = 0$,A 点电压 $u_A = -u_C$;当 S 合到 A 点时,$u_B = u_C$,$u_A = 0$。因此,B 点电压 u_B 的平均值为

$$U_B = \frac{t_{off}}{T} U_C \qquad (4-17)$$

U_C 为电容电压 u_C 的平均值,又因电感 L_1 的电压平均值为零,所以

$$E = U_B = \frac{t_{off}}{T} U_C \qquad (4-18)$$

另一方面，A 点的电压平均值为：$U_A = -\frac{t_{on}}{T} U_C$，且 L_2 的电压平均值为零，按图 $4-22b$ 中输出电压 U_O 的极性，有 $U_O = \frac{t_{on}}{T} U_C$。于是可得出输出电压 U_O 与电源电压 E 的关系为

$$U_O = \frac{t_{on}}{t_{off}} E = \frac{t_{on}}{T - t_{on}} E = \frac{D}{1-D} E \qquad (4-19)$$

这一输入、输出关系与升降压斩波电路时的情况相同。但与升降压斩波电路相比，输入电源电流和输出负载电流都是连续的，且脉动很小，有利于对输入、输出进行滤波。

(3)Sepic 斩波电路和 Zeta 斩波电路

图 $4-23$ 分别给出了 Sepic 斩波电路和 Zeta 斩波电路的原理图。

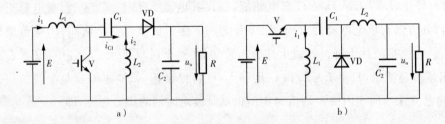

图 $4-23$ Sepic 斩波电路和 Zeta 斩波电路

a)Sepic 斩波电路 b)Zeta 斩波电路

Sepic 斩波电路的基本工作原理是：在 V 处于通态期间，电源 E 经斩波开关 V 向电感 L_1 贮能，并且 C_1 贮存的能量向 L_2 转移。$E \rightarrow L_1 \rightarrow V$ 回路和 $C_1 \rightarrow V \rightarrow L_2$ 回路同时导电，L_1 和 L_2 贮能。当斩波开关 V 关断后，$E \rightarrow L_1 \rightarrow C \rightarrow VD \rightarrow$ 负载(C_2 和 R)回路及 $L_2 \rightarrow VD \rightarrow$ 负载回路同时导电，此阶段 E 和 L_1 既向负载供电，同时也向 C_1 充电，C_1 贮存的能量在 V 处于通态时向 L_2 转移。

Sepic 斩波电路的输入与输出的关系：

$$U_O = \frac{t_{on}}{t_{off}} E = \frac{t_{on}}{T - t_{on}} E = \frac{D}{1-D} E \qquad (4-20)$$

Zeta 斩波电路也称双 Sepic 斩波电路，其基本工作原理是：在斩波器件 V 处于通态期间，电源 E 经斩波器件 V 向电感 L_1 贮能。当斩波器件 V 关断后，L_1 经 VD 与 C_1 构成振荡回路，其贮存的能量转移至 C_1，至振荡回路电流过零，L_1 上的能量全部转移至 C_1 上之后，VD 关断，C_1 经 L_2 向负载供电。Zeta 斩波电路的输入输出关系为

$$U_O = \frac{D}{1-D} E \qquad (4-21)$$

两种电路相比,具有相同的输入输出关系。Sepic 电路中,电源电流和负载电流均连续,有利于输入、输出滤波,反之,Zeta 电路的输入、输出电流均是断续的。另外,与前面所述的两种电路相比,这里的两种电路输出电压为正极性的,且输入输出关系相同。

三、PWM 控制集成芯片 SG3525

SG3525 是一种性能优良、功能齐全和通用性强的单片集成 PWM 控制芯片,它简单可靠且使用方便灵活,输出驱动为推拉输出形式,增加了驱动能力;内部含有欠压锁定电路、软启动控制电路、PWM 锁存器,有过流保护功能,频率可调,同时能限制最大占空比。

1. SG3525 芯片工作原理

(1)SG3525A 引脚排列

SG3525A 采用 DIP—16 和 SOP—16 封装,其引脚排列如图 4−24 所示。

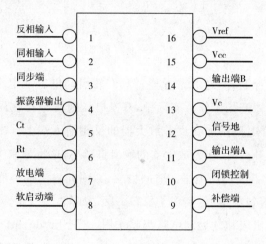

图 4−24 SG3525 引脚排列图

(2)SG3525 内部原理图

SG3525 内部集成了精密基准电源、误差放大器、带同步功能的振荡器、脉冲同步触发器、输出晶体管、PWM 比较器、PWM 锁存器、欠电压锁定电路以及关断电路,其内部原理框图如图 4−25 所示。

(3)SG3525 工作原理

SG3525 内置了 5.1V 精密基准电源,在误差放大器共模输入电压范围内,无须外接分压电组。SG3525 还增加了同步功能,可以工作在主从模式,也可以与外部系统时钟信号同步,为设计提供了极大的灵活性。在 Ct 引脚和 Discharge 引脚之间加入一个电阻就可以实现对死区时间的调节功能。由于 SG3525 内部集成了软启动电路,因此只需要一个外接定时电容。

SG3525 的软启动接入端(引脚 8)上通常接一个 5μF 的软启动电容。上电过程中,由于电容两端的电压不能突变,因此与软启动电容接入端相连的 PWM 比较器反向输入端处于低电平,PWM 比较器输出高电平。此时,PWM 锁存器的输出也为高电平,该高电平通过两

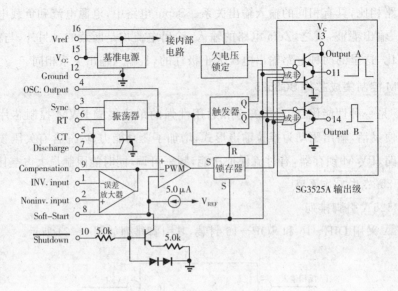

图 4-25　SG3525 内部框图

个或非门加到输出晶体管上,使之无法导通。只有软启动电容充电至其上的电压使引脚 8 处于高电平时,SG3525 才开始工作。实际中,基准电压通常是接在误差放大器的同相输入端上,而输出电压的采样电压则加在误差放大器的反相输入端上。当输出电压因输入电压的升高或负载的变化而升高时,误差放大器的输出将减小,这将导致 PWM 比较器输出为正的时间变长,PWM 锁存器输出高电平的时间也变长,因此输出晶体管的导通时间将最终变短,从而使输出电压回落到额定值,实现了稳态。反之亦然。

外接关断信号对输出级和软启动电路都起作用。当 Shutdown(引脚 10)上的信号为高电平时,PWM 锁存器将立即动作,禁止 SG3525 的输出。同时,软启动电容将开始放电。如果该高电平持续,软启动电容将充分放电,直到关断信号结束,才重新进入软启动过程。注意,Shutdown 引脚不能悬空,应通过接地电阻可靠接地,以防止外部干扰信号耦合而影响 SG3525 的正常工作。

欠电压锁定功能同样作用于输出级和软启动电路。如果输入电压过低,在 SG3525 的输出被关断同时,软启动电容将开始放电。

此外,SG3525 还具有以下功能,即无论因为什么原因造成 PWM 脉冲中止,输出都将被中止,直到下一个时钟信号到来,PWM 锁存器才被复位。

2. SG3525 驱动电路

利用 SG3525 构成的 PWM 发生器原理图如图 4-26 所示。调节电位器 R_{P2} 改变引脚 2 输入电压的大小,在 11 脚、14 脚两端可输出两个幅度相等、频率相等、相位相差、占空比可调的方波(即 PWM 信号),示波器中观察的波形如图 4-27 所示。它适用于各开关电源、斩波器的控制。

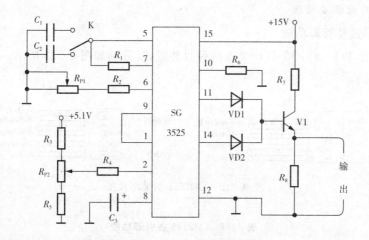

图 4 - 26 PWM 发生器的原理图

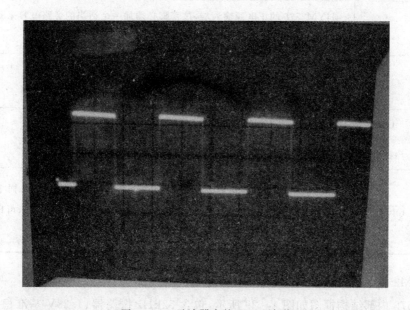

图 4 - 27 示波器中的 PWM 波形

三、开关电源芯片 LM2576

1. LM2576 简介

LM2576 系列是美国国家半导体公司生产的 3A 电流输出降压开关型集成稳压电路,它内含固定频率振荡器(52kHz)和基准稳压器(1.23V),并具有完善的保护电路,包括电流限制及热关断电路等,利用该器件只需极少的外围器件便可构成高效稳压电路。LM2576 系列包括 LM2576(最高输入电压 40V)及 LM2576HV(最高输入电压 60V)两个系列。各系列产品均提供有 3.3V(−3.3)、5V(−5.0)、12V(−12)、15V(−15)及可调(−ADJ)等多个电压档次产品。此外,该芯片还提供了工作状态的外部控制引脚。

2. LM2576 结构及原理

(1)封装形式及管脚功能

LM2576 有 TO－220 和 TO－263 两种封装形式,分别如图 4-28 所示。各引脚的功能如表 4-1 所示。

图 4-28　LM2576 封装形式图

表 4-1　LM2576 各引脚功能

管脚序号	符 号	描 述
1	＋Vin	HYM2576 的正电源输入端,该管脚必须加一个适当的旁路电容来减小暂态电压,同时为 HYM2576 提供开关电流
2	Output	内部开关管输出端,该管脚上的电压可在(＋Vin－V_{SAT})和－0.5V(大约)间转换。为了减小耦合,PCB上连接到该脚上的铜线区域要尽量小
3	GND	接地端
4	Feedback	该管脚把输出端的电压后馈到闭环反馈回路
5	$\overline{ON/OFF}$	该管脚的电压下拉到低于大约 1.3V 时,HYM2576 就被打开;而上拉到高于 1.3V(最大到 25V)时,HYM2576 就被关断。如果不使用该功能,可以把该管脚接地或开路,在任何一种情况下,HYM2576 都处于打开的状态

(2)LM2576 工作原理

LM2576 内部结构框图如图 4-29 所示,包含 52kHz 振荡器、1.23V 基准稳压电路、热关断电路、电流限制电路、放大器、比较器及内部稳压电路等。为了产生不同的输出电压,通常将比较器的负端接基准电压(1.23V),正端接分压电阻网络,这样可根据输出电压的不同选定不同的阻值,其中 R_1 为 1kΩ(可调－ADJ 时开路),R_2 分别为 1.7kΩ(3.3V)、3.1kΩ(5V)、8.84kΩ(12V)、11.3kΩ(15V)和 0(－ADJ),上述电阻依据型号不同已在芯片内部做了精确调整,因而无需使用者考虑。将输出电压分压电阻网络的输出同内部基准稳压值 1.23V 进行比较,若电压有偏差,则可用放大器控制内部振荡器的输出占空比,使输出电压保持稳定。

3. 典型应用电路及元器件选择

LM2576 构成的稳压电路分为输出为固定的直流电压:3.3V、5V、12V、15V,及输出其他电压等级或可调电压两种情况。对于不同的输出电压选择器件的参数也不相同。

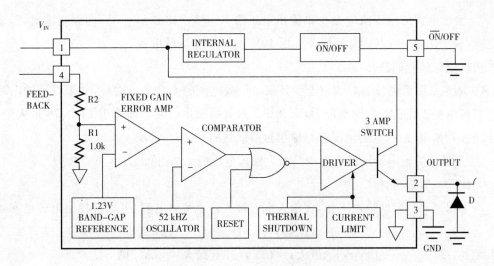

图 4-29　LM2576 内部结构框图

(1)输出电压固定

由 LM2576 构成的基本稳压电路仅需四个外围器件,其电路如图 4-30 所示。

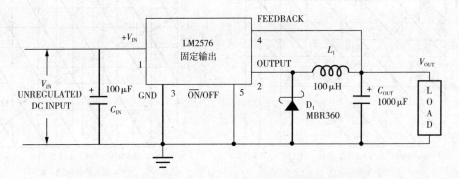

图 4-30　LM2576 输出固定电压电路

设定:V_{OUT}=固定输出电压(3.3V,5.0V,12V 或 15V);

　　　V_{IN}(最大)=最大输入电压(不稳定的直流电压);

　　　I_{LOAD}(最大)=最大负载电流。

1)电感的选择(L_1)

① 参见图 4-31,选择正确的电感值(其中的输出电压分别是 3.3V,5.0V,12V,15V)。对于其他的输出电压值,可以参考可调电压输出版本设计。

② 从电感值选择参考图看出,电感的取值范围是由 V_{IN}(最大值)和 I_{LOAD} 来决定的,同时也要注意选定电感范围的电感号。

③ 从电感号来确定电感值,然后从图 4-31 中选择一个合适的电感。

2)输出电容选择(C_{OUT})

① 输出电容和电感一起构成了开关回路。为了得到稳定的工作和可以接受的纹波电压(大约是输出电压的 1%),推荐使用 $680\mu\text{F}$ 到 $2000\mu\text{F}$ 标准铝电解电容。

② 输出电容的耐压值应至少是输出电压的 1.5 倍。比如一个 5V 的固定输出,那么至少是 8V 的耐压值,所以这时就推荐使用 10V 或 15V 耐压的电容。

3)续流二极管的选择(D_1)

① 续流二极管的导通电流应至少是最大负载电流的 1.2 倍。同样,如果设计的电源需要能具备承受连续输出短路的能力,那么该二极管的额定电流必须等于 LM2576 最大限流。对于二极管来说,最严重的情况就是输出过载或短路。

② 二极管的反向耐压值应至少是最大输入电压的 1.25 倍。

4)输入电容的选择(C_{IN})

为了保证调节器的稳定工作,在输入端应接入一个旁路电容,可以选择铝电解电容或钽电容。

例如,要求 $V_{OUT}=12V$,V_{IN}(最大)$=15V$,I_{LOAD}(最大)$=3A$。则

① 电感:参看图 4-31c 可以看到 15V 和 3A 相交的电感区域是 L100,对应的感值为

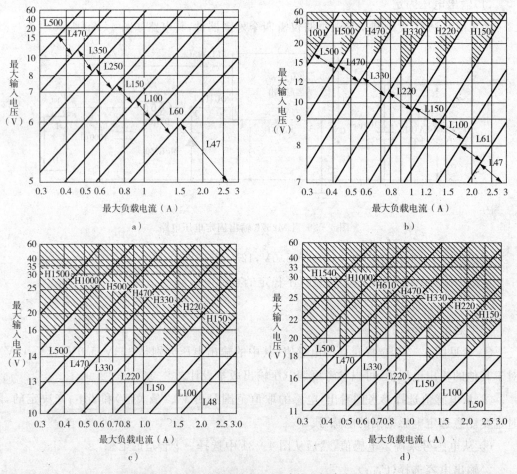

图 4-31 输出固定电压电感值选择参考图

a)输出电压 3.3V b)输出电压 5V c)输出电压 12V d)输出电压 15V

100μH,可以选择 PE92108,或者 Renco RL2444。

② 输出电容的选择(C_{OUT}):$C_{OUT}=680\mu$F 到 2000μF 标准铝电解电容,耐压值为 20V。

③ 续流二极管的选择(D_1):对这个例子,3A 的电流比较适合。使用一个 20V 的 1N5823 或者 SR302 肖特基二极管。

④ 输入电容的选择(C_{IN}):一个 100μF/25V 的铝电解电容,放置位于输入脚和地附近,可以提供足够的滤波。

(2)输出电压可调

利用 LM2576 实现输出电压可调的典型电路如图 4-32 所示。

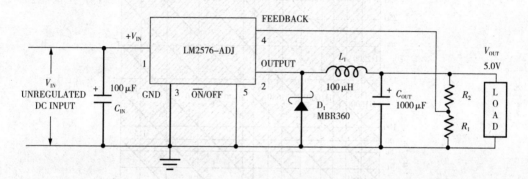

图 4-32 LM2576 输出电压可调的典型电路图

设定:

$V_{OUT}=$可调输出电压;

$V_{IN(Max)}=$最大输入电压;

$I_{LOAD(Max)}=$最大负载电流;

$f=$开关频率(固定在 52kHz)。

1)可调电压输出(选择 R_1 和 R_2)

使用如下的公式来选择合适的电阻值。

$$V_{OUT}=V_{REF}\left(1+\frac{R_2}{R_1}\right)$$

其中,$V_{REF}=1.23$V。R_1 在 $1k\Omega$ 到 $5k\Omega$ 之间,为了得到最好的温度系数和时间稳定性,需使用 1% 的金属薄膜电阻。

$$R_2=R_1=\left(\frac{V_{OUT}}{V_{REF}}-1\right)$$

2)电感的选择(L_1)

① 计算电感电压和微秒的乘积,$E \cdot T$(V·μs),使用下面的公式:

$$E \cdot T = (V_{IN} - V_{OUT}) \frac{V_{OUT}}{V_{IN}} \cdot \frac{1000}{f}$$

其中,f 的单位是 kHz。

② 从上面的公式计算出 $E \cdot T$ 值,然后在图 4-33 的纵轴上找到对应的数值。

③ 在横轴上,选择最大的负载电流。

④ 通过 $E \cdot T$ 的值和最大负载电流值确定电感范围,同时记录下该范围所对应的电感号,确定电感值。

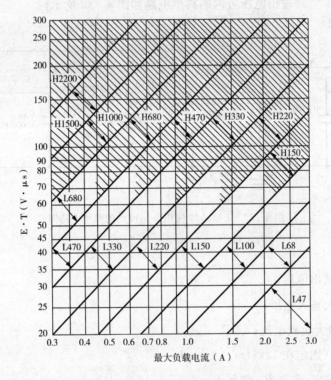

图 4-33　输出可调电压电感值选择参考图

3)输出电容的选择(C_{OUT})

① 输出电容和电感一起组成了开关调节器环路。对于稳定的工作来说,输出电容必须满足下面的公式:

$$C_{OUT} \geqslant 13300 \frac{V_{IN(Max)}}{V_{OUT} \cdot L(\mu H)} (\mu F)$$

上面的公式计算出的电容值在 $10\mu F$ 到 $2200\mu F$ 之间,这就可以满足稳定环路可靠工作的需要。但是要得到一个可以接受的输出纹波电压(大约是输出电压的 1%)和瞬时响应,输出电容需要是上述计算值的数倍。

② 电容的耐压值应至少是输出电压的 1.5 倍。一个 $10V$ 输出的调节器来说,电容的耐

压值至少是 15V。高耐压的电解电容通常都有较低的 ESR(等效串联电阻)值,因此根据实际需要可以选择比需要耐压值更高一些的电容。

4)续流二极管的选择(D_1)

① 续流二极管的导通电流应至少是最大负载电流的 1.2 倍。同样,如果设计的电源需要能具备承受连续输出短路的能力,那么该二极管的额定电流必须等于 LM2576 最大限流。对于二极管来说,最严重的情况就是输出过载或短路。

② 二极管的反向耐压值应至少是输入电压的 1.25 倍。

5)输入电容的选择(C_{IN})

为了保证调节器的稳定工作,在输入端应接入一个旁路电容,可以选择铝电解电容或钽电容。

例如:要求 $V_{OUT}=10V$,$V_{IN(Max)}=25V$,$I_{LOAD(Max)}=3A$,$f=52kHz$。则

① 可调电压输出(选择 R_1 和 R_2)

$$V_{OUT}=V_{REF}\left(1+\frac{R_2}{R_1}\right),R_1=1k\Omega$$

$$R_2=R_1\left(\frac{V_{OUT}}{V_{REF}}-1\right)=1k\Omega\times\left(\frac{10V}{1.23V}-1\right)$$

$R_2=1k\Omega\times(8.13-1)=7.13k\Omega$,选择最接近 1% 精度的 $7.15k\Omega$。

② 电感的选择(L_1)

计算 $E\cdot T(V\cdot\mu s)$

$$E\cdot T=(25-10)\cdot\frac{10}{25}\cdot\frac{1000}{52}=115V\cdot\mu s$$

$I_{LOAD(Max)}=3A$,电感号为 H150,则电感值为 $150\mu H$。

③ 输出电容的选择(C_{OUT})

$$C_{OUT}>13300\frac{25}{10\cdot150}=222\mu F$$

然而,对于可接收的输出纹波电压来说,$C_{OUT}\geqslant680\mu F$。所以,选择 $C_{OUT}=680\mu F$ 的电解电容。

④ 续流二极管的选择(D_1)

对于此例,3.3A 的电流额定值比较合适,选择一个 30V 31DQ03 肖特基二极管。

⑤ 输入电容的选择(C_{IN})

一个 $100\mu F$ 铝电解电容可以满足要求。

项目实施

简易开关电源的制作

一、项目要求

要求设计一款开关电源,输出为 1.8V、3.3V、5V、9V 四个电压等级任选,最大输出电流 0.5A。

二、项目实施过程

1. 设计原理图

我们可以采用前面介绍的串联开关稳压电路来设计,电路如图 4-34 所示,这里的开关管 T 可以选择 LM2576,前面已经介绍了 LM2576 是一款降压开关型集成稳压电路,U_O 电压最大为 9V,所以要有输入电压 $U_1 > 9V$,又考虑到 LM2576 最高输入电压为 40V,这里可以取 $U_1 = 12V$。所以整个电路分为两个部分:

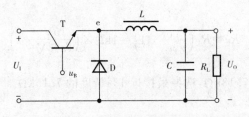

图 4-34 降压斩波电路

(1)整流得到 12V 的直流电压

采用单相桥式不控整流电路,其整流输出为 12V,则其输入端交流电压为 12/0.9 = 13.3V。考虑到损耗,所以需选择 15V、30W 变压器将市电 220V 交流电降压后供给整流桥使用。输出电流最大为 0.5A,所以整流二极管可选用 1N4007。另外整流后还需加电容器滤波,选择耐压 25V 的电解电容。

(2)LM2576 稳压电路

根据前面介绍的 LM2576 的典型电路,引脚 1 为电压输入端,接整流输出;引脚 2 为输出端,相当于降压斩波电路中 T 的发射极 e,通过续流二极管,电感和滤波电容输出;引脚 3 和引脚 5 接地;引脚 4 接分压电阻,确定输出电压的大小,已经知道输出电压的大小由

$$V_{OUT} = V_{REF}\left(1 + \frac{R_2}{R_1}\right), V_{REF} = 1.23V$$

决定的,这里 R_1 选择 4.7kΩ 的电阻;根据设计要求 U_O 分别为 1.8V、3.3V、5V、9V,计算出对应的 R_2 分别为 2.2kΩ、8.2kΩ、25kΩ 和 30kΩ。这里可以通过跳线来实现电压等级的不同选择(或者用波段开关更方便)。

综上分析,设计的电路原理图如图 4-35 所示。其中,JP1 为跳线端子排,D6 为肖特基

二极管,可替代 D5。

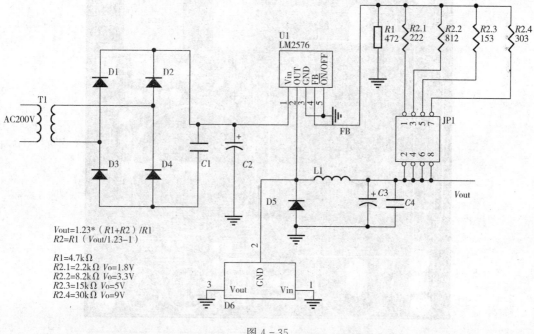

$Vout=1.23*(R1+R2)/R1$
$R2=R1(Vout/1.23-1)$

$R1=4.7k\Omega$
$R2.1=2.2k\Omega$ $Vo=1.8V$
$R2.2=8.2k\Omega$ $Vo=3.3V$
$R2.3=15k\Omega$ $Vo=5V$
$R2.4=30k\Omega$ $Vo=9V$

图 4 – 35

2. PCB 板设计

首先将元器件摆放到合理的位置,如图 4 – 36 和图 4 – 37 所示。

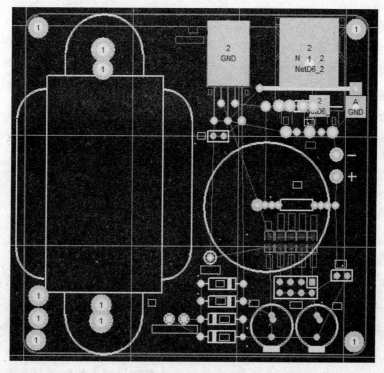

图 4 – 36 元器件摆放

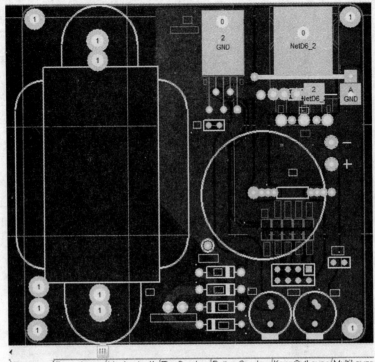

图 4 - 37　布线图

3. 焊接

(1)工具准备

① 30W 电烙铁一把；

② 0.8 焊锡丝若干；

③ 松香若干；

④ 烙铁架及高温海绵一套；

⑤ 斜口钳一把；

⑥ 镊子一把。

(2)焊接注意事项

印制电路板的焊接，除遵循锡焊要领之外，还应注意以下几点：

① 烙铁一般选用内热式或外热式烙铁，功率 30W 左右，温度不超过 300℃，烙铁头选用小圆锥形或者尖锥形；

② 加热时应尽量使烙铁头接触印制板上铜箔和元器件引线。对于较大的焊盘(直径大于 5mm)，焊接时刻移动烙铁，即烙铁绕焊盘转动；

③ 对于金属化孔的焊接，焊接时不仅要让焊料润湿焊盘，而且孔内也要润湿填充。因此，金属化孔加热时间应比单面板长；

④ 焊接时不要用烙铁头摩擦焊盘，要靠表面清理和预焊来增强焊料润湿性能，耐热性

差的元器件应使用工具辅助散热,如镊子。

焊接晶体管时,注意每个管子的焊接时间不要超过 10 秒钟,并使用尖嘴钳或镊子夹持引脚散热,防止烫坏晶体管。焊接集成电路时,在能够保证浸润的前提下,尽量缩短焊接时间,每脚不要超过 2 秒钟。

4. 调试

(1)工具准备

① 3 位半数字万用表一块;

② 示波器一台。

(2)调试步骤

① 首先检查元器件是否安装正确,重点检查电解电容的极性是否正确,二极管的极性是否正确,待确认所有焊装的元器件准确无误后,进行下一步操作;

② 将变压器输入端连接至交流 220V 处,注意安全;

③ 用万用表交流电压挡测量变压器的输出,是否正常,电压范围是否正确;

④ 用万用表直流电压挡,测量整流桥输出端,电压是否正确;

⑤ 继续用万用表直流电压挡,测量 LM2576 的输出端,输出电压是否为设置的电压;

⑥ 通过切换不同的电阻,来改变输出电压,重复上述测量步骤,来熟悉 LM2576 的工作原理。

知识拓展

软开关技术

一、基本概念

半导体电力开关器件的导通和阻断状态之间的转换是各类电力电子变换技术和控制技术的基本要求。如果开关器件在其端电压不为零时开通,电路则称为硬开通;如果开关器件在其承载电流不为零时关断,电路则称为硬关断。硬开通和硬关断统称为硬开关。通态时开关器件承载负载电流,但其通态压降小,故通态功耗不大。断态时开关器件两端阻断的电压高,但其漏电流小,故断态功耗也很小。但在硬开关过程中,开关器件在较高电压下承载有较大电流,故产生很大的开关损耗。如果开关器件在开通过程中其端电压很小,在关断过程中其电压也很小,则这种开关过程中的功耗也不大,称之为软开关。

图 4-38a 所示为 Buck 直流变换电路,其中开关管 VT 开通和关断时存在电压和电流的交叠,即开通时 VT 两端电压 u_T 很大,关断时流过 VT 中的电流 i_T 很大,从而产生较大的开关损耗和噪声,如图 4-38b 所示。如果通过某种控制方式使在图 4-38a 所示电路中,开关器件开通时,器件两端电压 u_T 首先下降为零,然后施加驱动信号 U_g,器件的电流 i_T 才开始上升;器件关断时,过程正好相反,即通过某种控制方式使器件中电流 i_T 下降为

零后,撤除驱动信号 U_g,电压 u_T 才开始上升,如图 4 – 39a 所示。由于不存在电压和电流的交叠,开关损耗 P_T 很小。图 4 – 39b 所示的波形图中,对开关管施加驱动信号 U_g 后,在电流 i_T 上升的开通过程中,电压 u_T 不大且迅速下降为零,这种开通过程的损耗 P_T 不大。撤除驱动信号 U_g 后,在电流 i_T 下降的关断过程中,电压 u_T 不大且上升很缓慢,这种关断过程的损耗 P_T 不大。

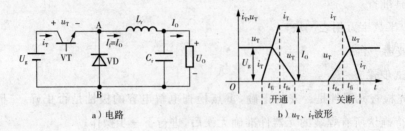

a) 电路 b) u_T、i_T 波形

图 4 – 38 Buck 直流变换电路的硬开关特性

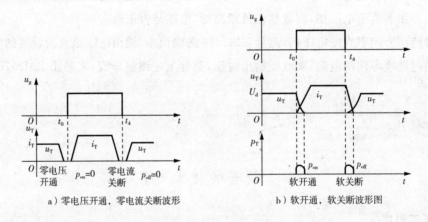

a) 零电压开通,零电流关断波形 b) 软开通,软关断波形图

图 4 – 39 软开关特性

二、基本软开关电路

准谐振变换电路分为零电压开关准谐振变换电路与零电流开关准谐振变换电路。这类变换电路中谐振元件只参与能量变换的某一阶段而不是全过程,且只能改善变换电路中一个开关元件的开关特性,电路中电压或电流的波形近似为正弦半波,因此称为准谐振。由于准谐振变换电路中谐振周期随输入电压、负载变化而改变,因此电路只能采用脉冲频率调制(PFM)调控输出电压和输出功率。

根据开关元件开通和关断时电压电流状态,可分为两大类:零电压开关(ZVS)电路和零电流开关(ZCS)电路。

1. ZVS 准谐振变换电路

图 4 – 40a 所示以 DC/DC 降压变换电路为例的零电压开通准谐振变换电路,其中开关管 VT 与谐振电容 C_r 并联,谐振电感 L_r 与 VT 串联。如果滤波电感 L_f 足够大,则输出负载

电流为恒定值 I_O。假设 $t<0$ 时，$U_g>0$，开关管 VT 处于通态，$i_T=i_L=I_O$，$u_T=u_{Cr}=0$，续流二极管 VD 截止。在 $t=0$ 时撤除 VT 的驱动信号 U_g，通过分析可画出一个开关的周期 T_s 内电路中电压、电流波形，如图 4-40b、c、d、e 所示。

由图可知，在 $t_0\sim t_1$ 阶段，开关管 VT 中电流 i_T 从大电流迅速下降到零，而此时开关管两端的电压 u_T 从零开始缓慢上升，避免了 i_T 和 u_T 同时为较大值的情形，实现开关管 VT 的软关断；在 $t_3\sim t_4$ 阶段，二极管 VD 导电，使 $u_T=0$，$i_T=0$，这时给 VT 施加驱动信号，就可以使开关管 VT 在零电压下开通。

注意，该电路只适用于改变变换电路的开关频率 f_s 来调控输出电压和输出功率。

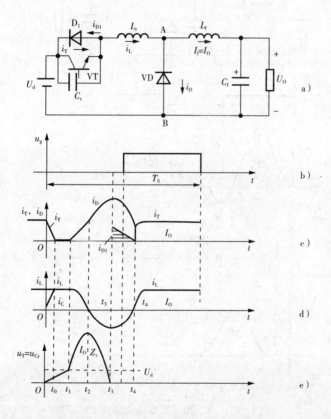

图 4-40　ZVS 准谐振变换电路及工作波形

a)电路　b)驱动波形　c)i_D、i_T波形　d)i_L波形　e)u_{Cr}波形

2. ZCS 准谐振变换电路

图 4-41a 所示以 DC/DC 降压变换电路为例的零电流关断准谐振变换电路 ZCS，其中开关管 VT 与谐振电感 L_r 串联，谐振电容 C_r 与续流管 VD 并联。滤波电容 C_f 足够大，在一个开关周期 T_s 中输出负载电流 I_O 和输出电压 U_O 都恒定不变。滤波电感 L_f 足够大，在一个开关周期 T_s 中 $I_f=I_O$ 恒定不变。假定 $t<0$ 时，$U_g=0$，开关管 VT 处于断态，VD 续流，$i_T=i_L=0$，$i_D=I_f=I_O$，$u_T=U_d$，$u_{Cr}=0$。在 $t=0$ 时对 VT 施加驱动信号 U_g，通过分析可画出一个周期开关 T_s 内电路中电压、电流波形如图 4-41b、c、d、e 所示。

由图可知,在 $t=0$ 时对 VT 施加的驱动信号 U_g 而导通,$i_T=i_L$ 从零上升,由于电感 L_r 上的感应电动势为左正右负,所以使 VT 上的电压 u_T 减小. 如果电感 L_r 足够大,则有可能使 $U_T=0$,实现软开通;在 $t_2 \leqslant t \leqslant t_3$ 阶段,二极管 VD_1 导通,$U_T=0$。若此时撤除驱动信号 U_g 可以在零电流下关断,实现软关断。同样该电路也只适用于改变变换电路的开关频率 f_s 来调控输出电压和输出功率.

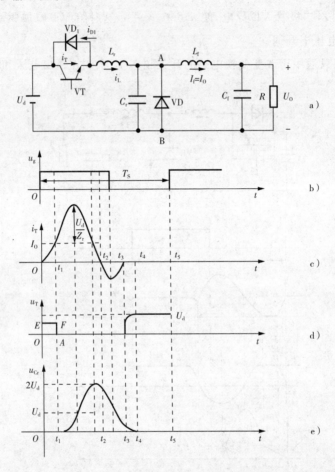

图 4-41 ZCS 准谐振变换电路及工作波形

a)电路 b)驱动波形 c)i_L波形 d)u_T波形 e)u_{Cr}波形

3. ZVS-PWM 变换电路

图 4-42a 所示为 Buck 型 ZVS-PWM 变换器电路图,其中 VT_1 为主开关。VT_2 为输出开关,L_r 与 C_r 分别为电感和谐振电容。图 4-42b 所示为该变换器在一 PWM 周期内的工作波形,下面分六个阶段来讨论在一个周期内的工作过程。假设输出电感 L_f 足够大,可用一个数值为 $I_O=U_d/R$ 的电流源来代替。分析过程中电路参数的描述,以每一阶段的起始时刻为该阶段的零时刻。

(1)第一阶段 $t_0 < t < t_1$,恒流充电阶段

上一周期结束时,开关 VT_1 与辅助开关 VT_2 均处于导通状态,续流二极管 VD 截止,谐

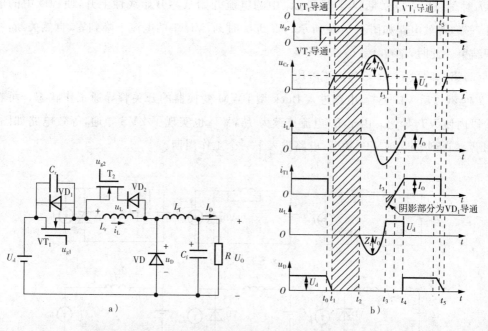

图 4-42 Buck 型 ZVS-PWM 变换器及工作波形

a)电路 b)工作波形

振电路 C_r 电压为零,谐振电感 L_r 电流 $i_{Lr}=I_O$。在 t_0 时刻,关断主开关 VT_1,则谐振电容 C_r 以恒流充电,u_{Cr} 线性上升,等效电路如图 4-43a 所示,直到 t_1 时刻,u_{cr} 线性上升到 U_d,续流二极管 VD 导通,本阶段结束。

(2)第二阶段 $t_1<t<t_2$,续流阶段

VD 导通以后,输出电流由 VD 续流,与 Buck 型 PWM 变换器的续流阶段相当。电感 L_r 的电流 i_L 保持为 I_O,通过辅助开关 VT_2 续流,等效电路如图 4-43b 所示。

(3)第三阶段 $t_2<t<t_3$,准谐振阶段

t_2 时刻令辅助开关器 VT_2 断开,则 L_r 与 C_r 将产生谐振作用,i_L 与 u_{Cr} 的变换规律为:

$$i_{Lr}=I_O\cos\omega t, u_{Cr}=\omega U_i+\frac{I_O}{C_r\omega}\sin\omega t \qquad (4-22)$$

式中,$\omega=1/\sqrt{L_r C_r}$。L_r 的电流首先谐振下降,C_r 电压则谐振上升。$\omega t\geqslant\pi/2$ 以后,u_{Cr} 从峰值开始下降,C_r 释放能量,L_r 电流则反向增大,等效电路如图 4-43c 所示。直到 t_3 时刻 u_{Cr} $=0$,VD_1 导通,u_{Cr} 被钳位,谐振停止。$u_{Cr}=0$ 为 VT_1 的 ZVS 导通创造了条件。

(4)第四阶段 $t_3<t<t_4$,电感电流线性上升阶段

t_3 时刻 VD_1 导通以后,L_r 在输入电压 U_d 的作用下线性上升,直到 $i_L=0$,VD_1 截止,本阶段结束,等效电路如图 4-43d 所示。在该阶段内使 VT_1 导通,则 VT_1 实现了 ZVS 开启。

（5）第五阶段 $t_4 < t < t_5$，VT_1 与 VD 换流阶段

t_4 时刻以后 VD_1 关断，VT_1 导通，L_r 中的电流开始从零开始线性上升，使 VD 中的电流线性下降，等效电路如图 4-43e 所示。直到 t_5 时刻，VD 中的电流下降到零，自然关断，续流过程结束。此时，$i_{Lr}(t_5) = I_0$。

（6）第六阶段 $t_5 < t < t_6$，恒流阶段

t_5 时刻以后 VD 关断，电路进入 Buck 型 PWM 变换器的开关管导通工作状态。可在这一阶段内使 VT_2 导通。由于 L_r 电流持续为 I_0，VT_2 也实现了 ZVS 导通，等效电路如图 4-43f 所示，直到 t_6 时刻 VT_1 关断，电路进入下一个工作周期。

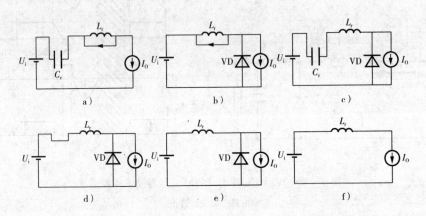

图 4-43 Buck 型 ZVS-PWM 变换器六个阶段等效电路

ZVS-PWM 变换器可以实现恒频控制的 ZVS，而且电流后力小，但电压应力较大。电感串联在主回路中，实现 ZVS 的条件与电源电压及负载的变换有关。

4. ZCS-PWM 变换电路

图 4-44a 所示为 Buck 型 ZCS-PWM 变换器。其中 VT_1 为主开关，VT_2 为辅助开关，VD_{V2} 与 VD_{V2} 分别为与主开关与辅助开关反并联的场效应晶体管的体内二极管，L_r 与 C_r 分别为谐振电感和电容，图 4-44b 所示为该变换器在一个 PWM 周期内的工作波形，同样为六个阶段讨论一个周期的工作过程，分别为：第一阶段 $t_0 < t < t_1$，谐振电感电流上升阶段（V_1 零电流开启）；第二阶段 $t_1 < t < t_2$ 准谐振阶段（VD 零电压关断）；第三阶段 $t_2 < t < t_3$，恒流阶段（PWM 工作方式）；第四阶段 $t_3 < t < t_4$ ZCS 过渡阶段（V_1 零电压关断）；第五阶段 $t_4 < t < t_5$，恒流放电阶段（VD 零电压开启）；第六阶段 $t_5 < t < t_6$，二极管续流阶段（PWM 工作方式），其等效电路如图 4-45 所示。

Buck 型 ZCS-PWM 电路最大优点是实现了恒频控制的 ZCS 工作方式，且主开关与辅助开关上的电压后力小，在一个周期内承受的最大电压电源电压，但续流二极管承受的电压应力较大，最大时为电源电压的两倍，而且由于谐振电感在主电路中，使得实现 ZCS 的条件与电流电压和负载变化有关。

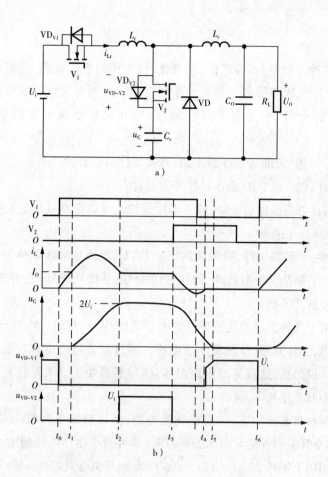

图 4 - 44　Buck 型 ZCS - PWM 变换器

a)Buck 型 ZCS - PWM 变换器原理图　　b)工作波形

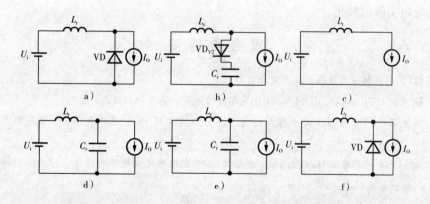

图 4 - 45　Buck 型 ZCS - PWM 变换器六个阶段等效电路

a)第一阶段　b)第二阶段　c)第三阶段　d)第四阶段　e)第五阶段　f)第六阶段

项目小结

开关电源是一种高效率、高可靠性、小型化、轻型化的稳压电源,是电子设备主流电源,广泛应用于生活、生产、军事等各个领域。本项目中通过对开关电源的分析导入主题,全控型电力电子器件的介绍、电力电子器件的保护、开关型稳压电源的原理、开关电源芯片 LM2576。

根据开关器件开通、关断可控性的不同,开关器件可以分为三类。

① 不可控器件:仅二极管 D 是不可控开关器件。

② 半控器件:仅普通晶闸管 SCR 属于半控器件。可以控制其导通起始时刻,一旦 SCR 导通后,SCR 仍继续处于通态。

③ 全控型器件:三极管 BJT、可关断晶闸管 GTO、电力场效应晶体管 P – MOSFET、绝缘门极晶体管 IGBT 都是全控型器件,即通过门极(或基极或栅极)是否施加驱动信号既能控制其开通又能控制其关断。

这里主要介绍了几种常用的全控型电力电子器件 GTR、GTO、MOSFET 和 IGBT,分别介绍了它们的外形、工作原理、检测及驱动电路。通过配置过电压和过电流保护系统,可防止变换器开关器件因短路、过载等原因而损坏;缓冲器减小了开关器件开通、关断时的瞬时电压、电流,也减小开关损耗。

接着介绍了两种最基本的直流-直流变换电路:降压斩波电路(Buck)和升压斩波电路(Boost)。通过改变开关器件的导通和关断时间,即可改变输出电压的大小。后面分别介绍了开关电源中常用的 PWM 集成控制芯片 SG3525 和开关电源芯片 LM2576 的使用方法。

最后要求完成一个开关电源的制作。根据设计要求,画出系统原理图,并计算参数选择元器件,然后画 PCB 板,焊接、调试。进一步熟悉 protel 的应用,元器件的布局应合理,无虚焊、漏焊、焊点规范,能正确使用万用表、示波器等仪器设备分析测试数据,增加了动手能力,实现将理论向实际的转化。

思 考 与 练 习

4-1 GTR 对基极驱动电路的要求是什么?

4-2 试比较 GTR、GTO、MOSFET、IGBT 之间的差异和各自的优缺点。

4-3 开关器件的开关损耗大小同哪些因素有关?试比较 Buck 电路和 Boost 电路的开关损耗的大小。

4-4 有一开关频率为 50Hz 的 Buck 变换电路,工作在电感电流连续的情况下,$L=0.05$mH,输入电压 $U_D=15$V,输出电压 $U_O=10$V。

(1)求占空比 D 的大小;

(2)求电感中电流的峰值 I_2。

4-5 如图所示的电路工作在电感电流连续的情况下,器件 S 的开关频率为 100kHz,电路输入电压为 220V,当 $R=30\Omega$,两端的电压为 150V 时,

（1）求占空比的大小；

（2）当 $R = 40\Omega$ 时，求维持电感电流连续的临界电感值。

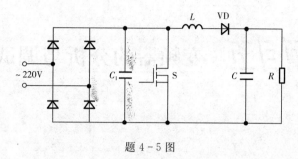

题 4 - 5 图

4 - 6　简述如图所示的降压斩波电路的工作原理。

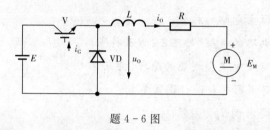

题 4 - 6 图

项目五 变频器的分析与调试

【学习目标】

(1)了解通用变频器主电路的构成。

(2)掌握三相整流电路的类型、原理、波形及特点。

(3)掌握电压型逆变及电流型逆变的原理、特点。

(4)认识 MM420 变频器并会进行设置参数。

(5)能根据具体的要求调试变频器。

(6)熟悉有源逆变的原理及逆变条件。

项目引入

近年来随着电力电子技术、功率半导体器件及变频控制理论的发展,变频器的使用也越来越广泛,不管是工业设备上还是家用电器上都会使用到变频器,其外形如图 5-1 所示。

图 5-1 变频器外形图

变频器是应用变频技术与微电子技术，通过改变电机工作电源频率方式来控制交流电动机转速的电力控制设备。从变频器结构上分有交-交变频器与交-直-交变频器，从变频性质分主要电压源型变频器与电流源型变频器，目前变频器主要以电压源型交-直-交变频器为主。变频器主电路主要由整流（交流变直流）、滤波、逆变（直流变交流）、制动单元、驱动单元、检测单元微处理单元等组成。另外，变频器还有很多的保护功能，如过流、过压、过载保护等。通用变频器的主电路如图5-2所示。

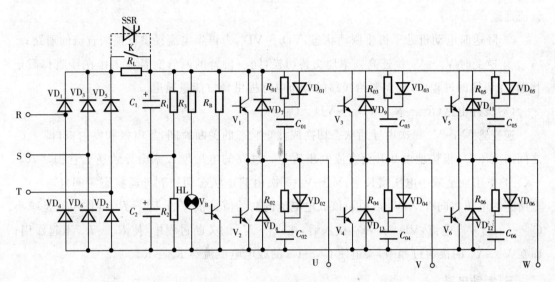

图5-2 交-直-交电压型变频器主电路原理图

一、整流电路（交-直）

整流器是变频器中用来将交流变成直流的部分，它由整流单元、滤波电路、开启电路、吸收回路组成。

（1）整流单元（$VD_1 \sim VD_6$）

图中整流单元由 $VD_1 \sim VD_6$ 组成三相桥式整流电路（不可控），其作用是将三相工频 380V 的交流电整流成直流电。

（2）滤波电容（C_1、C_2）

图中电解电容 C_1、C_2，其作用是对整流输出电压进行滤波。C_1、C_2 是大容量的电容器，是电压型变频器的主要标志，对电流型变频器来说滤波元件是电感。

（3）开启电流吸收回路（R_L、K）

在电压型变频器的二极管整流电路中，由于在电源接通时，串联电解电容 C_1、C_2 中将有一个很大的充电电流，该电流有可能烧坏二极管，容量较大时还可能形成对电网的干扰，影响同一电源系统的其他装置正常工作，所以在电路中加装了由 R_L、K 组成的限流回路。刚开机时，R_L 串入电路，限制 C_1、C_2 的充电电流，充电到一定的程度后 K 闭合将其切除。

二、逆变部分（直-交）

逆变部分的基本作用是将直流变成交流，是变频器的核心部分。

（1）逆变桥（$V_1 \sim V_6$）

上图中，由 $V_1 \sim V_6$ 组成了三相逆变桥，V 导通时相当于开关接通，V 截止时相当于开关断开。现常用的逆变管有绝缘栅双极晶体管（IGBT）、大功率晶体管（GTR）等。

（2）反馈续流二极管（$VD_7 \sim VD_{12}$）

反馈续流二极管 $VD_7 \sim VD_{12}$ 功能有以下几点：

① 由于电动机是一种感性负载，工作时其无功电流返回直流电源需要 $VD_7 \sim VD_{12}$ 提供续流通道；

② 降速时电动机处于再生制动状态，$VD_7 \sim VD_{12}$ 为再生电流提供反馈回直流的通路；

③ 逆变时 $V_1 \sim V_6$ 快速高频率地交替切换，同一桥臂的两管交替地工作在导通和截止状态，在切换的过程中，也需要给线路的分布电感提供释放能量通道。

（3）缓冲电路（$R_{01} \sim R_{06}$、$VD_{01} \sim VD_{06}$、$C_{01} \sim C_{06}$）

逆变管 $V_1 \sim V_6$ 每次由导通状态切换成截止状态的关断瞬间，集电极和发射极（即 c、e）之间的电压 U_{ce} 极快地由 0 升至直流电压值 U_D，过高的电压增长率会导致逆变管损坏，$C_{01} \sim C_{06}$ 的作用就是减小电压增长率；$V_1 \sim V_6$ 每次由截止状态切换到导通状态瞬间，$C_{01} \sim C_{06}$ 上所充的电压将向 $V_1 \sim V_6$ 放电。该放电电流的初始值是很大的，$R_{01} \sim R_{06}$ 的作用就是减小 $C_{01} \sim C_{06}$ 的放电电流，$VD_{01} \sim VD_{06}$ 接入后，在 $V_1 \sim V_6$ 的关断过程中，使 $R_{01} \sim R_{06}$ 不起作用；而在 $V_1 \sim V_6$ 的接通过程中，又迫使 $C_{01} \sim C_{06}$ 的放电电流流经 $R_{01} \sim R_{06}$。

三、制动电路

（1）制动电阻（R_B）

变频调速在降速时处于再生制动状态，电动机回馈的能量到达直流电路，会使直流电压上升，这是很危险的。需要将这部分能量消耗掉，电路中制动电阻 R_B 就是用于消耗该部分能量。

（2）制动单元（V_B）

制动单元由大功率晶体管（或 IGBT 等）V_B 及采样、比较和驱动电路构成，其功能是为放电电流流过 R_B 提供通道。

知识链接

一、三相桥式整流电路

在负载容量较大或要求直流电压脉动较小时，常使用三相相控电路。三相整流电路具有多种电路形式，三相半波相控整流电路共阴极和共阳极接法是三相整流电路的最基本形式，其他电路可看作是三相半波整流电路以不同方式串联或并联组合而成。

1. 三相半波不控整流电路

图 5 - 3a 是三相半波不可控整流的原理图。图中 Tr 为整流变压器，为了使负载电流能够流通，整流变压器的二次侧绕组必须接成星形，而一次绕组一般接成三角形，使其高次谐

波能够通过,减少高次谐波的影响。三个二极管采用共阴极接法,其阳极分别接至变压器二次侧 u、v、w 三相电源。由于二极管采用共阴极接法,所以任何时刻均是阳极电位高的二极管导通,即相电压最高所在的二极管导通,其余两相二极管将承受反压而截止,整流电压为该相的相电压,波形如图 5-3b 所示。$\omega t_1 \sim \omega t_2 (30° \sim 150°)$ 段,$u_u > u_v$、$u_u > u_w$,u 相电压最高,u 相所在的二极管 D_1 导通,负载电压 $u_d = u_u$,其他两个二极管承受反压而截止。$\omega t_2 \sim \omega t_3 (150° \sim 270°)$ 段,$u_v > u_u$、$u_v > u_w$,v 相电压最高,v 相所在的二极管 D_2 导通。负载电压 $u_d = u_v$。$\omega t_3 \sim \omega t_4 (270° \sim 390°)$ 段,$u_w > u_v$、$u_w > u_u$,w 相电压最高,w 相所在的二极管 D_3 导通,负载电压 $u_d = u_w$。下一个周期又重复这一过程。所以一周期三个二极管轮流导通,各导通 $120°$,负载电压 u_d 波形为相电压 u_u、u_v、u_w 的包络线,如图 5-3b 所示。

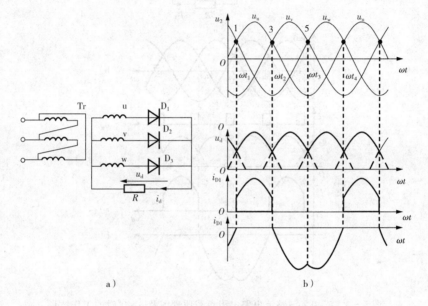

a)　　　　　　　　　　　　b)

图 5-3　三相半波不可控整流电路及波形

a)原理图　b)输出电压和电流波形

显然,从图中可看出 1、3 及 5 三个点分别是三只整流管导通的起始点。每过其中一点,电流就从前相变换到后相,因为这种换相是靠三相电源变化自然进行的,所以把 1、3 及 5 点称为自然换相点。

设二次侧 u 相电压 $U_u = \sqrt{2} U_2 \sin\omega t$,则三相半波不可控整流电路的输出直流电压 U_d 为

$$U_d = \frac{3}{2\pi} \int_{30°}^{150°} \sqrt{2} U_2 \sin\omega t d(\omega t) = 1.17 U_2 \tag{5-1}$$

可见,三相半波整流与单相整流比较,输出整流电压 U_d 值提高且脉动大为减少。

2. 三相半波可控整流电路

(1)电阻性负载

将图 5-3a 中整流二极管 VD_1、VD_2、VD_3 分别换成三只晶闸管 VT_1、VT_2、VT_3,即构成三相半波可控直流电路,如图 5-4a 是三相半波可控整流电阻性负载的原理图。图中 T

为整流变压器,由于晶闸管采用共阴极接法,所以任何时刻只有阳极电位最高的晶闸管正偏,才有可能导通。如果在这个时刻该晶闸管有触发脉冲,则该晶闸管导通,其余两相晶闸管将承受反向电压而截止,整流电压为该相的相电压。为了分析方便将整个周期分为三个阶段,从图中可看出 1、3 及 5 三个点分别是三只晶闸管导通的起始点。每过其中一点,电流就从前相变换到后相,因为这种换相是靠三相电源变化自然进行的,所以把 1、3 及 5 点称为自然换相点,即 $\alpha=0°$ 为 $\omega t=30°$ 的时刻。

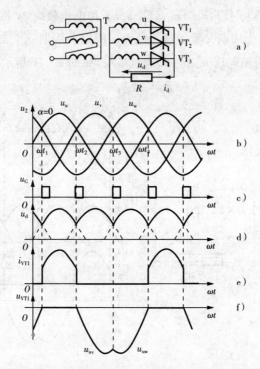

图 5-4 三相半波整流电路电阻负载原理图及 $\alpha=0°$ 时的工作波形

① $\omega t_1 \sim \omega t_2 (30° \sim 150°)$ 段,$u_u > u_v$、$u_u > u_w$,u 相电压最高,所以 u 相所接的晶闸管 VT$_1$ 一定是承受正偏电压。如果此时有触发脉冲,则 VT$_1$ 导通。因为 VT$_1$ 导通,迫使 VT$_2$、VT$_3$ 都承受反偏电压而截止。负载电压 $u_d = u_u$,二极管 VT$_1$ 两端的电压 $u_{VT1} = 0$,流过晶闸管 VT$_1$ 的电流与负载电流相等,即 $i_{VT1} = i_d$。

② $\omega t_2 \sim \omega t_3 (150° \sim 270°)$ 段,$u_v > u_u$、$u_v > u_w$,v 相电压最高,v 相所接的晶闸管 VT$_2$ 一定是承受正偏电压。如果此时有触发脉冲,则 VT$_2$ 导通。因为 VT$_2$ 导通,迫使 VT$_1$、VT$_3$ 都承受反偏电压而截止。负载电压 $u_d = u_v$,VT$_1$ 两端的电压是 u 相和 v 相的电位差,即 $u_{VT1} = u_u - u_v = u_{uv}$,流过二极管 VT$_1$ 的电流 $i_{VT1} = 0$。

③ $\omega t_3 \sim \omega t_4 (270° \sim 360°)$ 段,$u_w > u_v$、$u_w > u_u$,w 相电压最高,w 相所接的晶闸管 VT$_3$ 一定是承受正偏电压。如果此时有触发脉冲,则 VT$_3$ 导通。因为 VT$_3$ 导通,迫使 VT$_1$、VT$_2$ 都承受反偏电压而截止。负载电压是 $u_d = u_w$,VT$_1$ 两端的电压是 u 相和 w 相的电位差,即 $u_{VT1} = u_u - u_w = u_{uw}$,流过二极管 VT$_1$ 的电流 $i_{VT1} = 0$。

下一个周期又重复这一过程，$\alpha = 0°$时各个量的波形图如图5-4b所示。由图可见，三相半波可控整流电路输出的整流电压是一个比单相整流脉动小些的直流电压，负载电压u_d波形是三相交流相电压u_u、u_v、u_w的包络线，在一个周期内整流电压有三次脉动，因此脉动频率是$3 \times 50 = 150\text{Hz}$。

从波形图可看出，$\alpha = 0°$时各晶闸管的触发脉冲，其相序应与电源的相序相同。各相触发脉冲依次间隔120°。在一个周期内，三相电源轮流向负载供电，每相晶闸管各导电120°，负载电流连续。图5-4e中的波形为流过晶闸管VT_1的波形i_{VT1}，同时也是流过变压器u相绕组的电流波形，流过v相、w相电流的波形与此相同，相位上依次滞后120°，所以变压器二次侧绕组中流过的是直流脉动电流，也存在直流磁化的问题。图5-4f中的波形为u相晶闸管VT_1两端电压波形，可见，VT_1两端电压波形为线电压。

随着α的增加，即触发脉冲向后移动，则整流电压减小。图5-5所示是三相半波整流电路电阻性负载，$\alpha = 30°$时的波形。从负载电压、电流波形图中可看出，这时负载电流处于连续和断续的临界状态，各相的导通角恒为120°。

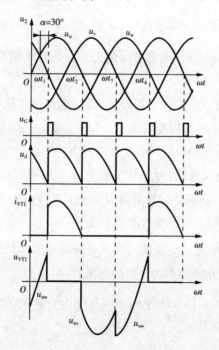

图5-5 三相半波整流电路电阻负载，$\alpha = 30°$时的波形

当$\alpha > 30°$时，如$\alpha = 60°$，那么整流电压的波形如图5-6所示，可知当导通的一相的相电压过零变负的时候，该相晶闸管自然关断，此时下一相的晶闸管虽然承受正偏电压，但是它的触发脉冲还没到，所以也不导通，就会有三个管子都不导通输出电压和电流都为零的时候，直到下一相的触发脉冲出现为止。显然负载电流断续，各晶闸管的导通角为$\theta_T = 150° - \alpha$，都小于120°。

如果α继续增大，则断续时间越长，输出电压波形与横坐标包围的面积越小，输出整流

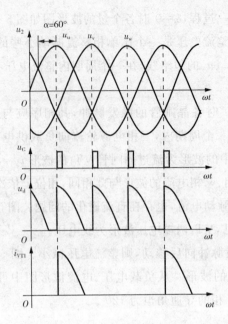

图 5-6　三相半波整流电路,电阻负载 $\alpha=60°$时的波形

电压平均值也越小。当 $\alpha=150°$时,输出电压值为零。所以电阻负载时要求的移相范围为 0～150°。

总结上述工作原理可得三相半波可控整流电路(电阻性负载)特点如下:

① 电阻性负载控制角 α 的移相范围为 0°～150°。当 $\alpha=0°$时,整流电压最大;当 $\alpha=150°$时,整流电压为零。

② 当 $\alpha\leqslant30°$时,负载电流连续,每个晶闸管在一个周期中持续导通 120°,即 $\theta_T=120°$;当 $\alpha>30°$时,负载电流断续,晶闸管的导通角为 $\theta_T=150°-\alpha$,小于 120°。

③ 流过晶闸管的电流等于变压器的副边电流。

④ 晶闸管承受的最大电压是变压器二次线电压的峰值 $\sqrt{6}U_2$。

⑤ 输出整流电压 u_d 的脉动频率为 3 倍的电源频率。

可设三相交流电源的 u 相相电压为 $u_u=\sqrt{2}U_2\sin\omega t$,根据波形图可得三相半波可控整流电路的各个量的数量关系如下:

① 输出电压平均值 U_d

$\alpha=30°$是 u_d 波形连续和断续的分界点,计算输出电压平均值 U_d时应分两种情况进行。

$\alpha\leqslant30°$时,

$$U_d=\frac{1}{2\pi/3}\int_{\frac{\pi}{6}+\alpha}^{\frac{5\pi}{6}+\alpha}\sqrt{2}U_2\sin\omega t\,d(\omega t)=1.17U_2\cos\alpha \qquad (5-2)$$

$\alpha>30°$时,

$$U_d=\frac{1}{2\pi/3}\int_{\frac{\pi}{6}+\alpha}^{\pi}\sqrt{2}U_2\sin\omega t\,d(\omega t)=0.675U_2[1+\cos(\pi/6+\alpha)] \qquad (5-3)$$

② 输出电流平均值 I_d

$$I_d = \frac{U_d}{R} \qquad (5-4)$$

③ 晶闸管电流平均值 I_{dT}

因每个周期三个晶闸管轮流导通各一次,所以

$$I_{dT} = \frac{1}{3} I_d \qquad (5-5)$$

④ 晶闸管电流有效值 I_T

$\alpha \leqslant 30°$ 时,

$$I_T = \sqrt{\frac{1}{2\pi} \int_{\frac{\pi}{6}+\alpha}^{\frac{5\pi}{6}+\alpha} \left(\frac{\sqrt{2} U_2 \sin\omega t}{R_d} \right)^2 \mathrm{d}(\omega t)} = \frac{U_2}{R} \sqrt{\frac{1}{2\pi} \left(\frac{2\pi}{3} + \frac{\sqrt{3}}{2} \cos 2\alpha \right)} \qquad (5-6)$$

$\alpha > 30°$ 时,

$$I_T = \sqrt{\frac{1}{2\pi} \int_{\frac{\pi}{6}+\alpha}^{\pi} \left(\frac{\sqrt{2} U_2 \sin\omega t}{R_d} \right)^2 \mathrm{d}(\omega t)} = \frac{U_2}{R} \sqrt{\frac{1}{2\pi} \left(\frac{5\pi}{6} - \alpha + \frac{\sqrt{3}}{4} \cos 2\alpha + \frac{1}{4} \sin 2\alpha \right)} \qquad (5-7)$$

⑤ 晶闸管承受的最大电压 U_{TM}

由 u_{T1} 的波形图可看出,晶闸管承受的最大反向电压为变压器二次线电压的峰值,即

$$U_{TM} = \sqrt{6} U_2 \qquad (5-8)$$

由于晶闸管阴极与零线之间的最低电压为零,阳极与零线之间的最高电压是变压器二次相电压的峰值,所以晶闸管承受的最大正向电压为 $\sqrt{2} U_2$。

(2)阻感性负载(不接续流管)

三相半波共阴极阻感性负载电路如图 5-7a 所示。假设电感 L 感抗足够大,则整流电流连续且波形基本平直。

由于负载是大电感,所以只要输出整流电压平均值不为零,每相晶闸管导通角均是 120°,与控制角 α 无关。其电流波形是方波。

当 $\alpha \leqslant 30°$ 时,负载电压是连续的,相邻两相的换流是在原导通相的交流电压过零变负之前,工作情况与电阻性负载相同。输出电压波形与电阻性负载完全相同,由于负载电感的储能作用,输出电流 i_d 波形近似平直,晶闸管中分别流过幅度 i_d、宽度 120° 的矩形波电流,导通角 $\theta_T = 120°$。

当 $\alpha > 30°$ 时,假设 $\alpha = 60°$,其波形图如 5-7 所示。首先 VT_1 正偏被触发导通,在 u 相交流电压过零变负后,由于 VT_2 的触发脉冲未到,所以 VT_2 正偏截止,在电感反向电动势的作用下 VT_1 继续正偏导通,输出电压仍然等于 u 相电压。此时 $u_d = u_u < 0$,直到 VT_2 被触发导通,VT_1 承受反压而关断,输出电压 $u_d = u_v$,然后重复 u 相的过程。负载电压出现负值,使得

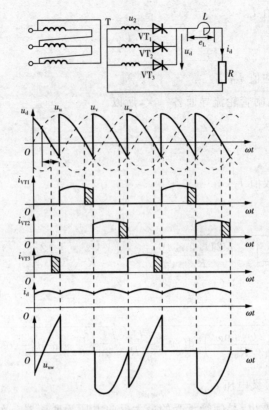

图 5-7　三相半波相控整流电路(阻感性负载)的电路原理图及 $\alpha=60°$的工作波形

输出电压平均值降低了,α越大,输出电压平均值越小。特别地,当 $\alpha=90°$时,输出电压正负面积相等,其平均值为零,所以三相半波整流电路阻感性负载不接续流管的移相范围是 $0°\sim90°$。只要电感足够大,负载电流都是连续的且基本不变,电流波形中的阴影部分是靠电感产生的反向感应电势 e_L维持导通的。

根据波形图可得三相半波可控整流电路阻感性负载时各个量的数量关系如下:

① 输出电压平均值 U_d和输出电流平均值 I_d

由于 u_d波形连续,所以计算输出电压 U_d时只需一个计算公式

$$U_d=\frac{1}{2\pi/3}\int_{\frac{\pi}{6}+\alpha}^{\frac{5\pi}{6}+\alpha}\sqrt{2}U_2\sin\omega t\,\mathrm{d}(\omega t)=1.17U_2\cos\alpha \qquad (5-9)$$

当 $\alpha=0°$时,$U_d=1.17U_2$,当 $\alpha=90°$时,$U_d=0$,则

$$I_d=\frac{U_d}{R}=\frac{1}{R}1.17U_2\cos\alpha \qquad (5-10)$$

② 流过晶闸管电流的平均值 I_{dT}和有效值 I_T及承受的最高电压 U_{TM}分别为

$$I_{dT}=\frac{1}{3}I_d \qquad (5-11)$$

$$I_{T} = I_{2} = \frac{1}{\sqrt{3}} I_{d} = 0.577 I_{d} \tag{5-12}$$

$$U_{TM} = \sqrt{6} U_{2} \tag{5-13}$$

（3）阻感性负载（接续流管）

为了避免整流输出电压波形出现负值，可在大电感两端并接续流二极管 VD，如图 5-8 所示，以提高输出平均电压值，改善负载电流的平稳性，同时扩大移相范围。

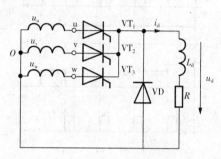

图 5-8　三相半波阻感性负载（接续流管）的电路图

由前面学习可知：续流管是在电源电压过零变负时导通续流的，所以当 $\alpha \leqslant 30°$ 时，电源电压均为正值，续流二极管 VD 不起作用，三只晶闸管 VT$_1$、VT$_2$ 和 VT$_3$ 各导通 120° 为负载提供电流，使得输出电压 u_d 波形连续且不出现负值，$\alpha = 30°$ 时的波形如图 5-9 所示。当 $\alpha > 30°$ 时，电源电压出现过零变负时，续流管及时导通为负载电流提供续流回路，晶闸管承受反向电源电压而关断，使得输出电压波形断续但不出现负值，$\alpha = 60°$ 时的波形如图 5-10 所示。当 $\alpha = 150°$ 时，晶闸管不承受正向电压而无法导通，输出电压为零，所以三相半波整流电路电感性负载接续流二极管时的有效移向范围是 0°～150°。

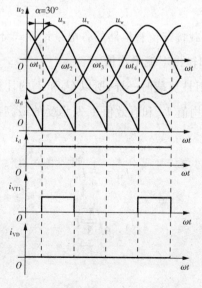

图 5-9　三相半波整流电路，阻感性负载接续流二极管，$\alpha = 30°$ 时的波形

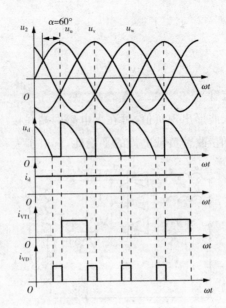

图 5-10 三相半波整流电路,阻感性负载接续流二极管,$\alpha=60°$时的波形

总结该电路的特点如下:

① 输出电压 u_d 波形与电阻性负载相同,波形无负值出现。输出电流 i_d 波形为幅值近似等于 I_d 的一条直线。

② 在 $0°\leqslant\alpha\leqslant30°$ 区间,各相晶闸管轮流导通工作,续流二极管不导通,即各相晶闸管的导通角 $\theta_T=120°$,续流管的导通角 $\theta_{VD}=0°$。负载电流主要靠晶闸管导通提供的。

③ 在 $30°<\alpha\leqslant150°$ 区间,三只晶闸管和续流二极管轮流导通工作,即各相晶闸管的导通角 $\theta_T=150°-\alpha$,续流管的导通角 $\theta_{VD}=3(\alpha-30°)$。负载电流分别由晶闸管和续流管导通提供。

这样,三相半波大电感负载接续流管电路的各电量计算式分别为:

① 输出电压平均值 U_d 和输出电流平均值 I_d

由于输出电压波形和电阻性负载时一样,所以 U_d 和 I_d 的计算式与阻性负载相同。

② 流过晶闸管电流的平均值 I_{dT} 和有效值 I_T 及承受的最高电压 U_{TM}

在 $0°\leqslant\alpha\leqslant30°$ 时,

$$I_{dT}=\frac{1}{3}I_d \tag{5-14}$$

$$I_T=\sqrt{\frac{1}{3}}I_d \tag{5-15}$$

在 $30°<\alpha\leqslant150°$ 时,

$$I_{dT}=\frac{\theta_T}{360°}I_d=\frac{150°-\alpha}{360°}I_d \tag{5-16}$$

$$I_{\mathrm{T}} = \sqrt{\frac{150° - \alpha}{360°}} I_{\mathrm{d}} \qquad (5-17)$$

$$U_{\mathrm{TM}} = \sqrt{6} U_{2\varphi} \qquad (5-18)$$

③ 流过续流管电流的平均值 I_{dD} 和有效值 I_{D} 及承受的最高电压 U_{DM}

在 $30° < \alpha \leqslant 150°$，

$$I_{\mathrm{dD}} = \frac{\theta_{\mathrm{VD}}}{360°} I_{\mathrm{d}} = \frac{3(\alpha - 30°)}{360°} I_{\mathrm{d}} = \frac{\alpha - 30°}{120°} I_{\mathrm{d}} \qquad (5-19)$$

$$I_{\mathrm{D}} = \sqrt{\frac{\alpha - 30°}{120°}} I_{\mathrm{d}} \qquad (5-20)$$

$$U_{\mathrm{DM}} = \sqrt{2} U_{2\varphi} \qquad (5-21)$$

(4)三相半波晶闸管共阳极整流电路

三相半波整流电路中，也可把三只晶闸管的阳极连在一起，把三个阴极接到三相电源，就构成了共阳极接法的三相半波可控整流电路。该接法因螺旋式晶闸管的阳极接散热器，可以将散热器联成一体，使装置结构简化，但三个触发器的输出必须彼此绝缘。图 5-11 为三相半波共阳极整流电路及其工作波形。

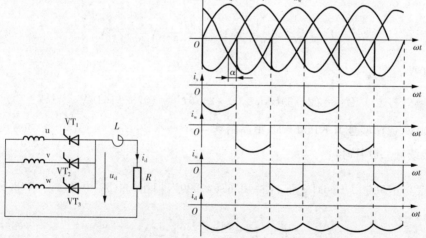

图 5-11　三相半波共阳极整流电路及其波形图

由于晶闸管只有在阳极电位高于阴极电位，即承受正向电压时才可能导通。因此，共阳极连接时晶闸管只能在相电压的负半周工作，换相总是换到阴极更负的那一相去。其工作情况、波形及数量关系与共阴极接法时相仿，仅输出极性相反，共阴极的波形在坐标轴的上面，二共阳极的波形在坐标轴的下面。电感负载时共阳极整流电压与 α 的关系为

$$U_{\mathrm{d}} = -1.17 U_2 \cos\alpha$$

式中负号表示三相电源的零线为实际负载电压的正端，三个连接在一起的阳极为实际负载

电压的负端。

三相半波可控整流电路不管是共阴极还是共阳极接法,都只用三个晶闸管,接线简单是其优点,但要输出同样的 U_d 时,晶闸管承受正反向的峰值电压较高,变压器二次侧每相绕组一周期内只导通 1/3 的周期,绕组利用率低,且电流是单方向的,所以直流磁化问题较严重,使变压器的铁芯易饱和而影响利用率。为防止铁心饱和须加大变压器铁芯的截面积,因而还要引起附件损耗。整流的负载电流要流入电网零线,也引起额外损耗,特别是增大零线电流,须加大零线的截面。上述缺点导致三相半波可控整流电路一般只用于中等偏小容量的设备上。

【例 5-1】 三相半波相控整流电路,大电感负载,$\alpha=60°$,$R=2\Omega$,整流变压器二次侧绕组电压 $U_2=220V$,试确定不接续流二极管和接续流二极管两种情况下 I_d 的值,并选择晶闸管元件。

解:(1)不接续流二极管时,

$$U_d=1.17U_2\cos\alpha=1.17\times220\times\cos60°=128.7V$$

$$I_d=\frac{U_d}{R}=\frac{128.7}{2}=64.35A$$

$$I_T=\sqrt{\frac{1}{3}}I_d=37.15A$$

$$I_{T(AV)}\geqslant2\times\frac{I_T}{1.57}A=2\times\frac{37.15}{1.57}A=47.3A$$

$I_{T(AV)}$ 取 50A,

$$U_{Tn}=(2\sim3)U_{TM}=(2\sim3)\sqrt{6}U_2=1078\sim1616V$$

U_{Tn} 取 1200V,选择型号为 KP50-12 得晶闸管。

(2)接续流二极管时,

$$U_d=0.675U_2\left[1+\cos\left(\frac{\pi}{6}+\alpha\right)\right]=0.675\times220\times[1+\cos(30°+60°)]=148.5V$$

$$I_d=\frac{U_d}{R}=\frac{148.5}{2}=74.25A$$

$$I_T=\sqrt{\frac{150°-\alpha}{360°}}I_d=\sqrt{\frac{150°-60°}{360°}}\times74.25A=37.13A$$

$$I_{T(AV)}\geqslant2\times\frac{I_T}{1.57}A=2\times\frac{37.13}{1.57}A=47.3A$$

$I_{T(AV)}$ 取 50A,

$$U_{Tn}=(2\sim3)U_{TM}=(2\sim3)\sqrt{6}U_2=1078\sim1616V$$

U_{Tn} 取 1200V,选择型号为 KP50-12 得晶闸管。

通过计算表明：接续流管后，平均电压 U_d 提高，晶闸管的导通角由 $120°$ 降到 $90°$，流过晶闸管的电流有效值相等，输出负载平均电流 I_d 提高。当 I_d 相等时，晶闸管额定电流和变压器容量可相应减少。

3. 三相桥式不控整流电路

如图 5-12 所示，三相桥式不控整流电路是由六个二极管组成。该电路的特点：三相输入，二极管分为两组，其中 D_1、D_3、D_5 的阴极连在一起，D_2、D_4、D_6 的阳极连在一起，每一组中得二极管轮流导通。第一组中阳极电位高的二极管导通，第二组中阴极电位低的二极管导通。同一时间有两个二极管导通。

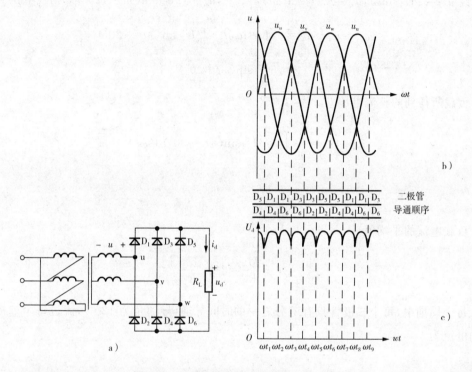

图 5-12　三相桥式整流电路及工作波形

a)原理图　b)三相交流电源波形　c)输出电压波形

① $0\sim\omega t_1$ 期间，w 相电位为正，v 相电位为负，u 相电位为正但小于 w 相电位，因此在此期间 w 点电位最高，v 点电位最低，二极管 D_5、D_4 导通，加在负载上的电压 u_d 就是线电压 u_{wv}。电流的流向为 $w \rightarrow D_5 \rightarrow R_L \rightarrow D_4 \rightarrow v$。

② $\omega t_1 \sim \omega t_2$ 期间，u 相电位为正且最高，v 相电位为负且最低，二极管 D_1、D_4 导通，加在负载上的电压 u_d 就是线电压 u_{uv}。电流的流向为 $u \rightarrow D_1 \rightarrow R_L \rightarrow D_4 \rightarrow v$。

③ $\omega t_2 \sim \omega t_3$ 期间，u 相电位为正且最高，w 相电位为负且最低，二极管 D_1、D_6 导通，加在负载上的电压 u_d 就是线电压 u_{uw}。电流的流向为 $u \rightarrow D_1 \rightarrow R_L \rightarrow D_6 \rightarrow w$。

④ $\omega t_3 \sim \omega t_4$ 期间，v 相电位为正且最高，w 相电位为负且最低，二极管 D_3、D_6 导通，加在负载上的电压 u_d 就是线电压 u_{vw}。电流的流向为 $v \rightarrow D_3 \rightarrow R_L \rightarrow D_6 \rightarrow w$。

⑤ $\omega t_4 \sim \omega t_5$ 期间，v 相电位为正且最高，u 相电位为负且最低，二极管 D_3、D_2 导通，加在负载上的电压 u_d 就是线电压 u_{uv}。电流的流向为 u→D_3→R_L→D_2→v。

⑥ $\omega t_5 \sim \omega t_6$ 期间，w 相电位为正且最高，u 相电位为负且最低，二极管 D_5、D_2 导通，加在负载上的电压 u_d 就是线电压 u_{wu}。电流的流向为 w→D_5→R_L→D_2→u。

由图 5-12c 负载上所得电压的波形图可以看出，一个周期内负载上的电压有六个波头，而单相整流电路一个周期内最多只有两波头。很明显，三相桥式半控整流电路的纹波比单相整流电路的纹波要小的多。

设 $u_v = \sqrt{2}U_2\sin\omega t$，$u_v = \sqrt{2}U_2\sin(\omega t - 120°)$，$u_\omega = \sqrt{2}U_2\sin(\omega t + 120°)$。则线电压

$$u_{uv} = u_u - u_v = \sqrt{2}U_2\sin\omega t - \sqrt{2}U_2\sin(\omega t - 120°)$$

$$= \sqrt{6}U_2\sin(\omega t + 30°)$$

负载所得到的整流电压 U_d

$$U_d = \frac{1}{\frac{\pi}{3}}\int_{\frac{\pi}{6}}^{\frac{\pi}{2}} \sqrt{6}U_2\sin(\omega t + 30°)\mathrm{d}(\omega t)$$

$$= 2.34U_2 \tag{5-22}$$

负载电流的平均值

$$I_d = \frac{U_d}{R_L} = 2.34\frac{U_2}{R_L} \tag{5-23}$$

每个周期中，每个二极管只有三分之一的时间导通（导通角为 120°），流过每个二极管的平均电流为

$$I_{dv} = \frac{1}{3}I_d = 0.78\frac{U_2}{R_L} \tag{5-24}$$

每个二极管所承受的最高反向电压为变压器副边线电压的幅值

$$U_{DRM} = \sqrt{3}U_m = \sqrt{3} \times \sqrt{2}U = 2.45U_2 \tag{5-25}$$

4. 三相桥式全控整流电路

三相桥式全控整流电路应用最为广泛，它是由两个三相半波整流电路发展而来的，如图 5-13a 所示，三相全控桥式整流电路可看作是三相半波共阴极接法（VT_1、VT_3、VT_5）和三相半波共阳极接法（VT_4、VT_6、VT_2）的串联组合。

习惯上希望三相全控桥的六个晶闸管触发的顺序是 VT_1→VT_2→VT_3→VT_4→VT_5→VT_6，因此三相全控桥的六个晶闸管的编号通常是：接 u 相的两个晶闸管分别是 VT_1 和 VT_4，接 v 相的两个晶闸管分别是 VT_3 和 VT_6，接 w 相的两个晶闸管分别是 VT_5 和 VT_2，

VT_1、VT_3、VT_5组成共阴极组，VT_4、VT_6、VT_2组成共阳极组。

对于三相半波电路接法前面已分析得出，三只晶闸管 VT_1、VT_3 和 VT_5 的 α 起始点分别是各自自然换相 1、3 和 5 点，即 $\omega t_1 = 30°$、$\omega t_3 = 150°$ 和 $\omega t_5 = 270°$ 处。同理分析可得三相半波共阳极接法电路中三只晶闸管 VT_2、VT_4 和 VT_6 的自然换相 2、4 和 6 分点别是 $\omega t_2 = 90°$、$\omega t_4 = 210°$ 和 $\omega t_6 = 330°$ 处，亦是它们的控制角 α 的起点。

任何时刻共阴极组和共阳极组中各有一只晶闸管出于导通，负载上才有电流流过。下面我们来分析电阻性负载时三相桥式全控整流电路的工作情况。

(1)电阻性负载

1)工作原理

首先分析 α＝0°时的工作情况，为了便于分析把一个周期波形等分成 6 个区间，各个区间的工作波形如如图 5-13b 所示。

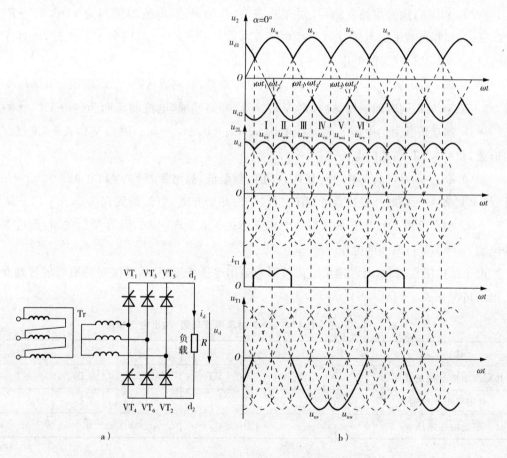

图 5-13　三相桥式全控整流电路(阻性负载)

a)原理图　b)工作波形

① 在 $\omega t_1 \sim \omega t_2$ 区间：u 相电位为正且最高，v 相电位为负且最低，晶闸管 VT_1、VT_6 正偏。在 ωt＝30°时，给 VT_1 和 VT_6 同时加触发脉冲，则 VT_1、VT_6 开始导通，电流的流向为 u

$\rightarrow VT_1 \rightarrow R_L \rightarrow VT_6 \rightarrow v$。加在负载上的电压 u_d 就是线电压，$u_d = u_u - u_v = u_{uv}$，流过 VT_1 的电流 $i_{T1} = i_d$，VT_1 两端的电压 $u_{T1} = 0$，其余晶闸管均关断。

② 在 $\omega t_2 \sim \omega t_3$ 区间：u 相电位最高，w 相电位最低，晶闸管 VT_1、VT_2 正偏。在 $\omega t = 90°$ 时，给 VT_1 和 VT_2 同时加触发脉冲，则 VT_1、VT_2 开始导通，电流的流向为 $u \rightarrow VT_1 \rightarrow R_L \rightarrow VT_2 \rightarrow w$。加在负载上的电压 u_d 就是线电压 u_{uw}，$u_d = u_u - u_w = u_{uw}$，流过 VT_1 的电流 $i_{T1} = i_d$，VT_1 两端的电压 $u_{T1} = 0$，其余晶闸管均关断。

③ 在 $\omega t_3 \sim \omega t_4$ 区间：v 相电位最高，w 相电位最低，晶闸管 VT_3、VT_2 正偏。在 $\omega t = 150°$ 时，给 VT_3 和 VT_2 同时加触发脉冲，则 VT_3、VT_2 开始导通，电流的流向为 $v \rightarrow VT_3 \rightarrow R_L \rightarrow VT_2 \rightarrow w$。加在负载上的电压 u_d 就是线电压 u_{vw}，$u_d = u_v - u_w = u_{vw}$，因为 VT_1 关断，流过 VT_1 的电流 $i_{T1} = 0$，VT_1 两端的电压 $u_{T1} = u_{uv}$。

④ 在 $\omega t_4 \sim \omega t_5$ 区间：v 相电位最高，u 相电位最低，晶闸管 VT_3、VT_4 正偏。在 $\omega t = 210°$ 时，给 VT_3 和 VT_4 同时加触发脉冲，则 VT_3、VT_4 开始导通，电流的流向为 $v \rightarrow VT_3 \rightarrow R_L \rightarrow VT_4 \rightarrow u$。加在负载上的电压 u_d 就是线电压 u_{vu}，$u_d = u_v - u_u = u_{vu}$，因为 VT_1 关断，流过 VT_1 的电流 $i_{T1} = 0$，VT_1 两端的电压 $u_{T1} = u_{uv}$。

⑤ 在 $\omega t_5 \sim \omega t_6$ 区间：w 相电位最高，u 相电位最低，晶闸管 VT_5、VT_4 正偏。在 $\omega t = 270°$ 时，给 VT_5 和 VT_4 同时加触发脉冲，则 VT_5、VT_4 开始导通，电流的流向为 $w \rightarrow VT_5 \rightarrow R_L \rightarrow VT_4 \rightarrow u$。加在负载上的电压 u_d 就是线电压 u_{wu}，$u_d = u_w - u_u = u_{wu}$，因为 VT_1 关断，流过 VT_1 的电流 $i_{T1} = 0$，VT_1 两端的电压 $u_{T1} = u_{uw}$。

⑥ 在 $\omega t_6 \sim \omega t_7$ 区间：w 相电位最高，v 相电位最低，晶闸管 VT_5、VT_6 正偏。在 $\omega t = 330°$ 时，给 VT_5 和 VT_6 同时加触发脉冲，则 VT_5、VT_6 开始导通，电流的流向为 $w \rightarrow VT_5 \rightarrow R_L \rightarrow VT_6 \rightarrow v$。加在负载上的电压 u_d 就是线电压 u_{wv}，$u_d = u_w - u_v = u_{wv}$，因为 VT_1 关断，流过 VT_1 的电流 $i_{T1} = 0$，VT_1 两端的电压 $u_{T1} = u_{uw}$。

由于是电阻性负载，所以输出电流波形与输出电压波形相同，各区间晶闸管的导通及输出电压情况见表 5-1。

表 5-1 三相全控桥当 $\alpha = 0°$ 时晶闸管导通、输出电压情况

时 段	I	II	III	IV	V	VI
共阴极组中导通的晶闸管	VT_1	VT_1	VT_3	VT_3	VT_5	VT_5
共阳极组中导通的	VT_6	VT_2	VT_2	VT_4	VT_4	VT_6
整流输出电压 u_d	$u_u - u_v = u_{uv}$	$u_u - u_w = u_{uw}$	$u_v - u_w = u_{vw}$	$u_v - u_u = u_{vu}$	$u_w - u_u = u_{wu}$	$u_w - u_v = u_{wv}$

三相桥式全控整流电路中，6 个晶闸管导通顺序为

$$VT_1\text{-}VT_6 \rightarrow VT_1\text{-}VT_2 \rightarrow VT_2\text{-}VT_3 \rightarrow VT_3\text{-}VT_4 \rightarrow VT_4\text{-}VT_5 \rightarrow VT_5\text{-}VT_6$$

从上述三相桥式全控整流电路的工作过程可以看出：

① 三相桥式全控整流电路在任何时刻都必须有两个晶闸管导通，才能形成导电回路，

其中一个晶闸管是共阴极组的,另一个晶闸管是共阳极组的。

② 关于触发脉冲的相位,共阴极组的 VT$_1$、VT$_3$ 和 VT$_5$ 之间应互差 120°;共阳极组的 VT$_4$、VT$_6$ 和 VT$_2$ 之间也互差 120°。接在同一相的两个晶闸管,如 VT$_1$ 和 VT$_4$ 之间则互差 180°。

③ 为了保证整流桥合闸后共阴极组合共阳极组各有一个晶闸管导电,或者由于电流断续后能再次导通,必须对两组中应导通的一对晶闸管同时给触发脉冲。为此,可以采取两种办法:一种是使每个触发脉冲的宽度大于 60°(一般取 80°～100°),称为宽脉冲触发;另一种是在触发某一晶闸管的同时给前一个晶闸管补发一个触发脉冲,相当于用两个窄脉冲等效替代大于 60°的宽脉冲,称双脉冲触发。两种触发脉冲如图 5 - 14 所示。图中 1～6 为脉冲序号,1′～6′为补脉冲序号。

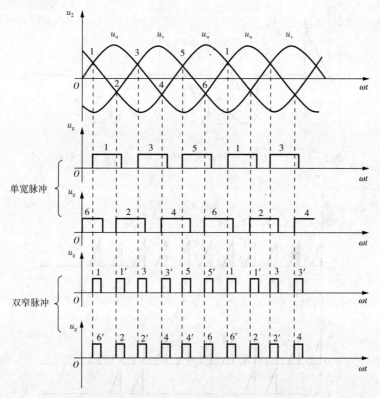

图 5 - 14 三相桥式全控整流电路的触发脉冲

例如当要求 VT$_1$ 导通时,除了给 VT$_1$ 发触发脉冲外,还要同时给 VT$_6$ 补发一个触发脉冲,要触发 VT$_2$ 时,必须给 VT$_1$ 同时补发一个触发脉冲。因此,用双脉冲触发,在一个周期内对每个晶闸管需要连续触发两次,两次脉冲前沿的间隔为 60°。双脉冲电路比较复杂,但可以减小触发装置的输出功率,减小脉冲变压器的铁心体积。用宽脉冲触发,虽然脉冲次数少一半,为了不使脉冲变压器饱和,其铁心体积要做的大些,绕组匝数多些,因而漏感增大,导致脉冲的前沿不够陡(这对多个晶闸管串并联时很不利),增加去磁绕组可以改善这一情况,但又使装置复杂化,故通常多采用双脉冲触发。

④ 三相桥整流电路的输出电压是变压器二次绕组的线电压。输出电压波形是由电源线电压 u_{uv}、u_{uw}、u_{vw}、u_{vu}、u_{wu} 和 u_{wv} 的轮流输出所组成,晶闸管的导通要维持到线电压过零反向时才关断。

同样的分析,可以画出 $\alpha=60°$ 及 $\alpha=90°$ 的波形,如图 5-15 及 5-16 所示。

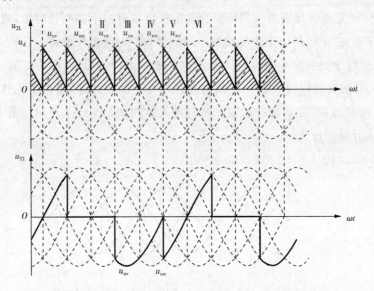

图 5-15　$\alpha=60°$ 时,三相桥式全控整流电路带电阻负载的波形

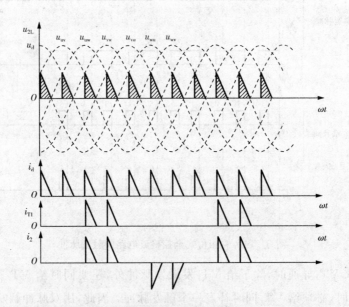

图 5-16　三相桥式全控整流电路带电阻负载 $\alpha=90°$ 时的波形

综上所述,可得出三相全控桥式整流电路的工作特点:

① $\alpha\leqslant60°$ 时,u_d 波形连续;$\alpha>60°$ 时,u_d 波形断续;$\alpha=120°$ 时,输出电压为零 $U_d=0$。所以三相全控桥式整流电路电阻性负载移相范围为 $0°\sim120°$。

② 输出电压 u_d 由六段线电压组成,每周期脉动六次,每周期脉动频率为 $300\mathrm{Hz}$。

③ 晶闸管承受的电压波形与三相半波相同，只与晶闸管导通情况有关，波形由 3 段组成：一段为零（忽略导通时的压降），两段为线电压。晶闸管承受最大正、反向电压的关系也相同。

④ 变压器二次绕组流过正负两个方向的电流，消除了变压器的直流磁化，提高了变压器的利用率。

（2）参数计算

① 输出电压平均值 U_d 和输出电流平均值 I_d

$\alpha = 60°$ 是输出电压波形连续和断续的分界点，输出电压平均值应分两种情况计算：

当 $\alpha \leqslant 60°$，

$$U_d = \frac{1}{\pi/3}\int_{\frac{\pi}{6}+\alpha}^{\frac{\pi}{2}+\alpha} \sqrt{6}U_2\sin(\omega t + 30°)\mathrm{d}(\omega t) = 2.34U_2\cos\alpha \tag{5-26}$$

当 $\alpha > 60°$，

$$U_d = \frac{1}{\pi/3}\int_{\frac{\pi}{6}+\alpha}^{\pi} \sqrt{6}U_2\sin(\omega t + 30°)\mathrm{d}(\omega t) = 2.34U_2[1 + \cos(\pi/3 + \alpha)] \tag{5-27}$$

当 $\alpha = 120°$ 时，从公式可知 $U_d = 0$，即电路的移相范围是 $0° \sim 120°$，输出电流平均值 I_d

$$I_d = \frac{U_d}{R} \tag{5-28}$$

② 变压器二次侧绕组电流有效值 I_2

当 $\alpha \leqslant 60°$ 时，电流连续，

$$I_2 = \sqrt{\frac{6}{2\pi}\int_{\frac{\pi}{6}+\alpha}^{\frac{\pi}{2}+\alpha} \left(\frac{\sqrt{6}}{R}U_2\sin(\omega t + 30°)\right)^2 \mathrm{d}(\omega t)} = \frac{\sqrt{6}U_2}{R}\sqrt{\frac{1}{3} + \frac{\sqrt{3}}{2\pi}\cos 2\alpha} \tag{5-29}$$

当 $\alpha > 60°$ 时，电流断续，

$$I_2 = \sqrt{\frac{6}{2\pi}\int_{\frac{\pi}{6}+\alpha}^{\pi} \left(\frac{\sqrt{6}}{R}U_2\sin(\omega t + 30°)\right)^2 \mathrm{d}(\omega t)} = \frac{\sqrt{3}U_2}{R}\sqrt{\frac{4}{3} - \frac{2\alpha}{\pi} + \frac{1}{\pi}\sin\left(\frac{2\pi}{3} + 2\alpha\right)}$$

$$\tag{5-30}$$

③ 流过晶闸管的电流平均值 I_{dT}、有效值 I_T 和两端承受的最大正反向电压 U_{TM}。一个周期内，每个晶闸管导通三分之一周期，则流过晶闸管的电流平均值 I_{dT} 为负载电流的三分之一，即

$$I_{dT} = \frac{1}{3}I_d \tag{5-31}$$

流过晶闸管的电流有效值也有连续和断续两种情况，但两种情况均有

$$I_T = \frac{1}{\sqrt{2}}I_2 \tag{5-32}$$

$$U_{TM} = \sqrt{2} \times \sqrt{3}U_2 = \sqrt{6}U_2 = 2.45U_2 \tag{5-33}$$

④ 变压器容量

阻性负载时，$\alpha=0$，有 $I_2=0.816I_d$，$U_2=U_d/2.34$，所以整流变压器二次侧绕组视在功率

$$S_2=3U_2I_2=3\times\frac{U_2}{2.34}\times0.816I_d=1.05P_d \qquad (5-34)$$

整流变压器一次侧容量为

$$S_1=3U_1I_1$$

设一、二次侧绕组匝数相同，则 $U_1=U_2$，在二次侧绕组中正、负半周都有电流 I_2，平均值为零，所以 $I_1=I_2$，则一次侧容量为

$$S_1=3U_1I_1=3U_2I_2=1.05P_d \qquad (5-35)$$

所以整流变压器容量为

$$S=S_1=S_2=1.05P_d$$

(2)阻感性负载

1)工作原理

三相全控桥阻感性负载电路通常电感量足够大，使负载电流连续且波形基本上为一条水平线。电路如图 5-17 所示。其工作情况为：

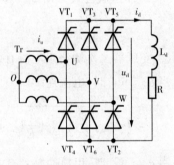

图 5-17　三相全控桥阻感性负载电路

① 当 $\alpha\leqslant60°$ 时，与电阻负载相似，各晶闸管的通断情况、输出整流电压 u_d 波形、晶闸管承受的电压波形都一样；区别在于由于大电感的作用，使得负载电流波形变得平直，近似为一条水平线。

② 当 $\alpha>60°$ 时，电感性负载时的工作情况与电阻负载不同。由前面分析可知，阻性负载的输出电压波形断续，对于大电感负载，由于电感 L 的作用，在电源线电压过零后晶闸管仍然导通，直到下一个晶闸管触发导通为止，这样输出电压 u_d 波形会出现负的部分。

图 5-18 分别是带电感性负载 $\alpha=0°$、$\alpha=30°$、$\alpha=60°$ 和 $\alpha=90°$ 时的工作波形。可看出：$\alpha=90°$ 时，u_d 波形上下对称，平均值为零，因此带大电感性负载三相桥式控整流电路的 α 角移相范围为 $0°\sim90°$；晶闸管的导通角总是 $120°$ 即 $\theta_T\equiv120°$，与控制角 α 大小无关；u_d 波形每隔 $60°$ 更换一次。

2)参数计算

① 输出电压平均值 U_d 和输出电流平均值 I_d

由于 u_d 波形是连续的，所以

$$U_d=\frac{1}{\pi/3}\int_{\frac{\pi}{6}+\alpha}^{\frac{\pi}{2}+\alpha}\sqrt{6}U_2\sin(\omega t+30°)\mathrm{d}(\omega t)=2.34U_2\cos\alpha \qquad (5-36a)$$

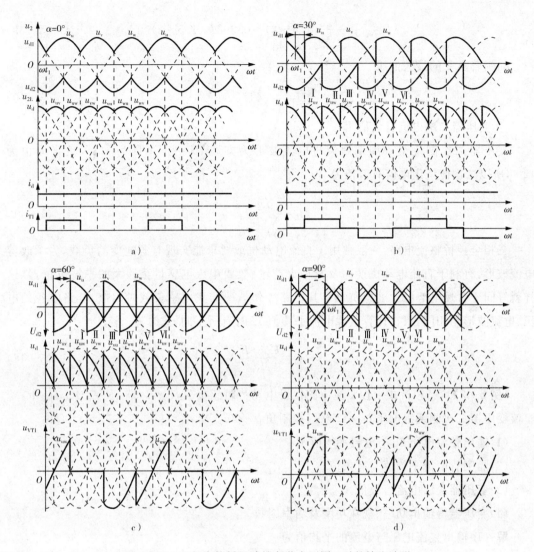

图 5-18　三相全控桥阻感性负载在不同 α 时的输出波形

a)$\alpha=0°$　b)$\alpha=30°$　c)$\alpha=60°$　d)$\alpha=90°$

$$I_d = \frac{U_d}{R} \qquad (3-36b)$$

② 流过晶闸管电流的平均值 I_{dT} 和有效值 I_T

在三相全控桥大电感负载电路中，晶闸管换流只在本组内进行，每隔 $120°$ 换流一次，因此流过晶闸管的电流平均值和有效值分别为

$$I_{dT} = \frac{1}{3} I_d \qquad (5-37)$$

$$I_T = \frac{1}{\sqrt{3}} I_d = 0.577 I_d \qquad (5-38)$$

晶闸管额定电流

$$I_{T(AV)} = \frac{I_T}{1.57}(1.5 \sim 2) = 0.368I_d(1.5 \sim 2) \tag{5-39}$$

晶闸管承受的最大电压

$$U_{TM} = \sqrt{6}U_2 \tag{5-40}$$

③ 变压器二次电流有效值 I_2

变压器二次侧绕组一周期内流过电流波形为方波,其中正半周为 $120°$,负半周也为 $120°$,所以二次侧绕组电流有效值为

$$I_2 = \sqrt{\frac{2}{3}} I_d \tag{5-41}$$

三相全控桥整流电路,一般常用于直流电动机或要求能实现有源逆变的负载,为了改善电流波形,有利于直流电动机换向及减小火花,一般要串入电感量足够大的平波电抗器,这样就等同于含反电势的大电感负载。其电路工作情况与大电感负载时相似,电路中各处电压、电流波形均相同,只在计算负载电流平均值 I_d 时有所不同,此时为

$$I_d = \frac{U_d - E}{R} \tag{5-42}$$

【例 5-2】 三相桥式全控整流电路接反电动势阻感负载,$E = 200V$、$R = 1\Omega$、$\omega L \gg R$,若整流变压器二次侧绕组电压 $U_2 = 220V$,控制角 $\alpha = 60°$。求:

(1)输出整流电压 U_d 与电流平均值 I_d。

(2)晶闸管电流平均值与有效值。

(3)变压器次级电流有效值。

(4)变压器得输出功率、视在功率及功率因数。

解:(1)输出整流电压与电流的平均值为

$$U_d = 2.34U_2\cos\alpha = 2.34 \times 220 \times \cos60° = 257.4V$$

$$I_d = \frac{U_d - E}{R} = \frac{257.4 - 200}{1} = 57.4A$$

(2)晶闸管电流平均值与有效值为

$$I_{dT} = \frac{1}{3}I_d = \frac{1}{3} \times 57.4 = 19.1A$$

$$I_T = \sqrt{\frac{1}{3}}I_d = \sqrt{\frac{1}{3}} \times 57.4 = 33.1A$$

(3)变压器次级电流有效值为

$$I_2 = \sqrt{\frac{2}{3}}I_d = \sqrt{\frac{2}{3}} \times 57.4A = 46.9A$$

（4）变压器输出功率、视在功率及功率因数分别为

$$P = I_d^2 R + E I_d = 14774.8W$$

$$S_2 = 3U_2 I_2 = 30954V \cdot A$$

$$PF = \frac{P}{S_2} = 0.48$$

综上所述，三相全控桥中输出电压脉动小，脉动频率高，基波频率为 300Hz，在负载要求相同的直流电压下，晶闸管承受的最大正反向电压，将比三相半波减少一半，变压器的容量也较小，同时三相电流平衡，无须中线，适用于大功率高电压可变直流电源的负载。但需用 6 只晶闸管，触发电路也较复杂，所以一般只用于要求能进行有源逆变的负载，或中大容量要求可逆调速的直流电动机负载。对于一般电阻性负载，或不可逆直流调速系统等，可采用比三相全控桥式整流电路更简单经济的三相桥式半控整流电路。

5. 三相桥式半控整流电路

（1）电路结构

三相半控桥整流电路如图 5-19a 所示，它由共阴极接法的三相半波可控整流电路与共阳极接法的三相半波不可控整流电路串联而成，因此这种电路兼有可控与不可控两者的特性。共阳极组的三个整流二极管总是在自然换相点换流，使电流换到阴极电位更低的一相中去，而共阴极组的三个晶闸管则要在触发后才能换到阳极电位高的那一相中去。输出整流电压的波形是二组整流电压波形之和，改变共阴极组晶闸管的控制角 α，可获得的直流可调电压 u_d。

（2）不同控制角电路的电压电流波形

当控制角 $\alpha = 0°$ 时，触发脉冲在自然换流点出现，工作情况与三相全控桥电路完全一样，输出电压的波形与三相全控桥整流电路在 $\alpha = 0°$ 时输出的电压波形相同。

当 $\alpha < 60°$ 时，图 5-19b 所示为在 $\alpha = 30°$ 时的波形。在 ωt_1 时，触发 VT_1 管导通，此时共阳极组二极管 VD_6 阴极电位最低，所以 VT_1、VD_6 导通，电源电压通过 VT_1、VD_6 加于负载，$u_d = u_{uv}$。ωt_2 时刻共阳极组二极管自然换流，VD_2 导通，VD_6 关断，电源电压 u_{uw} 通过 VT_1、VD_2 加于负载，使 $u_d = u_{uw}$。在 ωt_3 时刻，由于 VT_3 触发脉冲还未出现，VT_3 不能导通，所以 VT_1 维持导通，到 ωt_4 时刻触发 VT_3 管，VT_3 导通后使 VT_1 管承受反向电压而关断，电路转为 VT_3、VD_2 导通，使 $u_d = u_{vw}$。依次类推，三个晶闸管和三个二极管分别轮流导通，负载 R 上得到的电压波形一个周期内仍有 6 个波头，但 6 个波头形状不同，是三个间隔波头完整，三个波头缺角的脉动波形。

当 $\alpha = 60°$ 时，输出波形只剩下三个波头，波形刚好维持连续，见图 5-19c。所以 $\alpha = 60°$ 是整流电压波形连续与断续的临界点。

当 $\alpha > 60°$ 时，如图 5-19d 所示为 $\alpha = 120°$ 时的波形，此时电压波形已不再连续，VT_1 管在电压 u_{uw} 的作用下，ωt_1 时刻开始导通，共阳极组二极管 VD_2 已导通，所以电源电压通过

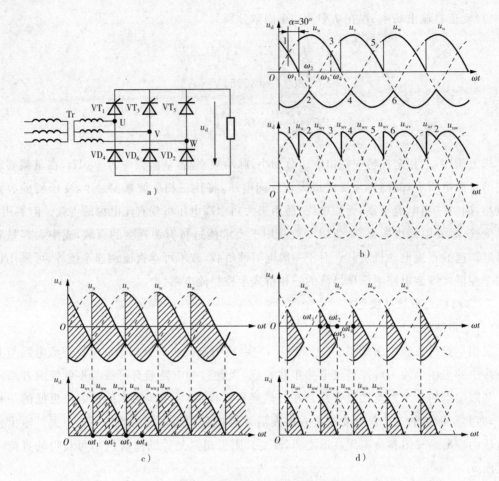

图 5-19　三相桥式半控整流电路及其电压电流波形

a)电路图　b)α＝30°　c)α＝60°　d)α＝120°

VT_1、VD_2 加到负载上，$u_d＝u_{uw}$。到 ωt_2 时刻，虽然 u 相相电压为零，但 u_{uw} 仍大于零，VT_1 管不会关断，继续导通，因为使 VT_1 管正向导通的不是相电压而是线电压，到 ωt_3 时刻 $u_{uw}＝0$，VT_1 才会关断。在 $\omega t_3 \sim \omega t_4$ 期间，VT_3 虽承受正向电压，但门极无触发脉冲，故 VT_3 不导通，波形出现断续。到 ωt_4 时刻 VT_3 才触发导通，与已导通的二极管 VD_4 配合，使 $u_d＝u_{vu}$，直到线电压 u_{vu} 等于零为止。重复以上过程。

由图 5-19 波形可见，随着控制角 α 增大，晶闸管导通角 θ_T 减小，输出整流电压减小。到 α＝180°时，VT_1 的触发脉冲发出时 $u_{uw}＝0$，则晶闸管 VT_1 不可能导通，$u_d＝0$。所以三相桥式半控整流电路带阻性负载时移相范围为 0°～180°。

三相桥式半控整流电路在带电阻性负载时，其输出平均电压的计算也要分别考虑电压波形连续和断续的情况，但两种情况均为

$$U_d = 2.34U_2 \frac{1+\cos\alpha}{2} \tag{5-43}$$

其余参数计算方法和全控桥相同，这里不再赘述。

三相半控桥式整流电路与全控桥式整流电路比较如下：

① 电路结构和触发方式不同

三相半控桥式整流电路只用三个晶闸管，只需三套触发电路，不需宽脉冲或双脉冲触发，线路简单经济，调整方便。

② 输出电压的脉动、平波电抗器的电感量不同

三相全控桥式整流电路输出电压脉动小，基波频率为300Hz，比三相半控桥式整流电路高一倍，在同样的脉动要求下，全控桥式整流电路要求平波电抗器的电感量可小些。

③ 控制滞后时间及用途不同

三相全控桥式整流电路控制增益大、灵敏度高，其控制滞后时间（改变电路的控制角后，直流输出电压相应变化的时间）为3.3ms（60°），而三相半控桥式整流电路为6.6ms（120°），因此三相全控桥式整流电路的动态响应比半控桥式整流电路好。

二、逆变电路

逆变电路是把直流电逆变成交流电的电路。按照负载性质的不同，逆变分为有源逆变和无源逆变。逆变器的交流侧接到交流电源上，把直流电逆变成与交流电源同频率的交流电回送到电网上去，则称作有源逆变。如果可控整流电路的交流侧不与电网连接，而直接接到无源负载，把直流电逆变成电压和频率都可调的交流电供给负载，则称为无源逆变或变频。无源逆变按照直流侧电源性质的不同分为电压型逆变电路和电流型逆变电路。这里主要介绍电压型无源逆变的相关知识，无源逆变是构成交-直-交变频电路的重要组成部分，被广泛应用于交流电机的变频调速，适应加热，不间断电源UPS等领域。

1. 逆变器的工作原理

以单相桥式逆变电路为例说明最基本的工作原理。如图5-20a所示，为单相桥式无源逆变电路，是由电力电子器件及其辅助电路组成。用开关符号S_1、S_2、S_3、S_4表示电力电子开关器件的4个桥臂，当开关S_1、S_4闭合，S_2、S_3断开时，负载电压为正；当开关S_1、S_4断开，S_2、S_3闭合时，负载电压为负，其电压波形如图5-20b所示。这样，就把直流电变成了交流电。改变两组开关的切换频率，即可改变输出交流电的频率，这就是最基本的逆变电路工作原理。当负载为电阻时，负载电流i_o和电压u_o的波形形状相同，相位也相同。若负载为阻感时，i_o相位要滞后u_o，两者波形的形状也不同，图5-20b画出的就是电阻串电感负载时的波形。设t_1时刻以前S_1、S_2导通，u_o和i_o均为正。在t_1时刻，断开关S_1、S_4，同时合上S_2、S_3，则u_o的极性立刻变为负。但由，由于负载中有电感的存在，流过其电流极性不能立刻改变而维持原方向。这时负载电流从直流电流负极流出，经S_2负载和S_3流回正极，负载电感中存储的能量向直流电源反馈，负载电流逐渐减小，到t_2时刻降为零。之后，i_o方才反向并逐渐增大。S_2、S_3断开，S_1、S_4闭合时的情况类似。以上$S_1 \sim S_4$均为理想开关时的分析，实际电路的工作过程要复杂一些。

电流从一个支路向另一个支路转换的过程称为换流，换流又常被称为换相。在换流过程中，有的支路从导通到关断，有的支路从关断到导通。从关断到导通时，只要给组成该支

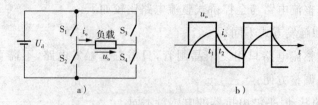

图 5-20 单相桥式无源逆变电路及电压与电流波形

a)电路 b)负载的电压与电流波形

路电力电子器件的门极适当的驱动信号,就可以使其导通,但要关断某一支路,情况有所不同。对于全控型器件可通过对门极的控制使其关断,而半控型器件则必须利用外部电路或采取一定的措施才能关断。例如,对于晶闸管来说要在晶闸管电流过零后,再施加一定时间的反响电压后,才能使其关断。

一般来说,电力电子换流方式可分为以下几种:

(1)器件换流(Device Commutation)

利用全控型器件自身具有的自关断能力实现换流,由于全控型器件(IGBT、GTO、GTR、电力 MOSFET)可用门极信号使其关断,换流控制简单。常见的有方波、PWM 波、SPWM 逆变器等。因此,在逆变电路中广泛地应用。

(2)电网换流(Line Commutation)

由电网提供换流电压的换流方式称电网换流。例如前面讲述的可控整流电路无论其工作在整流状态还是有源逆变状态,都是借助于电网电压实现换流的,都属于电网换流。这种换流方式不需要器件,具有门极可关断能力,也不需要为换流附加任何元件,但该方式不适用于无交流电网的无源逆变电路。

(3)负载换流(Load Commutation)

由负载提供换流电压的换流方式称负载换流。凡是负载电流的相位比电压超前,且超前时间大于晶闸管关断的时间,都可以实现负载换流。当负载为电容性负载时,即可实现负载换流。

(4)强迫换流(Forced Comutation)

设置附加的换流电路,向导通的晶闸管施加反向电压或向导通的晶闸管控制极施加反向电流是晶闸管强迫关断,称强迫换流。强迫换流通常利用附加电容上所存储的能量来实现。因此也称为电容换流。

在强迫换流方式中由换流电路内电容直接提供换流电压的方式称为直接耦合式强迫换流,图 5-21 为其原理图。在晶闸管 VT 处于导通状态时,预先给电容 C 按图中所示极性充电,当开关 S 闭合时,晶闸管因承受反向电压而立即关断。

如果通过换流电路内的电容和电感的耦合来提

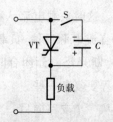

图 5-21 直接耦合式强迫换流原理图

供换流电压或换流电流，则称为电感耦合式强迫换流。图 5 - 22 为其原理图，在晶闸管 VT 处于导通状态时，预先给电容 C 按图 5 - 22a 中所示极性充电，闭合开关 S 后，LC 的振荡电流开始朝着抵消负载电流（流入晶闸管）的方向流动，很快其振幅就等于负载电流的值。晶闸管 VT 的正向电流减至零后，再流过二极管 VD，在图 5 - 22b 的情况下，晶闸管在 LC 振荡第二个半周期内关断。接通开关 S 后，LC 振荡电流先正向流过晶闸管 VT，并和 VT 中原有负载电流叠加，经半个振荡周期 $\pi\sqrt{LC}$ 后，振荡电流反向流过晶闸管 VT，直到晶闸管 VT 的合成正向电流减至零以后再流向二极管 VD。二极管上的管压降就是加在晶闸管 VT 上的反向电压。

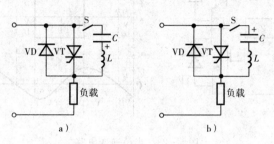

图 5 - 22 电感耦合式强迫换流原理图

上述 4 种换流方式中，器件换流适用于全控型器件，其余三种方式只要是针对晶闸管而言的。器件换流和强迫换流都由于器件自身的因素而实现换流的，都属于自换流，而电网换流和负载换流不是依靠变流器自身原因，而是借助于外部手段（电网电压或负载电压）来实现换流的，它们属于外部换流。

2. 电压型逆变电路

常用的电压源型逆变电路有单相和三相两种，下面主要介绍各种电压型逆变电路的基本构成、工作原理和特征。

（1）电压型单相半桥逆变电路

1）电路结构

半桥逆变电路原理图如图 5 - 23a 所示。它由两个导电桥臂构成，每个导电桥臂由一个全控器件和一个反向并联二极管组成，在直流侧接有两个相互串联且容量足够大的电容 C_1 和 C_2，同时满足 $C_1 = C_2$，两个电容的连接点 O 便成为直流电源的中点。设负载联结在直流电源中点 O 和两个桥臂联结点 A 之间。等效负载电流电压分别用 u_o、i_o 表示。

2）工作原理

设开关器件 V_1 和 V_2 的栅极信号在一个周期内各有半周正偏，半周反偏，且二者互补，若周期为 T_0，则 V_1 在前 $T_0/2$ 时间内有驱动信号，V_2 在后 $T_0/2$ 时间内有驱动信号。下面分电阻性负载和阻感性负载来分析其原理和负载上电压电流的波形。

① 电阻性负载

$0 \sim T_0/2$：V_1 有驱动信号导通，电流通过 $C_1 \rightarrow V_1 \rightarrow Z \rightarrow C_1$ 形成闭合回路。若忽略 V_1 的

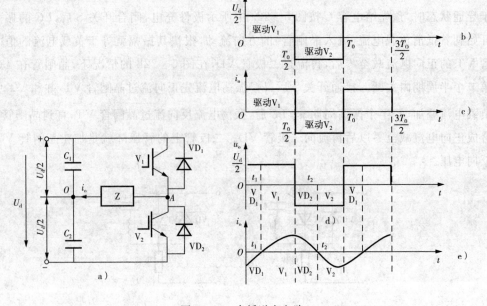

图 5 - 23 半桥逆变电路

a)原理图 b)电阻性负载电压波形 c)电阻负载电流波形 d)阻感性负载电压波形 e)阻感性负载电流波形

管压降,则负载上的电压 $u_o = u_{Ao} = U_d/2$,流过负载电流 $i_o = u_o/R$。

$T_0/2 \sim T_0$:V_2 有驱动信号导通,电流通过 $C_2 \to Z \to V_2 \to C_2$ 形成闭合回路,若忽略 V_2 的管压降,则负载上的电压 $u_o = u_{Ao} = -U_d/2$,流过负载电流 $i_o = u_o/R$。

电阻性负载时,电压波形如图 5 - 23b 所示,是周期为 T_0,幅值为 $U_d/2$ 的方波,一个周期中,电压电流的极性都发生了变化,实现了将直流变交流的逆变,电流波形也为方波,如图 5 - 23c 所示。

② 阻感性负载

因为负载中电感的存在,流过负载的电流不能突变,电流滞后电压,故电流的波形与电压的波形将不再相同,先将一个周期分为四段,t_1 和 t_2 时刻电感中的电流降为零。

$t_1 \sim T_0/2$:V_1 有驱动信号导通,电流通过 $C_1 \to V_1 \to L \to R \to C_1$ 形成闭合回路(电感充电),则负载上的电压 $u_o = u_{Ao} = U_d/2$,电感的存在,流过负载电流 i_o 将从零开始按指数规律上升。

$T_0/2 \sim t_2$:V_1 没有驱动信号关断,电流要突变,电感中会产生反向的感应电势 e_L(左正右负)阻碍电流突变。在的 e_L 作用下二极管 VD_2 正偏导通,电流通过 $e_L \to C_1 \to VD_2 \to e_L$ 形成续流回路(电感放电,电容 C_2 充电)。若忽略 VD_2 的管压降,则负载上的电压 $u_o = u_{Ao} = -U_d/2$,流过负载电流 i_o 将按指数规律下降,一直到 t_2 时刻,电流降为零。

$t_2 \sim T_0$:V_2 有驱动信号导通,电流通过 $C_2 \to L \to R \to V_2 \to C_2$ 形成闭合回路(电感反向充电),则负载上的电压 $u_o = u_{Ao} = -U_d/2$,流过负载电流 i_o 按指数规律反向上升。

$T_0 \sim T_0 + t_1$(即 $0 \sim t_1$ 期间):V_2 没有驱动信号关断,电流又要突变,电感中会产生反向的

感应电势 e_L（左负右正）阻碍电流突变，在的 e_L 作用下二极管 VD_1 正偏导通，电流通过 $e_L \rightarrow$ $VD_1 \rightarrow C_1 \rightarrow e_L$ 形成续流回路（电感放电，电容 C_1 充电），若忽略 VD_1 的管压降，则负载上的电压 $u_o = u_{Ao} = U_d/2$，流过负载电流 i_o 将按指数规律下降（反向），一直到 $T_0 + t_1$ 时刻（即 t_1 时刻），电流降为零。

阻感性负载时，电压波形如图 5-23d 所示所示，仍然是周期为 T_0，幅值为 $U_d/2$ 的方波，由于电感的存在，电流的波形不再是方波了，如图 5-23e 所示。

当 V_1 或 V_2 为导通状态时，负载电流和电压同方向，直流侧向负载提供能量。而当 VD_1 或 VD_2 处于导通状态时，负载电流和电压反向，负载电感中存储的能量向直流侧反馈，即负载电感将其吸收的无功能量反馈回直流侧。反馈回的能量暂存在直流侧电容器中，直流侧电容起着缓冲无功能量的作用。

③ 数量关系

从图可知，逆变器输出电压 u_o 始终是周期为 T_0 的方波，幅值为 $U_d/2$。则输出电压有效值为

$$U_o = \sqrt{\frac{1}{\frac{T_0}{2}} \int_0^{\frac{T_0}{2}} \left(\frac{U_d}{2}\right)^2 \mathrm{d}t} = \frac{U_d}{2} \tag{5-44}$$

根据傅里叶级数分析可知，任何一连续的信号，都可以表示为不同频率的正弦波信号的无限叠加。此方波可分解为

$$u_o = \sum \frac{2U_d}{\pi n} \sin n\omega\varphi, \quad n = 1, 3, 5\cdots\cdots \tag{5-45}$$

式中，$\omega = 2\pi f$ 为输出电压角频率。当 $n = 1$ 时，其基波分量为 $U_{o1} = \frac{2U_d}{\pi} \sin\omega t$，则基波分量有效值为

$$U_{o1} = \frac{2U_d}{\sqrt{2}\pi} = 0.45U_d \tag{5-46}$$

当负载为 R_L 时，输出电流 i_o 基波分量为

$$i_{o1} = \frac{U_{o1}}{2} = \frac{\sqrt{2}U_d}{\pi\sqrt{R^2 + (\omega L)^2}} \sin(\omega t - \varphi) \tag{5-47}$$

式中，φ 为 i_o 滞后输出电压 u_o 的相位角，$\varphi = \arctan\dfrac{\omega L}{R}$。

半桥逆变电路的优点是使用器件少、电容简单。缺点是输出交流电压的幅值 U_m 仅为 $\dfrac{U_d}{2}$，且直流侧需要两个容器串联，工作时还要控制两个电容器电压的均衡。因此半桥电路常用于几千瓦以下的小功率逆变电源。

（2）电压型单相全桥逆变电路

1）电路结构

电压型全桥逆变电路的原理图如图 5-24a 所示，直流侧电压源由一个大电容构成，它共有 4 个全控型电力电子器件 V_1、V_2、V_3、V_4，可以看成由两个半桥电路组成。把 V_1 和 V_4 作为一对桥臂，V_2 和 V_3 作为另一对桥臂，成对的两个桥臂同时导通，两对桥臂交替各导通半个周期 $T_0/2$，同时每个全控型器件反向并接一个续流二极管。

2）工作原理

① 电阻性负载

$0 \sim T_0/2$ 期间：V_1、V_4 有驱动信号导通，电流通过 $C \to V_1 \to Z \to V_4 \to C$ 形成闭合回路，负载上的电压 $u_o = U_d$，流过负载电流 $i_o = u_o/R$。

$T_0/2 \sim T_0$ 期间：V_2、V_3 有驱动信号导通，电流通过 $C \to V_3 \to Z \to V_2 \to C$ 形成闭合回路，负载上的电压 $u_o = U_d/2$，流过负载电流 $i_o = u_o/R$。

电阻性负载时，电压波形如图 5-24b 所示，是周期为 T_0，幅值为 U_d 的方波，电流波形也为方波，如图 5-24c 所示。

② 阻感性负载

先将一个周期分为四段，t_1 和 t_2 时刻电感中的电流降为零。

$t_1 \sim T_0/2$ 期间：V_1、V_4 有驱动信号导通，电流通过 $C \to V_1 \to L \to R \to V_4 \to C$ 形成闭合回路（电感充电），负载上的电压 $u_o = U_d$，电感的存在，流过负载电流 i_o 将从零开始按指数规律上升。

$T_0/2 \sim t_2$ 期间：V_1、V_4 没有驱动信号关断，电感中产生反向的感应电势 e_L（左负右正）阻碍电流突变，在 e_L 的作用下二极管 VD_2、VD_3 正偏导通，电流通过 $e_L \to VD_3 \to C \to VD_2 \to e_L$ 形成续流回路（电感放电，电容 C 充电），负载上的电压 $u_o = -U_d$，流过负载电流 i_o 将按指数规律下降，一直到 t_2 时刻，电流降为零。

$t_2 \sim T_0$ 期间：V_2、V_4 有驱动信号导通，电流通过 $C \to V_3 \to L \to R \to V_2 \to C$ 形成闭合回路（电感反向充电），负载上的电压 $u_o = -U_d$，流过负载电流 i_o 按指数规律反向上升。

$T_0 \sim T_0 + t_1$ 期间（即 $0 \sim t_1$ 期间）：V_2、V_4 没有驱动信号关断，电流又要突变，电感中会产生反向的感应电势 e_L（左正右负）阻碍电流突变，在 e_L 的作用下二极管 VD_1、VD_4 正偏导通，电流通过 $e_L \to VD_1 \to C \to VD_4 \to e_L$ 形成续流回路（电感放电，电容 C 充电），负载上的电压 $u_o = U_d$，流过负载电流 i_o 将按指数规律下降（反向），一直到 $T_0 + t_1$ 时刻（即 t_1 时刻），电流降为零。

阻感性负载时，电压电流波形分别如图 5-24d、e 所示，负载电压是周期为 T_0，幅值为 U_d 的方波，由于电感的存在，电流的波形也不再是方波了。

3）数量关系

从图可知，逆变器输出电压 u_o 始终是周期为 T_0，幅值为 U_d 的方波，用傅里叶级数展开得

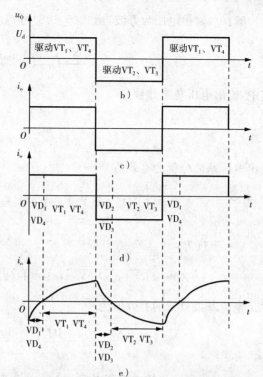

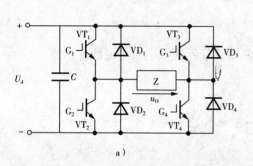

图 5-24 电压型全桥逆变电路的原理图及波形分析

a)原理图 b)电阻性负载电压波形 c)电阻性负载电流波形 d)阻感性负载电压波形 e)阻感性负载电流波形

$$u_o = \frac{4U_d}{\pi}\left(\sin\omega t + \frac{1}{3}\sin3\omega t + \frac{1}{5}\sin5\omega t + \cdots\cdots\right) \tag{5-48}$$

其中,基波的幅值 U_{o1m} 为

$$U_{o1m} = \frac{4U_d}{\pi} = 1.27U_d \tag{5-49}$$

基波有效值 U_{o1} 为

$$U_{o1} = \frac{2\sqrt{2}U_d}{\pi} = 0.9U_d \tag{5-50}$$

$R-L$ 负载时,基波电流为

$$i_{o1} = \frac{4U_d}{\pi}\frac{1}{\sqrt{R^2+(\omega L)^2}}\sin(\omega t - \varphi) \tag{5-51}$$

式中,$\varphi = \arctan(\omega L/R)$。

【例 5-3】 单相桥式逆变电路 5-24a 所示。逆变电路输出电压为方波,如图 5-24c 所示。已知 $U_d = 110\text{V}$,逆变频率为 $f = 100\text{Hz}$,负载 $R = 10\Omega$,$L = 0.02\text{H}$,求:

(1)输出电压基波分量。

(2)输出电流基波分量。

解:(1)输出电压为方波,由式(5-48)可得

$$u_o = \sum \frac{4U_d}{n\pi}\sin n\omega t \quad (n=1,3,\cdots)$$

其中,输出电压基波分量为

$$u_o = \frac{4U_d}{\pi}\sin\omega t$$

输出电压基波分量的有效值

$$U_{o1} = \frac{4U_d}{\sqrt{2}\,\pi} = 0.9U_d = 0.9 \times 110\text{V} = 99\text{V}$$

(2)阻抗为

$$Z_1 = \sqrt{R^2 + (\omega L)^2} = \sqrt{10^2 + (2\pi \times 100 \times 0.02)^2}\,\Omega \approx 18.59\Omega$$

输出电流基波分量的有效值为

$$I_{o1} = \frac{4U_d}{Z_1} = \frac{99}{18.59}\text{A} \approx 5.33\text{A}$$

(3)电压型三相桥式逆变电路

电压型三相桥式逆变电路如图5-25所示,电路由三个半桥电路组成。电路中的电容为了分析方便画成两个,并有一个假想的中性点 N',在实际中可用一个。因为输入端施加的是直流电压源,全控型电力晶体闸管 $V_1\sim V_6$ 始终保持正向偏置,$VD_1\sim VD_6$ 同样是为感性负载提供续流回路反并联的二极管。和单相半桥、全桥逆变电路相同,电压型三相桥式逆变电路的基本工作方式也是180°导电方式,即每个桥臂的导电角度为180°,同一相(即同一半桥)上下两个桥臂交替通、断,各相开始导电的角度依次相差120°在任一瞬间,将有3个桥臂同时导通,可能是上面1个桥臂上下2个桥臂,也可能是上面2个桥臂下面1个桥臂,同时导通,在逆变器输出端形成 U、V、W 三相电压。由于每次换流都是在同一相上下两个桥臂之间进行的,因此也被称为纵向换流。

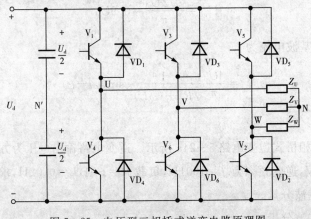

图5-25 电压型三相桥式逆变电路原理图

电压型三相桥式逆变电路的工作原理：当 V_1 导通时，节点 U 接于直流电源的正端，$U_{UN'}$ $=U_d/2$；当 V_4 导通时，节点 U 接于直流电源的负端，$U_{UN'}=-U_d/2$。同理，V、W 点也是根据上下管导通情况决定其电位的。按图 5 - 25 依序标号的开关器件其驱动信号彼此相差 60°，其驱动信号及负载上的相电压和线电压如图 5 - 26 所示，每个管子的驱动信号持续 180°。在任何时候都有三个开关同时导通，并且按照 5、6、1，6、1、2，1、2、3，2、3、4，3、4、5，4、5、6，顺序导通。下面分析在一个周期内，以阻性负载为例，各管子的工作情况及负载上的电压。

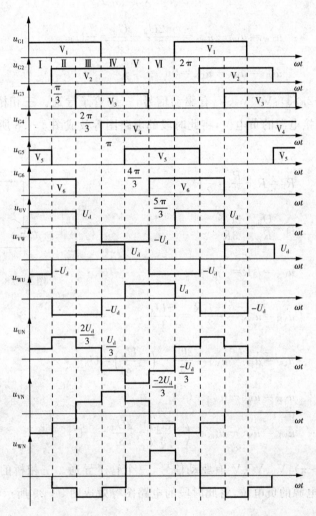

图 5 - 26 电压型三相桥式逆变器驱动信号及负载相电压和线电压波形

第 Ⅰ 段（0～π/3）：V_5、V_6、V_1 有驱动信号，三个管子导通。三相桥的 U、W 两点接电源的正电位，V 点接电源的负电位，将此时段的电路图等效成图 5 - 27 所示电路。

等效电阻：

$$R_E = R + \frac{R}{2} = \frac{3}{2}R$$

$$i_d = \frac{U_d}{R_E} = \frac{2U_d}{3R}$$

$$u_{UN} = u_{WN} = \frac{U_d}{3}$$

$$u_{VN} = -i_d R = \frac{-2U_d}{3}$$

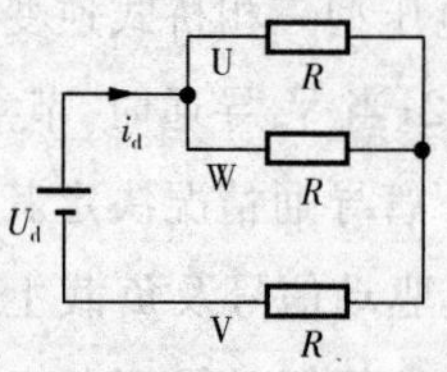

图 5-27　第 I 段等效电路

$$u_{UV} = u_{UN} - u_{VN} = \frac{U_d}{3} - \left(-\frac{2U_d}{3}\right) = U_d$$

$$u_{VW} = u_{VN} - u_{WN} = \frac{-2U_d}{3} - \frac{U_d}{3} = -U_d$$

$$u_{WU} = u_{WN} - u_{UN} = 0$$

第 II 段($\pi/3 \sim 2\pi/3$)：V_6、V_1、V_2 有驱动信号，三个管子导通。三相桥的 U 点接电源的正电位，V、W 两点接电源的负电位，将此时段的电路图等效成图 5-28 所示电路。

等效电阻：

$$R_E = R + \frac{R}{2} = \frac{3}{2}R$$

$$i_d = \frac{U_d}{R_E} = \frac{2U_d}{3R}$$

$$u_{UN} = i_d R = \frac{2U_d}{3}$$

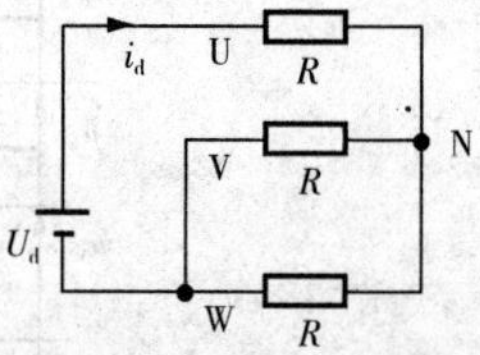

图 5-28　第 II 段等效电路

$$u_{VN} = u_{WN} = \frac{-i_d R}{2} = \frac{-U_d}{3}$$

$$u_{UV} = u_{UN} - u_{VN} = \frac{2U_d}{3} - \left(-\frac{U_d}{3}\right) = U_d$$

$$u_{VW} = u_{VN} - u_{WN} = 0$$

$$u_{WU} = u_{WN} - u_{UN} = \left(-\frac{U_d}{3}\right) - \frac{2U_d}{3} = -U_d$$

第 III 段($2\pi/3 \sim \pi$)：V_1、V_2、V_3 有驱动信号，三个管子导通。三相桥的 U、V 两点接电源的正电位，W 点接电源的负电位，将此时段的电路图等效成图 5-29 所示电路。

等效电阻：

$$R_E = R + \frac{R}{2} = \frac{3}{2}R$$

$$i_d = \frac{U_d}{R_E} = \frac{2U_d}{3R}$$

$$u_{UN} = u_{VN} = \frac{i_d R}{2} = \frac{U_d}{3}$$

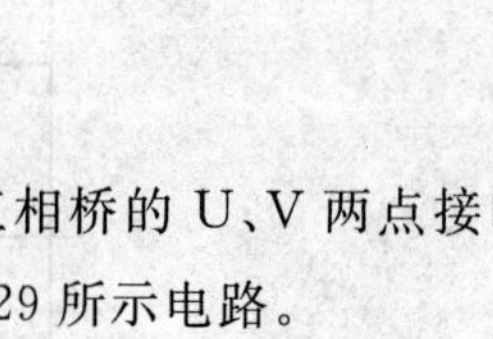

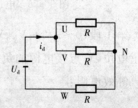

图 5-29　第 III 段等效电路

$$u_{WN} = -i_d R = \frac{-2U_d}{3}$$

$$u_{UV} = u_{UN} - u_{VN} = 0$$

$$u_{VW} = u_{VN} - u_{WN} = \frac{U_d}{3} - \left(-\frac{2U_d}{3}\right) = U_d$$

$$u_{WU} = u_{WN} - u_{UN} = \left(-\frac{2U_d}{3}\right) - \frac{U_d}{3} = -U_d$$

第Ⅳ段（$\pi \sim 4\pi/3$）：V_2、V_3、V_4有驱动信号，三个管子导通。三相桥的 V 点接电源的正电位，U、W 两点接电源的负电位，将此时段的电路图等效成图 5-30 所示电路。

等效电阻：

$$R_E = R + \frac{R}{2} = \frac{3}{2}R$$

$$i_d = \frac{U_d}{R_E} = \frac{2U_d}{3R}$$

$$u_{VN} = i_d R = \frac{2U_d}{3}$$

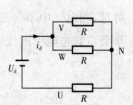

图 5-30　第Ⅳ段等效电路

$$u_{UN} = u_{WN} = \frac{-i_d R}{2} = \frac{-U_d}{3}$$

$$u_{UV} = u_{UN} - u_{VN} = \frac{-U_d}{3} - \frac{2U_d}{3} = -U_d$$

$$u_{VW} = u_{VN} - u_{WN} = \frac{2U_d}{3} - \left(\frac{-U_d}{3}\right) = U_d$$

$$u_{WU} = u_{WN} - u_{UN} = 0$$

第Ⅴ段（$4\pi/3 \sim 5\pi/3$）：V_3、V_4、V_5有驱动信号，三个管子导通。三相桥的 V、W 两点接电源的正电位，U 点接电源的负电位，将此时段的电路图等效成图 5-31 所示电路。

等效电阻：

$$R_E = R + \frac{R}{2} = \frac{3}{2}R$$

$$i_d = \frac{U_d}{R_E} = \frac{2U_d}{3R}$$

$$u_{VN} = u_{WN} = \frac{i_d R}{2} = \frac{U_d}{3}$$

图 5-31　第Ⅴ段等效电路

$$u_{UN} = -i_d R = \frac{-2U_d}{3}$$

$$u_{UV} = u_{UN} - u_{VN} = \frac{-2U_d}{3} - \frac{U_d}{3} = -U_d$$

$$u_{VW} = u_{VN} - u_{WN} = 0$$

$$u_{WU} = u_{WN} - u_{UN} = \frac{U_d}{3} - \left(\frac{-2U_d}{3}\right) = U_d$$

第Ⅵ段（$5\pi/3 \sim 2\pi$）：V_4、V_5、V_6 有驱动信号，三个管子导通。三相桥的 W 点接电源的正电位，U、V 两点接电源的负电位，将此时段的电路图等效成图 5-32 所示电路。

等效电阻：

$$R_E = R + \frac{R}{2} = \frac{3}{2}R$$

$$i_d = \frac{U_d}{R_E} = \frac{2U_d}{3R}$$

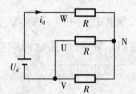

图 5-32　第Ⅵ段等效电路

$$u_{WN} = i_d R = \frac{2U_d}{3}$$

$$u_{UN} = u_{VN} = \frac{-i_d R}{2} = \frac{-U_d}{3}$$

$$u_{UV} = u_{UN} - u_{VN} = 0$$

$$u_{VW} = u_{VN} - u_{WN} = \frac{-U_d}{3} - \frac{2U_d}{3} = -U_d$$

$$u_{WU} = u_{WN} - u_{UN} = \frac{U_d}{3} - \left(\frac{-2U_d}{3}\right) = U_d$$

根据上述分析可知，星型负载电阻上的相电压 U_{UN}、U_{VN}、U_{WN} 波形是阶梯波，将时间坐标起点取在阶梯波的起点，根据傅里叶分析则，U 相相电压的瞬时值

$$u_{UN} = \frac{2}{\pi}U_d\left[\sin\omega t + \frac{1}{5}\sin5\omega t + \frac{1}{7}\sin7\omega t + \frac{1}{11}\sin11\omega t + \frac{1}{13}\sin13\omega t + \cdots\cdots\right] \quad (5-52)$$

相电压基波幅值

$$U_{1m} = \frac{2U_d}{\pi} = 0.64U_d \quad (5-53)$$

可见，相电压中不含三次谐波，只含更高次奇次谐波，n 次谐波幅值为基波幅值的 $1/n$。

星型负载电阻上的线电压为 120°宽的方波，幅值为 U_d，根据傅里叶分析，线电压 u_{UV} 的瞬时值

$$u_{UV} = \frac{2\sqrt{3}}{\pi}U_d\left[\sin\omega t - \frac{1}{5}\sin5\omega t - \frac{1}{7}\sin7\omega t + \frac{1}{11}\sin11\omega t + \frac{1}{13}\sin13\omega t + \cdots\cdots\right] \quad (5-54)$$

线电压基波幅值

$$U_{1m} = \frac{2\sqrt{3}U_d}{\pi} = 1.1U_d \quad (5-55)$$

可见，线电压中不含三次谐波，只含更高次奇次谐波，n 次谐波幅值为基波幅值的 $1/n$。

注意:为了防止同一相上下桥臂同时导通造成直流侧电源短路,在换流时,必须采取"先断后通"的方法。

(4)电压型逆变电路输出电压的调节

调节电压型逆变电路输出电压有效值的方式有三种:调节直流侧电压、移向调压和脉宽调制调压。

① 调节直流侧电压

改变直流侧电压 U_d 即可调节逆变电路输出电压。为了调节直流侧电压,可以采用如图5-33a 所示的交流调压不控整流方式,5-33b 可控整流方式,也可像图5-33c 所示的那样,用二极管整流桥整流,然后再用直流斩波调压改变 U_d。

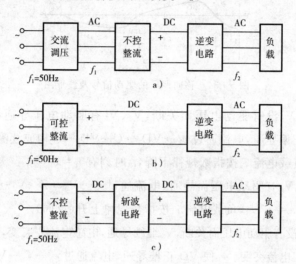

图5-33　调节直流侧电压方式

a)交流调压不控整流　b)可控整流　c)直流斩波调整

② 移相调压

在电压型逆变电路中,输出电压为正负交变的方波,可以通过调节输出电压脉冲宽度的方式来调节输出电压有效值,即移相电压。各 IGBT 的栅极信号仍为 π 正偏,π 反偏,并且 V_1 和 V_2 的栅极信号互补,V_3 和 V_4 的栅极信号互补,但 V_3 的基极信号不是比 V_1 的基极信号落后 π,而是只落后 θ($0<θ<π$)。这样,输出电压 u_o 就不再是正负各为 π 的脉冲,而是正负各为 θ 的脉冲。各功率开关器件栅极信号 u_{G1}、u_{G2}、u_{G3}、u_{G4},输出电压为 u_o,输出电流 i_o 的波形如图5-34所示。将一个周期分为六段,假设其中 t_1、t_3 时刻电感中的电流下降到零,下面对其工作过程进行具体分析:

$t_1 \sim t_2$ 期间:V_1、V_4 有驱动电压而导通,电流通过 $C \rightarrow V_1 \rightarrow Z \rightarrow V_4 \rightarrow C$ 构成闭合回路(电感充电),负载电压 $u_o = U_d$,负载电流 i_o 按指数规律上升。

$t_2 \sim T_0/2$ 期间:V_4 没有驱动电压而关断,V_1 继续导通,电感电流要突变,电感产生反向感应电势 e_L(左负右正)阻碍电流突变。e_L 使 VD_3 正偏导通,电流通过 $e_L \rightarrow VD_3 \rightarrow V_1 \rightarrow e_L$ 构成续流回路(电感放电)。负载电压 $u_o = 0$,负载电流 i_o 按指数规律下降,$T_0/2$ 时刻还有 $i_o > 0$。

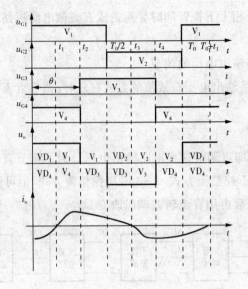

图 5-34 移向调压的驱动信号及波形图

$T_0/2 \sim t_3$ 期间：V_1 没有驱动电压而关断，V_2、V_3 有驱动电压导通(但是没有电流流过 V_2、V_3)，e_L 使 VD_2 正偏导通，电流通过 $e_L \rightarrow VD_3 \rightarrow C \rightarrow VD_2 \rightarrow e_L$ 构成续流回路(电感放电)，负载电压 $u_o = -U_d$，负载电流 i_o 按指数规律下降，t_3 时刻有 $i_o = 0$。

$t_3 \sim t_4$ 期间：V_2、V_3 有驱动电压而导通，电流通过 $C \rightarrow V_3 \rightarrow Z \rightarrow V_2 \rightarrow C$ 构成闭合回路(电感充电)，负载电压 $u_o = -U_d$，负载电流 i_o 按指数规律上升(反向)。

$t_4 \sim T_0$ 期间：V_3 没有驱动电压而关断，V_2 继续导通，电感电流要突变，电感产生反向感应电势 e_L(左正右负)阻碍电流突变。e_L 使 VD_4 正偏导通，电流通过 $e_L \rightarrow V_2 \rightarrow VD_4 \rightarrow e_L$ 构成续流回路(电感放电)，负载电压 $u_o = 0$，负载电流 i_o 按指数规律下降，T_0 时刻还有 $|i_o| > 0$。

$T_0 \sim T_0 + t_1$ 期间(即 $0 \sim t_1$ 期间)：V_2 没有驱动电压而关断，V_1、V_4 有驱动电压导通(但是没有电流流过 V_1、V_4)。e_L 使 VD_1 正偏导通，电流通过 $e_L \rightarrow VD_1 \rightarrow C \rightarrow VD_4 \rightarrow e_L$ 构成续流回路(电感放电)，负载电压 $u_o = U_d$，负载电流 i_o 按指数规律下降，$T_0 + t_1$ 期间即 t_1 时刻有 $i_o = 0$。

由电压波形图可见，输出电压 u_o 的正负脉冲宽度正好为 θ，只要改变 θ，就可以调节输出电压 u_o 的有效值。

在纯电阻负载时，采用上述移相方法也可以得到相同的结果，只是 $VD_1 \sim VD_4$ 不再导通，不起续流作用。在 u_o 为零期间，4 个桥臂均不导通，负载也没有电流。

上述移相调压方式也适用于带纯电阻负载时的半桥逆变电路。这时，上下两桥臂的栅极信号不再是各 π 正偏，π 反偏并且互补，而是正偏的宽度为 θ，反偏的宽度为 $2\pi - \theta$，二者相位差 π。这时，输出电压 u_o 也是正负脉冲的宽度各为 θ。

③ 脉宽调制(PWM)调压

如图 5-35 所示，先通过不控整流电路，在逆变的过程中采用 PWM 控制方式，把逆变电路输出波形半个周期内的脉冲分割成多个，通过对每个脉冲的宽度进行控制，来控制输出电压并改善波形。PWM 是一种非常重要且应用广泛的控制方式，将在后面的内容中详细介绍。

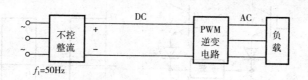

图 5-35 PWM 调压

(5)电压型逆变电路的特点

电压型逆变电路主要有以下特点：

① 直流侧接有大电容，相当于电压源，直流电压基本无脉动，直流回路呈现低阻抗。

② 由于直流电压源的钳位作用，交流侧电压波形为矩形波，与负载阻抗角无关，而交流侧电流波形和相位因负载阻抗角的不同而不同，其波形接近三角波或接近正弦波。

③ 当交流侧为电感性负载时需提供无功功率，直流侧电容起缓冲无功能量的作用。为了给交流侧向直流侧反馈能量提供通道各臂都能并联了反馈二极管。

④ 逆变电路从直流侧向交流侧传送的功率是脉动的。因直流电压无脉动，故传输功率的脉动是由直流电流的脉动来体现的。

⑤ 当用于交-直-交变频器中且负载为电动机时，若电动机工作再生制动状态，就必须向直流电源反馈能量。因直流侧电压方向不能改变，所以只能改变直流电流的方向来实现，这就需要给交-直整流桥再反向并联一套逆变桥。

3. 电流型逆变电路

(1)单相电流型逆变电路

电流型逆变电路一般是在逆变电路直流侧串联一个大电感，大电感中流过的电流脉动很小以维持电流的恒定，故看成直流电流源，但实际上理想电流源并不易得。

电流型单相桥式逆变电路原理如图 5-36a 所示。当 V_1、V_4 导通，V_2、V_3 关断时，$i_o = I_d$。当 V_1、V_4 关断，V_2、V_3 导通时，$i_o = -I_d$。若以频率 f 交替切换开关管 V_1、V_4 和 V_2、V_3 导通时，则在负载上面产生如图 5-36b 所示的电流波形图。不论电路负载性质如何，其输出电流波形不变，均为矩形波。而输出电压波形又由负载性质决定，主电路开关管采用自关断器件时，如果其反向不能承受高电压，则需要在各开关的器件支路串入二极管。

下面对负载电流的波形做定量的分析：将图 5-36b 所式的电流 i_o 的波形，展开成傅里叶级数有

$$i_o = \frac{4I_d}{\pi}\left(\sin\omega t + \frac{1}{3}\sin 3\omega t + \frac{1}{5}\sin 5\omega t + \cdots\right) \tag{5-56}$$

式中，其基波幅值 I_{o1m} 和基波有效值 I_{o1} 分别为

$$I_{o1m} = \frac{4I_d}{\pi} = 1.27 I_d \tag{5-57}$$

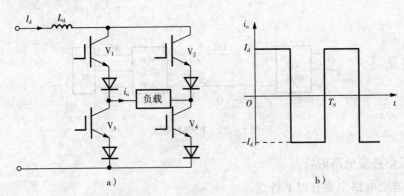

图 5-36　电流型单相桥式逆变电路

a)原理图　b)波形图

$$I_{o1} = \frac{4I_d}{\sqrt{2}\pi} = 0.9I_d \qquad (5-58)$$

（2）电流型三相桥式逆变电路

图 5-37a 为开关器件采用 IGBT 的电流型三相桥式逆变电路原理图,在直流电源侧接有大电感 L_d,以维持电流的恒定。电流型三相桥式逆变电路的基本工作方式是 120°导通方式,即每个 IGBT 导通为 120°,$VT_1 \sim VT_6$ 依次间隔 60°导通。任意瞬间只有两个桥臂导通,不会发生同一桥臂两器件直通现象。这样,每个时刻上桥臂组和下桥臂组中各有一个臂导通,换流时,是在上桥臂组或下桥臂组内依次换流,属于横向换流。图 5-37b 所示为电流型三相桥式逆变电路的输出波形,它与负载性质无关,其输出电压波形由负载的性质决定。

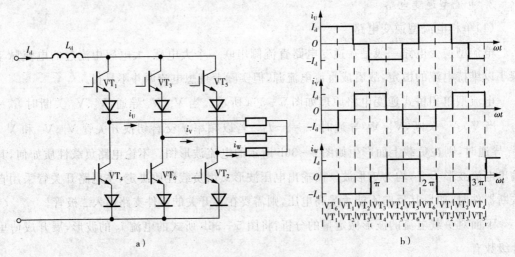

图 5-37　电流型三相桥式逆变电路

a)原理图　b)波形图

输出电流的基波有效值 I_{o1} 和直流电流 I_d 的关系式为

$$I_{o1} = \frac{\sqrt{6}}{\pi}I_d = 0.78I_d \qquad (5-59)$$

电流型逆变电路主要有以下特点：

① 直流侧接有大电感，相当于电流源，直流电源基本无脉动，直流回路呈现高阻抗。

② 由于各开关器件主要起改变直流电流流通路径的作用，故交流侧为矩形波，与负载性质无关，而交流侧电压波形和相位因负载阻抗角的不同而不同。

③ 当交流侧为阻感负载时，需要提供无功功率，直流侧电感起缓冲无功能量的作用。因为反馈无功能量时直流电流并不反向，所以不必像电压型逆变电路那样要给开关器件反并联二极管。

④ 当用于交-直-交变频器且负载为电动机时，若交-直变换为相控整流，则可很方便地实现再生制动。

三、脉宽调制(PWM)型逆变器

无源逆变电路多用于交-直-交变频电路中，给负载提供电压和频率都可调的交流电。以电压型逆变电路为例来说明，由于构成逆变电路的电力电子器件，只有开和关两种状态。因此，输出电压就只有 U、0、$-U$ 三个值，电压波形也是方波或阶梯波。这样负载上的电压虽然是交流电，但含有很大的谐波分量，对负载非常不利。为了使逆变器输出的方波或阶梯波作用在负载上的效果能达到正弦交流电作用的效果，可以对构成逆变的电力电子器件采用 PWM 控制。

1. PWM 控制的基本原理

在采样控制理论中有一个非常重要的结论：冲量相等而形状不同的窄脉冲加在具有惯性的环节上时，其效果基本相同。冲量指窄脉冲的面积；效果基本相同，是指环节的输出响应波形基本相同，在低频段非常接近，仅在高频段略有差异。

例如，如图 5-38 所示的四种电压波形，分别是方波、三角波、正弦波和单位脉冲函数，若其与横坐标包围的面积(冲量)均相等，则分别将这四种电压窄脉冲加在同一个一阶惯性环节(R-L 电路)上，如图 5-39a 所示。输出电流 $i(t)$ 对应不同窄脉冲时的响应波形如图 5-39b 所示。从波形可以看出，在 $i(t)$ 的上升段，$i(t)$ 的形状也略有不同，但其下降段则几乎完全相同。且脉冲越窄，各 $i(t)$ 响应波形的差异也越小。如果周期性地施加上述脉冲，则响应 $i(t)$ 也是周期性的。

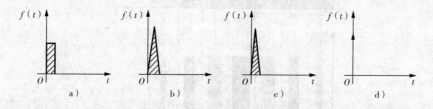

图 5-38　形状不同而冲量相同的各种窄脉冲

a)方波　b)三角波　c)正弦波　d)单位脉冲

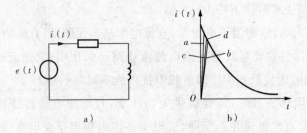

图 5-39　形状不同，冲量相等的各脉冲加在同一负载上的效果

a)R-L 电路　b)对不同榨脉冲的响应波形

　　基于这个理论，下面来分析如何实现将负载上正弦波的作用效果用一系列方波来等效。假设加在负载上需要的电压为正弦波，其前半个周期如图 5-40a 所示。现将正半周的正弦波分成 N 等份(如 N=7)，就可以把正弦波看成有 N 个彼此相连的脉冲所组成的波形。这些脉冲宽度相等，都等于 π/N，但幅值不等，且脉冲顶部不是水平直线，是曲线，各脉冲的幅值按正弦规律变化，如图 5-40b 所示。如果把上述的脉冲序列用 N 个等幅不等宽的矩形脉冲序列代替，使矩形脉冲的中点和相应正弦脉冲等分的中点重合，且使矩形脉冲和相应正弦部分面积(冲量)相等，就得到图 5-40c 所示的脉冲序列，这就是 PWM 波形(可以看出，各矩形脉冲的宽度也按正弦规律变化的)。根据冲量相等效果相同的理论，此矩形脉冲序列加在负载上的效果和正弦波加在负载上的效果相同。像这种脉冲的宽度按正弦规律变化而和正弦波等效的 PWM 波形，也称为 SPWM 波形。SPWM 控制方式就是对逆变电路开关器件

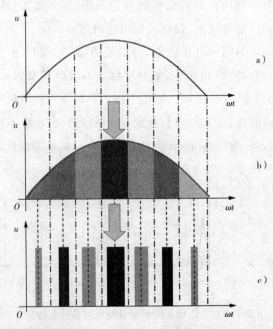

图 5-40　用 PWM 波代替正弦波

a)正弦波形图　b)脉冲序列　c)等效的矩形脉冲序列

的通断进行控制,使输出端得到一系列幅值相等而宽度不相等的脉冲,用这些脉冲来代替正弦波或者其他所需要的波形。

对于正弦波的负半周,也采取同样的方法,得到 PWM 波形,因此正弦波一个完整周期的等效 PWM 波如图 5 - 41a 所示。其特点是在半个周期内 PWM 波形的方向不变,这种控制方式称为单极性 PWM 控制。根据面积等效原理,正弦波还可等效为如图 5 - 41b 中的 PWM 波,其特点是半周期内,PWM 波形的极性交替变换,称为双极性 PWM 控制,这种方式在实际应用中更为广泛。

在 PWM 波形中,各脉冲的幅值是相等的,要改变等效输出正弦波的幅值时,只要按同一比例系数改变各矩形脉冲的宽度即可,矩形脉冲宽度越宽,对应的正弦幅值越大。

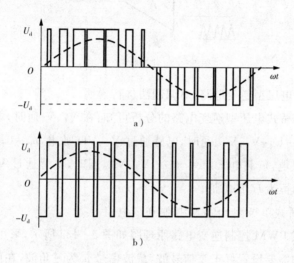

图 5 - 41　PWM 控制波形

a)单极性 PWM 控制波形　b)双极性 PWM 控制波形

2.PWM 技术的控制方式

(1)计算法

从理论上来分析,在 SPWM 控制方式中给出了正弦波频率,幅值和半个周期内的脉冲数后,则脉冲波形的宽度和间隔便可以准确计算出来,据此可知控制逆变电路开关器件的通断时间,就可得到所需 PWM 波形。这种方法称为计算法。但该方法比较繁琐,当输出正弦波的频率,幅值或相位变化时,其结果都要变化,需要重新计算,故在实际中很少采用。

(2)调制法

所谓调制法,即把所希望的波形作为调制信号,用 u_r 来表示,把接受调制的信号作为载波,用 u_c 来表示,通过对载波的调制得到所期望的 PWM 波形。通常采用等腰三角形作为载波,等腰三角波上下宽度与高度呈线性关系且左右对称,当它与任何一个平缓变化的调制波相交时,如在交点时刻控制电路中开关器件的通断,就可以得到一组等幅而脉冲宽度正比该曲线函数数值的矩形脉冲。当调制信号是正弦波时,所得到的便是 SPWM 波形;当调制信号不是正弦波时,也可以得到与调制信号等效的 PWM 波形。SPWM 波形在实际应用较多。

调制法原理如图 5-42 所示,这里可利用电压比较器 A 的工作原理,当"＋"输入端电压高于"－"输入端时,电压比较器输出为高电平;当"＋"输入端电压低于"－"输入端时,电压比较器输出为低电平。若把信号波 u_r 和 u_c 分别加在同一个比较器的正负两个输入端时,当 $u_r > u_c$,输出端 u_G 为高电平,用 u_G 驱动全控型器件 V,则 V 导通;当 $u_r < u_c$,输出端 u_G 为低电平,此时 V 关断。

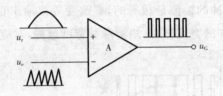

图 5-42 调制法原理图

下面结合 IGBT 电压型逆变电路,对调制法进行说明。

根据前面对单相桥式电压型逆变电路的分析可知:在 V_1、V_4 通时,电源通过 V_1、V_4 给负载供电,负载电压 $u_o = U_d$,V_1、VD_3 通时,电感通过 V_1、VD_3 放电,$u_o = 0$;在 V_2、V_3 通时,电源通过 V_2、V_3 给负载供电,负载电压 $u_o = -U_d$,V_2、VD_4 通时,电感通过 V_2、VD_4 放电,$u_o = 0$。负载上得到的是幅值恒为 U_d 的方波。

① 电压型单相桥式单极性 SPWM 控制逆变电路

电压型单相桥式 PWM 控制逆变电路原理图如图 5-43a 所示,采用图 5-43b 所示的控制方式。根据负载的需要设置好正弦信号波,载波信号 u_c 为三角波,在信号波正半周为正极性的三角波,在负半周为负极性的三角波。调制信号 u_r 和载波 u_c 的交点时刻控制逆变器晶体管 V_3、V_4 的通断。其分析如下:

在 u_r 的正半周期:始终保持 V_1 导通,V_2、V_3 关断,只控制 V_4,使 V_4 交替通断。当 $u_r > u_c$,控制 V_4 导通,负载电压 $u_o = U_d$;当 $u_r \leqslant u_c$ 时,使 V_4 关断,由于电感负载中电流不能突变,负载电流将通过 VD_3 续流,负载电压 $u_o = 0$。

在 u_r 的负半周:始终保持 V_2 导通,V_1、V_4 关断,控制 V_3 交替通断。当 $u_r < u_c$ 时,使 V_3 导通,$u_o = -U_d$;当 $u_r \geqslant u_c$ 时,使 V_3 关断,负载电流将通过 VD_4 续流,负载电压 $u_o = 0$。

负载上所得为幅值相同宽度不等的方波序列,即 PWM 波,如图 5-43c 所示,此波形作用在负载上的效果可等效成一正弦波的作用效果,如图 5-43c 中 u_{o1}。这种在 u_r 的半个周期的三角波只在一个方向变化,所得到的 PWM 波形也只在一个方向变化的控制方式称单极性 SPWM 控制方式。调节调制信号 u_r 的幅值可以使输出调制脉冲宽度作相应的变化,这能改变逆变器输出电压的基波幅值,从而可以实现对输出电压的平滑调节;改变调节调制信号 u_r 的频率则可以改变输出电压的频率。所以,从调节角度来看,SPWM 逆变器非常适合于交流变频调速系统。

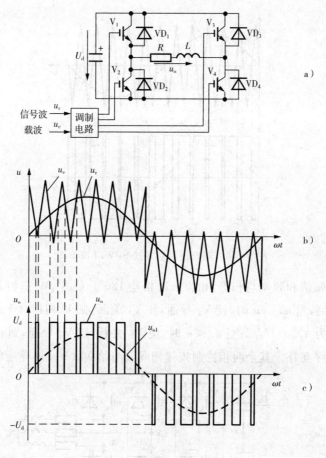

图 5-43　PWM 电路及波形

a) 单相桥式 PWM 逆变电路　b) 调制波与载波　c) 单极性 SPWM 脉冲控制方式

② 电压型单相桥式双极性 SPWM 控制逆变电路

图 5-44 为采用双极性控制方式的 SPWM 波形图。控制过程分析如下：

在 u_r 的正负半周内，对各晶体管控制规律相同，同样在调制信号 u_r 和载波信号 u_c 的交点时刻控制各开关器件的通断。当 $u_r > u_c$ 时，使晶体管 V_1、V_4 导通，使 V_2、V_3 关断，此时 $u_o = U_d$；当 $u_r < u_c$ 时，使晶体管 V_2、V_3 导通，使 V_1、V_4 关断，此时 $u_o = -U_d$。

在双极性控制方式中，三角载波是正负两个方向变化，所得到的 SPWM 波形也是正负两个方向变化。在 u_r 一个周期内，PWM 输出只有 $\pm U_d$ 两种电平。逆变电路同一相上下两臂的驱动信号是互补的。在实际应用时，为了防止上下两个桥臂同时导通而造成短路，在给一个臂施加关断信号后，再延迟 Δt 时间，然后给另一个臂施加导通信号。延迟时间的长短取决于功率开关器件的关断时间。

③ 三相桥式逆变电路的 SPWM 控制

电压型三相桥式 SPWM 控制的逆变电路如图 5-45 所示，其控制方式为双极性方式。U、V、W 三相的 PWM 控制共用一个三角波载波信号 u_c，三相调制信号 u_{rU}、u_{rV}、u_{rW} 分别为

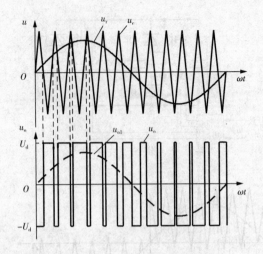

图 5-44 双极性控制方式 SPWM 波形图

三相正弦信号,其幅值和频率均相等,相位依次相差 120°。U、V、W 三相 PWM 控制规律相同。现以 U 相为例,当 $u_{rU}>u_c$ 时,使 V_1 导通,使 V_4 关断,则 U 相相对于直流电源假想中性点 N' 的输出电压为 $u_{UN'}=U_d/2$;当 $u_{ru}<u_c$ 时,使 V_1 关断,使 V_4 导通,则 $u_{UN'}=-U_d/2$,V_1、V_4 的驱动信号始终互补。其余两相控制规律相同。当给 $V_1(V_4)$ 加导通信号时,可能是 V_1

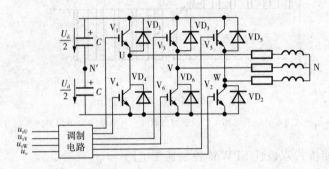

图 5-45 电压型三相桥式 SPWM 控制的逆变电路

(V_4) 导通,也可能是 $VD_1(VD_4)$ 续流导通,这取决于阻感负载中电流的方向。输出相电压和线电压的波形如图 5-46 所示。

3. 同步调制和异步调制

在 SPWM 调制方式中,定义载波频率 f_c 与控制信号频率 f_r 之比称为载波比,用 $N=\dfrac{f_c}{f_r}$ 表示。可根据载波和信号波是否同步及载波比的变化情况,将 PWM 调制方式分为同步调制和异步调制。如果在调制过程中保持载波比 N 为常数,则称为同步调制方式。如果 N 不为常数,则称为异步调制方式。

(1)同步调制

在同步调制方式中,N 为常数,变频时三角载波的频率与正弦调制波的频率同步变化,因而逆变器输出电压半波内的矩形脉冲数是固定不变的。

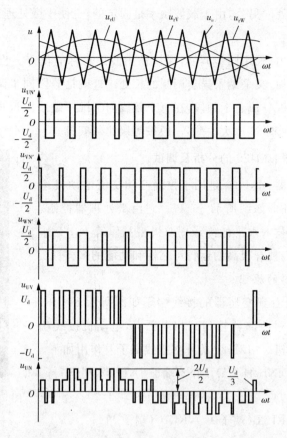

图 5-46　电压型三相桥式 SPWM 控制的逆变电路的 PWM 波形

　　同步调制的优点是在开关频率较低时可以保证输出波形的对称性。对于三相系统,为了保证三相之间对称,互差 120°相位角,通常取载波频率比为 3 的整数倍。而且,为了保证双极性调制时每相波的正、负半波对称,上述倍数必须是奇数,这样在信号波的 180°处,载波的正、负半周恰好分布在 180°处的左右两侧。由于波形的左右对称,就不会出现偶次谐波问题,但是在信号频率较低时,由于 f_c 随 f_r 一起减少,载波的数量显得稀疏,电流波形脉动大,谐波分量剧增,电动机的谐波损耗及脉动转矩也相应增大。另外,由于载波频率 f_c 随控制波频率 f_r 连续变化而变化,在利用微处理机进行数字化技术控制时,带来极大不便,难以实现。

　　(2)异步调制

　　异步调制时,在控制波频率 f_r 变化的同时,载波频率 f_c 保持不变,因此,载波频率与信号频率之比随之变化。这样,在逆变器整个变频范围内,输出电压半波内的矩形脉冲数是不固定的,很难保持三相波形的对称关系且不利于谐波的消除。异步调制的缺点恰好对应同步同步调制的优点,即如果载波频率较低,将会出现输出电流波形正、负半周不对称,相位漂移及偶次谐波等问题。但是,在 IGBT 等高速功率开关器件的情况下,由于载波频率可以做得很高,上述缺点实际上已小到完全可以忽略的程度。反之,正由于是异步调制,在低频输出时,一个信号周期内,载波个数成数量级增多,这对抑制谐波电流,减轻电动机的谐波损耗及减小转矩都大有好处。另外,由于载波频率是固定的,也便于微处理机进行数字化控制。

(3)分段同步调制

在一定频率范围内,采用同步调制,保持输出波形对称的优点。当频率降低较多时,使载波比分段有级的增加,又采纳了异步调制的长处。这就是分段同步调制方式。具体地说,把逆变器整个变频范围分成若干频段,在每个频段内都维持载波比 N 的恒定,对不同的频段取不同的 N 值,频率低时 N 取大一些,一般按等级比数安排。

四、西门子变频器 MM420 的分析及调试

西门子通用变频器 MM420 是用于控制三相交流电动机速度的变频器系列,其外形如图所示 5 - 47。它由微处理器控制,并采用具有现代先进技术水平的绝缘栅双极型晶体管 IGBT 作为功率输出器件,它们具有很高的运行可靠性和功能的多样性。

1.MM420 变频器的原理

拆卸盖板后可以看到变压器的接线端子如图所示 5 - 48。电源接线端子一般通过断路器接到三相电源上,电动机接线端子引出线连接到电动机。MM420 的外部接线端子及作用如下。

(1)数字输入点:DIN1(端子 5),DIN2(端子 6),DIN3(端子 7);

(2)内部电源+10V(端子 1),内部电源 0V(端子 2);

图 5 - 47　MM420 外形图

(3)继电器输出:RL1B(端子 10),RL1C(端子 11);

(4)模拟量输入:AIN+(端子 3),AIN−(端子 4);

(5)模拟量输出:AOUT+(端子 12),AOUT−(端子 13);

(6)RS485 串行通信接口:P+(端子 14),N−(端子 15)等输入输出接口。

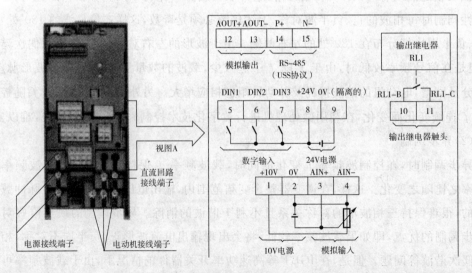

图 5 - 48　MM420 变频器的接线端子

同时带有人机交互接口基本操作面板(BOP),其核心部件为 CPU 单元,根据设定的参数,经过运算输出控制正弦波信号,再经过 SPWM 调制,放大输出。变频器内部原理图如图5－49 所示,包括主电路和 CPU。主电路是交-直-交变换,CPU 是用不同方式控制频率,并且控制 BOP。

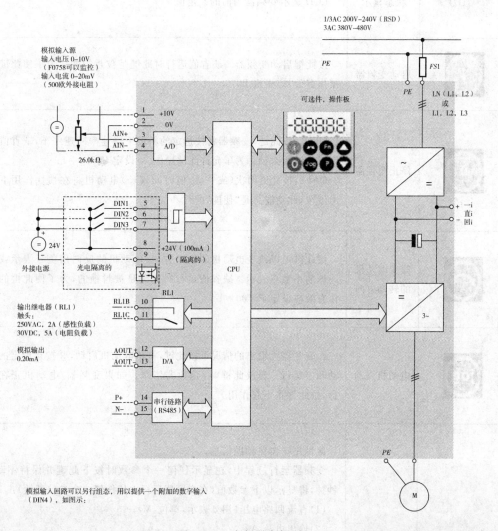

图 5－49　变频器内部原理

2. 西门子 MM420 基本操作面板的使用

　　西门子 MM420 基本操作面板(BOP)的外形如图 5－50所示。利用基本操作面板可以改变变频器的各个参数,BOP具有 7 段显示的五位数字,可以显示参数的序号和数值,报警和故障信息,以及设定值和实际值。基本操作面板上个按钮的功能及用法如表 5－2 所示。

图 5－50　MM420 操作面板

表 5-2   基本操作面板 BOP 上的按钮

显示/按钮	功能	功能的说明
`r 0000`	状态显示	LCD 显示变频器当前的设定值
（I 键）	启动变频器	按此键启动变频器。缺省值运行时此键是被封锁的。为了使此键的操作有效,应设定 P0700=1
（0 键）	停止变频器	OFF1:按此键,变频器将按选定的斜坡下降速率减速停车,缺省值运行时此键被封锁。为了允许此键操作,应设定 P0700=1; OFF2:按此键两次(或一次,但时间较长)电动机将在惯性作用下自由停车,此功能总是"使能"的
（改变方向键）	改变电动机的转动方向	按此键可以改变电动机的转动方向,电动机的反向用负号表示或用闪烁的小数点表示。缺省值运行时此键是被封锁的,为了使此键的操作有效应设定 P0700=1
（jog 键）	电动机点动	在变频器无输出的情况下按此键,将使电动机启动,并按预设定的点动频率运行。释放此键时,变频器停车。如果变频器/电动机正在运行,按此键将不起作用
（Fn 键）	功能	此键用于浏览辅助信息。 变频器运行过程中,在显示任何一个参数时按下此键并保持不动 2 秒钟,将显示以下参数值(在变频器运行中从任何一个参数开始): (1)直流回路电压(用 d 表示,单位:V); (2)输出电流 A; (3)输出频率(Hz); (4)输出电压(用 o 表示,单位:V); (5)由 P0005 选定的数值(如果 P0005 选择显示上述参数中的任何一个(3,4 或 5),这里将不再显示)。 连续多次按下此键将轮流显示以上参数。 另外还有跳转功能,在显示任何一个参数(r××××或 P××××)时短时间按下此键,将立即跳转到 r0000,如果需要的话,您可以接着修改其他的参数。跳转到 r0000 后,按此键将返回原来的显示点

（续表）

显示/按钮	功能	功能的说明
（P）	访问参数	按此键即可访问参数
（▲）	增加数值	按此键即可增加面板上显示的参数数值
（▼）	减少数值	按此键即可减少面板上显示的参数数值

3. 用基本操作面板（BOP）更改参数的数值

MM420 有上千个参数，每一个参数名称对应一个参数编号。参数号用 0000～9999 的 4 位数字表示。在参数号的前面冠以小写字母"r"时，表示该参数是"只读"的参数。其他所有参数号的前面都冠以一个大写字母"P"。这些参数的设定值可以直接在标题栏的"最小值"和"最大值"范围内进行修改。通过修改变频器参数的值可以实现不同的功能。下面通过 BOP 修改变频器中参数 P0004 及 P0719 的值为例来说明如何改变参数的数值，按照这样方法，可以用"BOP"设定任何一个参数的值。

（1）修改 P0004——参数过滤功能

修改 P0004 的步骤如表 5-3 所法。P0004 实现参数过滤的功能，当完成了 P0004 的设定以后再进行参数查找时，在 LCD 上只能看到 P0004 设定值所指定类别的参数。

表 5-3　修改 P0004 的步骤

操 作 步 骤	显 示 的 结 果
1　按 （P） 访问参数	r0000
2　按 （▲） 直到显示出P0004	P0004
3　按 （P） 进入参数数值访问级	0
4　按 （▲） 或 （▼） 达到所需要的数值	3
5　按 （P） 确认并存储参数的数值	P0004
6　使用者只能看到命令参数	

（2）修改 P0719——选择命令/设定值

修改下标参数 P0719（这里要注意的是必须把 P0004 的参数设为≥3，P0004 设在 0 或 7 才可以访问的到），步骤如表 5-4 所示。

表 5-4　修改 P0719 的步骤

操　作　步　骤	显　示　的　结　果
1　按 🅿 访问参数	r0000
2　按 ⬆ 直到显示出P0719	P0719
3　按 🅿 进入参数数值访问级	in000
4　按 🅿 显示当前的设定值	0
5　按 ⬆ 或 ⬇ 选择运行所需要的最大频率	12
6　按 🅿 确认和存储P0719的设定值	P0719
7　按 ⬆ 直到显示出r0000	r0000
8　按 🅿 返回标准的变频器显示（由用户定义）	

为了能快速访问指定的参数，MM420 采用把参数分类，屏蔽（过滤）不需要访问的类别的方法实现，参阅 MM420 使用手册。

（3）改变参数数值的一个数字

为了快速修改参数的数值，可以一个个地单独修改显示出的每个数字，操作步骤如下：

确信已处于某一参数数值的访问级（参看"用 BOP 修改参数"）。

① 按下 🄵 功能键，最右边的一个数字闪烁。

② 按下 ⬆/⬇ 功能键，修改这位数字的数值。

③ 按下 🄵 功能键，相邻的下一位数字闪烁。

④ 执行 2 至 4 步，直到显示出所要求的数值。

⑤ 按下 🅿 功能键，退出参数数值的访问级。

（4）快速调试的流程图（仅适用于第 1 访问级）

用 MM420 控制交流电机的运行时，需要根据电机的型号对 MM420 的参数进行设置，快速调试的步骤如图 5-51 所示。

P0010开始快速调试
0 准备运行；
1 快速调试；
30 工厂的缺省设置值。
说明：
在电动机投入运行之前，P0010，必须回到'0'。
但是，如果调试结束后选定P3900=1，那么，
P0010回零的操作是自动进行的。

P0100选择工作地区是欧洲/北美
0 功率单位为kM：ƒ的缺省值为50Hz；
1 功率单位为hp：ƒ的缺省值为60Hz；
2 功率单位为kW：ƒ的缺省值为60Hz。
说明：
P0100的设定值0和1应该用DIP关来更改，使
其设定的值固定不变。

P0304 电动机的额定电压①
10V~2000V；
根据铭牌键入的电动机额定电压（V）。

P0305 电动机的额定电流①
0~2倍 变频器额定电流（A）；
根据铭牌键入的电动机额定电流（A）。

P0307 电动机的额定功率①
0kW~2000kW；
根据铭牌键入的电动机额定功率（kW）；
如果P0100=1，功率单位应是hp。

P0310 电动机的额定频率①
12Hz~650Hz；
根据铭牌键入的电动机额定频率（Hz）。

P0311 电动机的额定频率①
0~40000 1/min；
根据铭牌键入的电动机额定速度（rpm）。

P0700 选择命令源②
接通/断开/反转（on/off/reverse）
0 工厂设置值；
1 基本操作面板（BOP）；
2 输入端子/数字输入。

P1000 选择频率设定值②
0 无频率设定值；
1 用BOP控制频率的升降；
2 模拟设定值。

P1080 电动机最小频率
本参数设定电动机的最小频率（0~650Hz）；
达到这一频率时电动机的运行速度将与频率的
设定值无关。

P1082 电动机最大频率
本参数设定电动机的最大频率（0~650Hz）；
达到这一频率时电动机的运行速度将与频率的
设定值无关。

P1120 斜坡上升时间
0s~650s；
电动机从静止停车加速到最大电动机频率所
需的时间。

P1121 斜坡下降时间
0s~650s；
电动机从其最大频率减到静止停车所需的时间。

P3900 结束快速调试
0 结束快速调试，不进行电动机计算或复位为
工厂缺省设置值；
1 结束快速调试，进行电动机计算和复位为工
厂缺省设置值（推荐的方式）；
2 结束快速调试，进行电动机计算和I/O复位；
3 结束快速调试，进行电动机计算，但不进行
I/O复位。

图 5-51 快速调试的步骤

注①与电动机有关的参数，请参看电动机的铭牌。

②表示该参数包含有更详细的设定值表，可用于特定的应用场合。请参看"参考手册"和"操作说明书"。

五、电力电子器件的保护

1. 晶闸管的串并联

对较大型的整流装置，单个晶闸管的电压和电流定额远不能满足要求。在高电压和大电流的场合，必须把晶闸管串联或并联起来使用，或者把晶闸管装置串联或并联起来使用。

(1)晶闸管的串联

当晶闸管的额定电压小于实际要求时,可以用两个以上同型号器件相串联。由于串联各器件的正向阻断(或反向)特性不同,但却流过相等的漏电流,因而各器件所承受的电压不等。如图 5-52a 为两个晶闸管串联,由于其正向特性不同,在同一漏电流 I_R 情况下所承受的正向电压时不同的。若外施电压继续升高,则 VT_2 会首先达到转折电压而导通,于是全部电压加在 VT_1 上,势必使 VT_1 也达到转折电压导通,两个器件都失去控制作用。同理,反向时,因不均压,可能使其中一个器件先反向击穿,另一个也随之击穿。

为了达到静态均压,首先应选用通态平均电压比较一致的器件,另一方面,需用电阻均压,如采用图 5-52b 所示中的 R_P,R_P 的阻值应比任何一个串联器件阻断时的正、反向电阻都小得多。这样,每个串联晶闸管分担的电压主要决定于均压电阻的分压,R_P 的功耗按实际流过 R_P 的电流有效值计算。

如果串联的各晶闸管开通和关断时间不同,则会在开通和关断过程中出现的短暂不均压,属于动态不均压,静态分压电阻不能解决动态均压问题。为了达到动态均压,首先应选用参数比较一致的器件,或者通过实验选取恢复电流比较一致的器件。另一方面,还需要用 RC 并联支路做动态均压,如图 5-52b 所示。

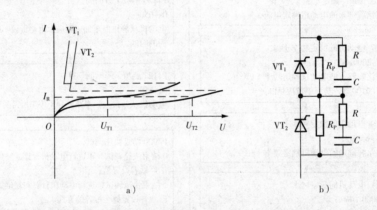

图 5-52 晶闸管串联

a)伏安特性不同的晶闸管串联比较 b)均压保护电路

由于串联器件开通时间不一致,即使同时触发,先开通的器件压降立即减小,其余器件分担的正向电压随之上升,由此可能引起某些器件强行转折导通。使用门极强脉冲触发可以显著缩短开通时间,减小器件开通时间上的差异。在此基础上,应考虑按反向阻断时的动态均压要求来选取 RC 参数,解决开通过程的动态均压问题。

由于晶闸管制造工艺的改进,器件的电压等级不断提高,因此要求晶闸管串联的情况也会逐步减少。

(2)晶闸管的并联

大功率晶闸管装置中,常用多个晶闸管并联来承担较大的电流,在有些频率较高的逆变器中,有时为了减小每个晶闸管的 di/dt 和开关损耗,以便器件在较低的结温下有较短的关断时间,以达到预期的频率和输出功率,也可使用几个较小的晶闸管并联。晶闸管并联就有电流均匀分配的问题,均流不佳,有的器件电流不足,有的过载,不利于提高整个装置的带负载能力,如图5-53a所示。

由于晶闸管的伏安特性不一致,并联后出现的稳态电流不均衡问题属于静态不均流。例如两个伏安特性不一致的晶闸管并联,它们的管压降被迫相等,然而两者的分配的电流可能相差很大,晶闸管导通后的内阻很小,所以并联后电流分配很难达到均衡。另外,不均流造成各晶闸管结温差异,将扩大伏安特性的差别,使电流分配更不均衡。静态均流的根本措施是挑选伏安特性比较一致的器件,在缺乏测试的条件下,可以按铭牌选取通态压降比较一致的器件。

既然晶闸管导通后的内阻很小,简单并联难以均流,可以设想,在每条并联支路中串接相同的电阻,电阻值应显著大于晶闸管导通后的内阻,电流的不均匀程度将明显改善,电阻越大,均流效果越好,如图5-53b所示。可采取管压降大的器件串联较小的电阻,管压降小的器件串联较大的电阻,使在额定负载时各并联支路的电流相等,这种均流方法的缺点是电阻上有功率损耗。

在大功率晶闸管装置中,比较实用的是电感均流,把图5-53b中的电阻换成电感,两个电感间没有磁通耦合,设并联晶闸管在开通过程中是均流的,由于伏安特性的差别,各器件电流将逐渐趋向不均衡,电感的作用是阻值各支路电流的变化,以减小各支路电流的差异。

动态均流主要是指晶闸管从截止到导通的过渡过程中的均流,动态均流主要是由于器件开通延迟时间的不一致造成的。晶闸管在关断过程中,个并联器件电流下降速率不一致也会造成动态不均流,不过这时各器件是在全开通状态下关断,它的阴极导电面积比初开通时大得多,因此可以承受一定的过电流,况且关断时电流是在减小过程中,故一般只按开通时的动态均流要求采取均流措施。改善动态均流的方法有:

① 最基本的措施是选用开通延迟时间比较一致的晶闸管。

② 用门极强脉冲触发,这是缩小晶闸管开通延迟时间差别的有效方法。

③ 均流变压器是一种有效的手段,它的连接方法如图5-53c所示。

下面来说明其均流的原理。

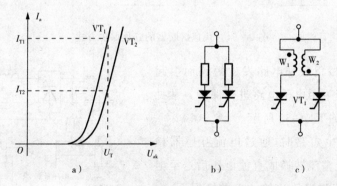

图5-53　晶闸管并联均流电路

a)伏安特性不同的晶闸管并联比较　b)串电阻均流　c)串电压均流

设晶闸管 VT_2 的延迟时间大于 VT_1，两个晶闸管同时被触发后，在均流变压器的 W_1 绕组中首先开始电流上升的过渡过程，这时因为 VT_2 还没有导电，所以 W_2 绕组中无电流，于是 W_1 两端的阻抗主要是均流变压器的励磁电抗，它使 W_1 中的电流上升率减小。这一作用相当于延长 VT_1 的延迟时间，与此同时，在 W_2 绕组中产生反向感应电动势，它使 VT_2 所受的正向电压及其上升率提高，因而缩短了 VT_2 的延迟时间，其结果是缩短了两个晶闸管延迟时间的差别，因此可以改善动态均流。到 W_2 绕组中出现电流并逐渐增大时，W_1、W_2 绕组的阻抗随之减小，两个晶闸管的电流上升加快。如果在此过程中还有电流不均流，则均流变压器会产生不平衡磁通，并在两个绕组中感应电动势，帮助电流小的支路提高电流上升率，同时抑制另一支路的电流上升率。

在晶闸管装置需要同时采取串联和并联晶闸管的时候，通常采用先串后并的方法连接。

2. 电力电子器件的保护

半导体电力电子器件在使用时主要存在过电流、过电压及电流上升率、电压上升率过高的问题。

(1)过流保护

电力电子电路运行不正常或者发生故障时，可能会产生过电流，造成开关器件永久性损坏。过电流分过载和短路两种情况。

快速熔断器是电力电子电路最有效，应用最广的一种过电流保护措施，即可作为过载又可为短路时的部分区段的保护，其接线方式有三种如图 5-54 所示。

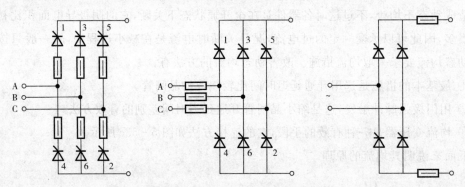

图 5-54　快速熔断器的三种保护方式

如果是整流桥负载外电路发生短路而引起的过电流，则应当采用电子电路进行保护。常见过流保护原理图如下 5-55 所示。

当整流器发生短路时，通过电流互感器检测，测得的信号经整流转换成直流电压后送至电压比较器，与过流整定值比较。正常情况下，电流信号小于过电流整定值，电压比较器输出低电

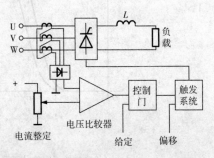

图 5-55　采用电子电路保护原理图

平,控制门开放,触发系统受给定电压和偏移电压控制;当负载发生短路时,由电流互感器检测到的电流信号超过电流整定值,电压比较器输出高电平,控制门闭锁,触发系统仅受偏移电压控制,而偏移电压预先整定在使控制角 $\alpha>90°$ 的位置,使整流器立即转入有源逆变状态。整流电路因 α 角突然增大,使整流电压迅速下降,抑制了短路电流,由于电路处于逆变状态,储存在电抗器中的能量不断释放,直到逆变电压降低到使晶闸管无法导通时逆变结束,整流器停止工作。

直流快速断路器通常在电子保护电路动作之后实现保护,过电流继电器则在过载时动作。这些都是采取切断故障电路电源来实现保护的。在实际电路中同时采用几种过电流保护措施,可以提高电路可靠性和合理性。

（2）过压保护

电力电子装置可能的过电压分外因过电压和内因过电压两类。外因过电压产生主要来自雷击和系统中的操作过程等,雷击过电压是由雷击引起的过电压;操作过电压是由电网的开关操作如分闸、合闸等开关操作引起的过电压。内因过电压主要来自电力电子装置内部器件在控制换流的开关过程中,由于电流发生突变由电路电感产生的过电压。包括换相过电压和关断过电压,换相过电压为晶闸管或与全控型器件反并联的二极管在换相结束后不能立刻恢复阻断,因而有较大的反向电流流过,当恢复了阻断能力时,该反向电流急剧减小,会由线路电感在器件两端感应出过电压;关断过电压是全控型器件关断时,正向电流迅速降低而由线路电感在器件两端感应出的过电压。

图 5-56 所示各过电压保护措施及配置的位置,各种电力电子装置可根据具体情况采用其中的几种。如图 F 为避雷器,当雷击过电压从电网窜入时,避雷器 F 对地放电,防止损害变压器;D 为变压器静电屏蔽层,C 为静电感应过电压抑制电容,主要保护后面开关器件因合闸等开关操作引起的过电压;RC_1 为阀侧浪涌过电压抑制用 RC 电路,RC_2 为阀侧浪涌过电压抑制用反向阻断式 RC 电路,RC_4 为直流侧 RC 抑制电路,主要利用电容电压不能突变限制电压的上升率,减少开关器件引起的过电压及电压的上升率;RV 为压敏电阻过电压抑制器,当其端电压超过阈值电压,压敏电阻电阻值急剧下降,将线路的过电压抑制在阈值电压内,实现开关器件的过电压;RC_3 为阀器件换相过电压抑制用 RC 电路,RCD 为阀器件关断过电压抑制用 RCD 电路,其中 RC_3 和 RCD 为抑制内因过电压的措施,其功能属于缓冲电路范畴。

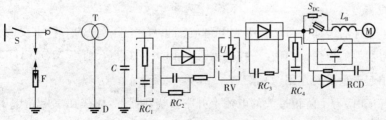

图 5-56 过电压抑制措施及配置位置

大容量电力电子装置可采用图 5-57 所示的反向阻断式 RC 电路。

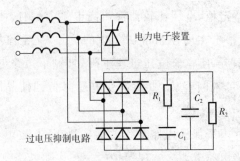

图 5-57　反向阻断式过电压抑制用 RC 电路

过电压保护的其他措施还可采用雪崩二极管、金属氧化物压敏电阻、硒堆和转折二极管 (BOD) 等非线性元器件限制或吸收过电压。

(3)电流上升率、电压上升率的抑制保护

① 电流上升率 di/dt 的抑制

晶闸管初开通时电流集中在靠近门极的阴极表面较小的区域,局部电流密度很大,然后以 0.1mm/s 的扩展速度将电流扩展到整个阴极面,若晶闸管开通时电流上升率 di/dt 过大,会导致 PN 结击穿,必须限制晶闸管的电流上升率使其在合适的范围内。其有效办法是在晶闸管的阳极回路串联入电感,如图 5-58 所示。

② 电压上升率 du/dt 的抑制

加在晶闸管上的正向电压上升率 du/dt 也应有所限制,如果 du/dt 过大,由于晶闸管结电容的存在而产生较大的位移电流,该电流可以实际上起到触发电流的作用,使晶闸管正向阻断能力下降,严重时引起晶闸管误导通。为抑制 du/dt 的作用,可以在晶闸管两端并联 RC 阻容吸收回路,如图 5-59 所示。

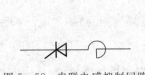　　　　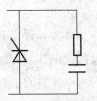

图 5-58　串联电感抑制回路　　　　图 5-59　并联 RC 阻容吸收回路

3. 缓冲电路

电力电子器件的缓冲电路又称吸收电路,它是电力电子器件的一种重要的保护电路,不仅用于半控型器件的保护,而且在全控型器件(如 GTR、GTO、功率 MOSFET 和 IGBT 等)的应用技术中起着重要的作用。

晶闸管开通时,为了防止过大的电流上升率而烧坏器件,往往在主电路中串入一个扼流电感,以限制过大的 di/dt,串联电感及其配件组成了开通缓冲电路,或称串联缓冲电路。晶闸管关断时,电源稳压器电压突加在管子上,为了抑制瞬时过电压和过大的 di/dt,以防止晶闸管内部流过过大的结电容电流而误触发,需要在晶闸管的两端并联一个 RC 网络,构成关断缓冲电路,或称并联缓冲电路。

GTR、GTO 等全控型自关断器件在实际使用中都必须配用开通和关断缓冲电路;但其作用与晶闸管的缓冲电路有所不同,电路结构也有差别。主要原因是全控型器件的工作频率要比晶闸管高得多,因此开通与关断损耗是影响这种开关器件正常运行的重要因素之一。例如,GTR 在动态开关过程中易产生二次击穿的现象,这种现象又与开关损耗直接相关。所以减少全控器件的开关损耗至关重要,缓冲电路的主要作用正是如此。也就是说 GTR 和功率 MOSFET 用缓冲电路抑制 di/dt 和 du/dt,主要是为了改变器件的开关轨迹,使开关损耗减少,进而使器件可靠地运行。

如图 5-60 所示为 di/dt 抑制电路和充放电型 RCD 缓冲电路及波形,该图是与 IGBT 相并联的充放电型 RCD 缓冲电路,适用于中等容量的场合。

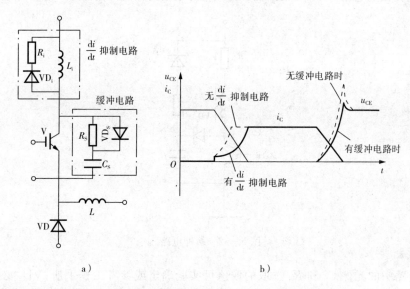

图 5-60　di/dt 抑制电路和充放电型 RCD 缓冲电路及波形

a)电路　b)波形

缓冲电路作用分析如下:无缓冲电路时,IGBT 开通时,电流迅速上升,di/dt 很大;IGBT 关断时,du/dt 很大,并出现很高的过电压。有缓冲电路时,IGBT 开通时,C_S 通过 R_S 向 V 放电,使 i_C 先上一个台阶,以后因有 L_i,i_C 上升速度减慢;IGBT 关断时,负载电流通过 VD_S 向 C_S 分流,减轻了 V 的负担,抑制了 du/dt 和过电压。

图 5-61 给出另两种缓冲电路,其中 RC 缓冲电路主要用于小容量器件,而放电阻止型 RCD 缓冲电路用于中或大容量器件。

图 5-62 是一种使 GTR 的集电极电压变化率 du/dt 和集电极电流变化率 di/dt 得到有效的抑制缓冲电路,防止高压击穿和硅片局部过热熔通而损坏 GTR。在 GTR 关断过程中,流过负载 R_L 的电流通过电感 L_S、二极管 VDS 给电容 C_S 充电。因为 C_S 上的电压不能突变,这就使 GTR 在关断过程中电压缓慢上升,避免关断过程初期 GTR 中电流下降不多时电压就升到最

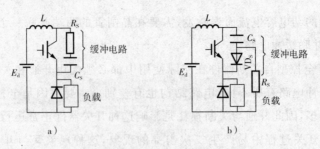

图 5-61　两种常用的缓冲电路

a)RC 吸收电路　b)放电阻止型 RCD 吸收电路

大值的情况,同时也使电压上升率 du/dt 被限制。同时在 GTR 开通过程中,C_S 经 R_S、L_S 和 GTR 回路放电,减小了 GTR 所承受的较大的电流上升率 di/dt。缓冲电路之所以能减小 GTR 的开关损耗,是因为它把 GTR 开关损耗转移到缓冲电路内并消耗在电阻 R_S 上。

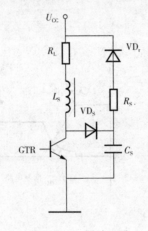

图 5-62　缓冲电路

缓冲电路中的元件 C_S 和 R_S 选取的取值可实验确定或参考工程手册;VD_S 必须选用快恢复二极管,额定电流不小于主电路器件的 1/10;尽量减小线路电感,且选用内部电感小的吸收电容;中小容量场合,若线路电感较小,可只在直流侧设一个 du/dt 抑制电路;对 IGBT 甚至可以仅并联一个吸收电容;晶闸管在实用中一般只承受换相过电压,没有关断过电压,关断时也没有较大的 du/dt,一般在晶闸管两端并上 RC 吸收电路即可。

西门子 MM420 变频器调试

一、准备工作

① 西门子 MM420 变频器调试模块一套,例如图 5-63 所示的模块。

② 小功率三相异步电动机一台。

③ 万用表一块。

④ 配套导线若干。

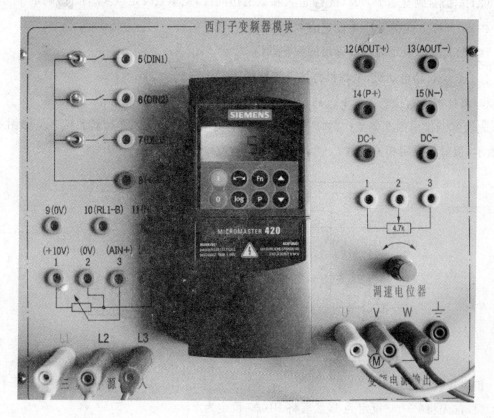

图 5 - 63　西门子 MM240 变频器调试模块

二、实施过程

1. 利用变频器操作面板调节电动机的转速(内部模式)

(1)把变频器恢复出厂设置,设置方式参看工厂复位参数 P0970。

(2)连好电动机与变频器的电源。接好后给变频器通电。这时要进入快速调试(P0010 =1)查看变频器内的电动机参数是否是当前电动机的相关参数,不同的数值要校正(参看快速调试流程图)。再设置参数 P0700 和 P1000 均设置为 1。

(3)调试结束后就可以按 运行电动机了。按下"数值增加" 按钮,电动机转动速度将逐渐增加到 50Hz。当变频器的输出频率达到 50Hz 时,按下"数值降低" 按钮,电动机的速度及其显示值逐渐下降。用 按钮,可以改变电动机的转动方向。按下 按钮,电动机停车。

2. 使电动机在固定的频率下启动(内部模式)

首先还是做好准备工作(就是接好电源和连线,查看快速调试中电动机的参数,如果所使用的电动机没有更换,此步骤可以省略)。

(1)按 **P** 访问参数,屏幕上显示"r0000"。

(2)按 **▲** 直到显示 P0003,按 **P** 进入参数值访问级,把参数设定成≥2,按 **P** 确定。

(3)用同样方式把 P0004 设定成 0。

(4)把 P1040 设定为想要确定的频率数值。

(5)按 **●** 启动电动机,电动机将按固定好的频率运行。

3. 通过调速电位器调节电机的转速(外部模式)

先做好调试前的准备工作,然后将模块面板上的电位器接入到变频器的端口上如图 5-64 所示,接好后设定相关参数。

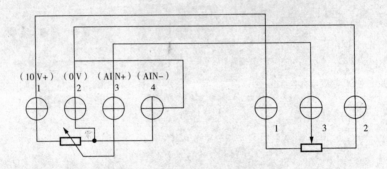

图 5-64 电位器与变频器的连线图

相关参数设定:

(1)首先将 P0700 设定为 1,然后将 P1000 设定为 2。

(2)按下变频器上的启动键,就可以运行电动机,并且可以通过调速电位器对其转速进行调节。

在有些工业环境中需要变频器的远程控制,这时可以通过数字输入端 1、2、3 和调速电位器对电动机进行远程控制,是操作变得更加安全、方便。

这里就讲一下通过调速电位器和数字输入端 1、2、3 对电机进行正转启动、调节频率、反转、直流制动等控制。

相关参数设定:

(1)将 P0700 设定为 1,P1000 设定为 2。

(2)P0701 设定为 1(正转启动),P0702 设定为 12(反转),P0703 设定为 25(直流制动)。

(3)这时只有通过数字输入端 1 上的开关进行控制变频器的启动了,通过调速电位器对电动机的频率进行调节,数字输入端 2 上的开关是启动反转的开关,在反转过程中也可以通过调速电位器进行调节频率。数字输入端 3 上的开关是直流制动,当闭合时电动机的绕组内通入直流电进行快速的制动。断开时电动机继续按制动前的频率运行。

通过调节 P0701~P0703 的参数来实现数字输入端其他的功能(参看 P0701~P0703 的参数说明表)。

相关参数设定：

(1)将 P0700 设定为 1,P1000 设定 2。

(2)P0003(参数访问级)调到 3(下面使用的 P1091~P1101 为 3 级参数,否则访问不到)。

(3)再调到 P1091(跳转参数 1)将其参数值设定为 20Hz,然后将 P1101(跳转频率的频带宽度)设定为 4Hz。

(4)闭合数字输入端 1 的开关运行电动机,电动机运行后,按"功能键"Fn 切换到"r0000"点击 P 键观察频率变化。这时用电位器对频率进行调节,从 0Hz 逐渐增加频率当频率增加到 16Hz 时。频率显示将保持 16Hz 不变,继续调节旋钮,当增加到一定程度,频率会从 16Hz 直接跳跃到 24Hz,中间的频率带就被屏蔽掉了。

4. 通过数字输入端对速度进行调节(外部模式)

当设定数字输入端的特殊功能时,有时会与其他参数发生矛盾。功能不能正常使用。例如:当设定利用数字输入端调节电动机的转速时,就必须将参数修改成停止调速电位器的使用。其修改方法如下。

相关参数设定：

(1)将 P0700 设定为 1,P1000 设定 1(调速电位器停止使用)。

(2)P0701 设定为 2(反转启动),P0702 设定为 13(MOP 升速),P0703 设定为 14(MOP 减速)。

(3)现在可以用变频器面板上的启动键进行正转启动,也可以通过数字输入端 1 上的开关进行反转启动。然后通过数字输入端 2、3 的闭合时间来调节频率增加和减少的数值。

5. 通过数字输入端进行分段频率设定(外部模式)

在有些工业生产中需要几段固定频率的设定,本变频器提供了 7 个固定频率供用户选择。

选择固定频率的办法:直接选择、直接选择+ON 命令、二进制编码选择+ON 命令。

(1)直接选择(P0701~P0703=15)

在这种操作方式下,一个数字输入选择一个固定频率。如果有几个固定频率输入同时被激活,选定的频率是它们的总和。

例如:FF1+FF2+FF3。

(2)直接选择+ON 命令(P0701~P0703=16)

选择固定频率时,既有选定的固定频率,又带有 ON 命令,把它们组合在一起。在这种操作方式下,一个数字输入选择一个固定频率。如果有几个固定频率输入同时被激活,选定的频率是它们的总和。

例如:FF1+FF2+FF3。

(3)二进制编码的十进制数(BCD 码)选择+ON 命令 P0701~P0703=17

使用这种方法最多可以选择 7 个固定频率,各个固定频率的数值根据表 5-5 选择。

表 5-5 七段固定频率参数设置

DIN1	DIN2	DIN3		
不激活	不激活	不激活	OFF	
激活	不激活	不激活	FF1	P1001
不激活	激活	不激活	FF2	P1002
激活	激活	不激活	FF3	P1003
不激活	不激活	激活	FF4	P1004
激活	不激活	激活	FF5	P1005
不激活	激活	激活	FF6	P1006
激活	激活	激活	FF7	P1007

为了使用固定频率功能,需要用 P1000 选择固定频率的操作方式。

在"直接选择"的操作方式(P0701~P0703=15)下,还需要一个 ON 命令才能使变频器运行,这里(P0701~P0703=17)以"二进制编码的十进制数(BCD 码)选择+ON 命令"。

相关参数设定:

(1)恢复出厂设置,并进行快速调试(P0010=1)根据电动机铭牌写入相关参数(参看快速流程图)。

(2)将 P0003(参数访问级)设定为 3,P0700 设定为 1,P1000 设定为 3。

(3)P0701~P0703 均设定为 17(二进制编码的十进制数(BCD 码)选择+ON 命令)。

(4)P1001 设定为 10Hz,P1002 设定为 15Hz,P1003 设定为 20Hz,P1004 设定为 25Hz,P1005 设定为 30Hz,P1006 设定为 35Hz,P1007 设定为 40Hz(关于频率设定可以根据自己的想法来设定)。

(5)闭合数字输入端 1 的开关,电动机将 10Hz(P1001=10)的频率下运行,可以通过 3 个数字输入端上的开关闭合和断开的不同排列调出七种不同的速度。(方法参看上表)

除了如此还可以将数字输入端 1、2、3 分别设定为低速,中速,高速,其频率值通过设定 P1001、P1002、P1004 的数值来实现。

相关参数设定:

(1)将 P0700 设定为 1,将 P1000 设定为 3。

(2)P0701~P0703 均设定为 17(二进制编码的十进制数(BCD 码)选择+ON 命令)。

(3)P1001 设定为 15Hz(低速),P1002 设定为 30Hz(中速),P1004 设定为 45Hz(高速)(频率可以随意设定)。

(4)单独闭合数字输入端 1、2、3 电动机将在其对应的频率下运行。进行低速、中速、高速的切换。

知识拓展

有源逆变

逆变是整流的逆过程,将直流电变成交流电,在许多场合,同一套晶闸管或其他可控电力电子变流电路既可实现整流功能,又能实现逆变的功能,这种装置称为变流装置或变流器。

一、变流器的两种工作状态

用单相桥式可控整流电路能替代发电机给直流电动机供电,为使电流连续而平稳,在回路中串接大电感 L_d 称为平波电抗器。这样,一个由单相桥式可控整流电路供电的晶闸管-直流电动机系统就形成了,如图 5-65a 所示。在正常情况下,它有两种工作状态,其电压电流波形如图 5-65b 所示。

1. 变流器工作于整流状态 $(0<\alpha<\pi/2)$

在图 5-65a 中,设变流器工作于整流状态。由单相全控整流电路的分析可知,大电感负载在整流状态时 $U_d=0.9U_2\cos\alpha$,控制角的移相范围为 $0\sim90°$,U_d 为正值,P 点电位高于 N 点电位,并且 U_d 应大于电动机的反电势 E,才能使变流器输出电能供给电动机作电机运行。此时,电能由交流电网流向直流电源(即直流电动机 M 的反电势 E)。

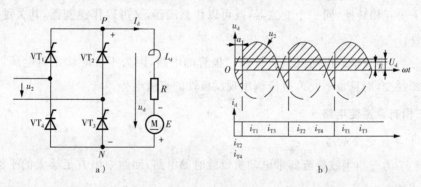

图 5-65　晶闸管-直流电动机系统(电能由交流电网流向直流电源)

a)原理图　b)波形图

2. 变流器工作与逆变状态 $(\pi/2<\alpha<\pi)$

在图 5-66 中,设电机 M 作发电机运行(再生制动),但由于晶闸管元件的单向导电性,回路内电流不能反向,欲改变电能的传送方向,只有改变电机输出电压的极性,如图 5-66 所示,反电势 E 的极性已反了过来,为了实现电动机的再生制动运行,整流电路必须吸收电能反馈回电网,也就是说,整流电路直流侧电压平均值 U_d 也必须反过来,即 U_d 为负值,P 点电位低于 N 点电位且电机电势 E 应大于 U_d。此时电路内电能的流向与整流时相反,电动机输出电功率,为发电机工作状态,电网则作为负载吸收电功率,实现了有源逆变。为了防止过电流,应满足 E 约等于 U_d,在恒定励磁下,E 取决于电动机的转速,而 U_d 则由调节控制角 α 来实现。

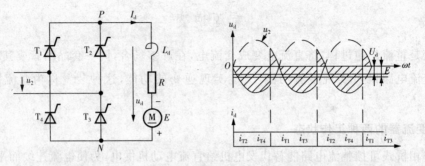

图 5-66 晶闸管-直流电动机系统(电能由直流电源流向交流电网)

二、有源逆变的条件

由上述有源逆变工作状态的原理分析可知,实现有源逆变必须同时满足两个基本条件:其一,外部条件,要有一个能提供逆变能量的直流电源。其二,内部条件,变流器在控制角 $\alpha > \pi/2$ 的范围内工作,使变流器输出的平均电压 U_d 的极性与整流状态时相反,大小应和直流电势配合,完成反馈直流电能回交流电网的功能。

从上面的分析可以看出,整流和逆变、交流和直流在晶闸管变流器中互相联系着,并在一定条件下可互相转换,同一个变流器,既可以作整流器,又可以作逆变器,其关键是内部和外部的条件。

不难分析,半控桥式电路或具有续流二极管的电路,因为不可能输出负电压,变流器不能实现有源逆变,而且也不允许直流侧出现反极性的直流电势。

三、三相有源逆变电路

1. 三相半波逆变电路

图 5-67 为三相半波整流器带电动机负载时的电路,回路中串有足够大的平波电抗器,负载电流连续。

在整流状态下,如图 5-67a 所示,晶闸管控制角 α 在 0°~90°范围内,按三相半波可控整流电路脉冲触发原则依次触发 VT_1、VT_2、VT_3,输出电压、电流波形如图中所示。此时,输出电压瞬时值虽然有正有负,但在一个周期内,其平均值 U_d 总是为正,且 U_d 略大于 E。所以,主回路电流 i_d 从正端流出,E 的正端流入,电动机作电动运行,吸收电能,交流电源输出电能。在有源逆变工作状态下,如图 5-67b 所示,逆变角 β 在 0°~90°范围内变化时,变流器输出电压的瞬时值在整个周期内虽然有正有负或者全部为负,但负的面积总是大于正的面积,故输出电压的平均值 U_d 为负值。电动机 E 的极性已反且 E 略大于 U_d,具备有源逆变的条件,可以实现有源逆变。主回路电流方向不变,但它是从 E 的正端流出,U_d 的正端流入,电能从直流侧送至交流电源测。由于晶闸管 VT_1、VT_2、VT_3 轮流依次导通,从而把直流电能回馈到电网。

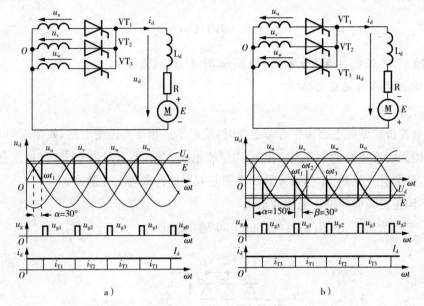

图 5-67 三相半波相控电路的整流和有源逆变工作状态

a)整流状态下电压、电流波形 b)有源逆变状态下电压、电流波形

逆变时输出电压的波形画法与整流时一样,图 5-68 分别给出了 $\alpha=60°$、$\alpha=90°$ 和 $\beta=60°$、$\beta=30°$ 的工作波形。从 u_{T1} 波形可看出,在三相半波有源逆变工作状态下,晶闸管承受的电压波形与整流状态下一样,仍有 3 段组成,其中一段为晶闸管的导通段,另两段为晶闸管阻断状态,每段各占 1/3 周期。由图可见,整流状态下,晶闸管阻断时主要承受反向电压;而逆变状态下,晶闸管阻断时主要承受正向电压。晶闸管承受的最大正、反向电压均为线电压峰值为 $\sqrt{6}U_2$。

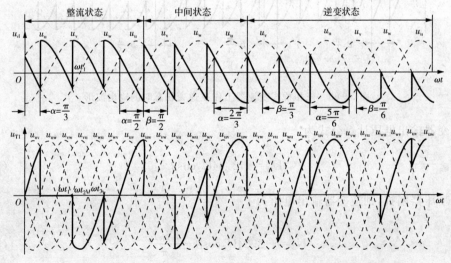

图 5-68 三相半波变流器输出电压 u_d 及晶闸管 VT$_1$ 两端的电压波形

变流器逆变时,直流测电压计算公式与整流时一样。当电流连续时有

$$U_d = -1.17U_2\cos\beta \qquad (5-60)$$

随着 β 的减小,U_d 的绝对值逐渐增大,到 $\beta=0$ 时,U_d 绝对值最大。

2. 三相桥式有源逆变电路

(1)工作原理

三相全控桥式整流电路用作有源逆变时,就成了三相桥式逆变电路,如图 5-69a 所示。

三相桥式逆变电路的工作与三相桥式整流电路一样,要求每隔 60°依次触发晶闸管,电流连续时,每个管子导通 120°,触发脉冲必须是双窄脉冲或者是宽脉冲。

(2)不同逆变角时的输出电压波形

图 5-69b 给出了 $\beta=60°$、$\beta=45°$ 和 $\beta=30°$ 输出波形。

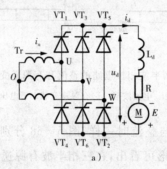

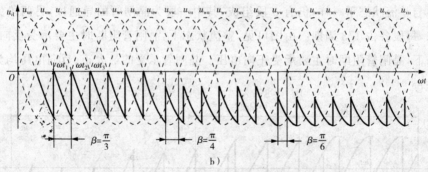

图 5-69 三相桥式变流器工作在逆变状态时的输出波形

逆变器输出电压计算公式为

$$U_d = -2.34U_2\cos\beta \qquad (5-61)$$

若考虑变压器漏抗,则逆变器输出电压为

$$U_d = -2.34U_2\cos\beta - \frac{3X_BI_d}{\pi} \qquad (5-62)$$

四、逆变失败的原因

1. 逆变失败的定义

逆变运行时,一旦发生换相失败,使整流电路由逆变工作状态进入整流工作状态,U_d又重新变成正值,使输出平均电压和直流电势变成顺向串联,外接的直流电源通过晶闸管电路形成短路,这种情况称为逆变失败,或称为逆变颠覆,这是一种事故状态,应当避免。

2. 逆变失败的原因

造成逆变失败的原因很多,大致可归纳为四类,今以三相半波逆变电路为例,加以说明。

(1) 触发电路工作不可靠

触发电路不能适时地、准确地给各晶闸管分配脉冲,如脉冲丢失、脉冲延迟等,致使晶闸管工作失常。如图5-66所示,当U相晶闸管T_1导通,到ωt_1时刻u_{g2}触发T_2管,电流换到V相。如果在ωt_1时刻,触发脉冲u_{g2}遗漏,T_1管不受反压而关不断,U相晶闸管T_1将继续导通到正半周,使电源瞬时电压与直流电势顺向串联,形成短路。

图5-70b表明脉冲延迟的情况,u_{g2}延迟到ωt_2时刻才出现,此时U相电压u_U已大于V相电压u_V,晶闸管T_2承受反向电压,不能被触发导通,晶闸管T_1也不能关断,相当于u_{g2}遗漏,形成短路。

(2) 晶闸管发生故障

在应该阻断期间,元件失去阻断能力;在应该导通时刻,元件不能导通,如图5-70c所示。在ωt_1时刻之前,由于T_3承受的正向电压等于E和u_W之和,特别是当逆变角较小时,这一正向电压较高。若T_3的断态重复峰值电压裕量不足,则到达ωt_1时刻,本该由T_1换相到T_2,但此时T_3已导通,T_2因承受反压而无法导通,造成逆变失败。

(3) 换相的裕量角不足

存在重叠角或给逆变工作带来不利的后果,如以T_1和T_2的换相过程来分析,当逆变电路工作在$\beta > \gamma$时,经过换相过程后,V相电压u_V仍高于U相电压u_U,所以换相结束时,能使T_1承受反压而关断。如果换相的裕量角不足,即当$\beta < \gamma$时,从图5-70d的波形中可以看出,当换相尚未结束时,电路的工作状态到达P点之后,U相电压u_U将高于V相电压u_V,晶闸管T_2则将承受反向电压而重新关断,而应该关断的T_1却还承受正电压而继续导通,且U相电压随着时间的推迟愈来愈高,致使逆变失败。

(4) 交流电源发生异常现象

在逆变运行时,可能出现交流电源突然断电、缺相或电压过低等现象。如果在逆变工作时,交流电源发生缺相或突然消失,由于直流电势E的存在,晶闸管仍可触发导通,此时变流器的交流侧由于失去了同直流电势极性相反的交流电压,因此直流电势将经过晶闸管电路而被短路。

3. 最小逆变角的确定

由上可见,为了保证逆变电路的正常工作,必须选用可靠的触发器,正确选择晶闸管的参数,并且采取必要的措施,减少电路中du/dt和di/dt的影响,以免发生误导通。为了防止

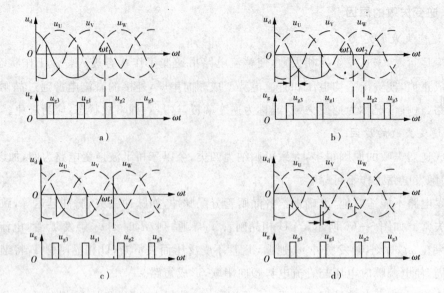

图 5 - 70

a)触发电路工作不可靠 b)脉冲延迟 c)晶闸管故障 d)换相裕量角不足

意外事故,与整流电路一样,电路中一般应装有快速熔断器或快速开关,以资保护。另外,为了防止发生逆变颠覆,逆变角 β 不能太小,必须限制在某一允许的最小角度内。

逆变时允许采用的最小逆变角 β 应为

$$\beta = \delta + \gamma + \theta'$$

式中,δ 为晶闸管的关断时间 t_q 折合的电角度,称恢复阻断角,$\delta = t_q$;γ 为换相重叠角;θ' 为安全裕量角。β 的范围为 $30° \sim 35°$。

项目小结

本项目首先通过对通用变频器主电路原理图的分析,了解了三相整流电路、无源逆变电路、西门子通用变频器 MM420 等知识。

三相整流变换器具有比单相变换器更优越的性能,诸如输出电压高且脉动小、脉动频率高、交流电网侧功率因数高以及动态响应快等。因此它在中、大功率领域中获得广泛的应用。三相整流电路的类型很多,包括三相半波、三相全控桥式、三相半控桥式等,这些电路中最基本的单元结构是三相半波整流电路,其余的可看成是三相半波电路以不同方式串联或并联组成的。学习的时候注意三相整流电路的电路构成、工作原理、及波形分析无源逆变的种类很多,最常用的是单相和三相桥式逆变器。逆变器中的开关器件大都采用全控型开关器件,功率最大的逆变器采用 GTO,其次是 IGBT、MCT、SIT、BJT,小功率则用 P - MOSFET。要求开关频率高则采用 P - MOSFET、SIT,其次是 IGBT、MCT,最低者是 GTO。逆变器最重要的特点是输出电压大小可控(控制频率很简单)和输出电压波形质量好。如今各国厂商已能提供单相和三相逆变器控制系统所需的各种专用和通用集成电路控制芯片,供设计者选用。

变频器的应用也是越来越普及,本项目中一西门子变频器 MM420 为例,介绍其工作原理、参数设置方法以及根据要求改变参数的方法。在项目实践中,通过五个不同的具体任务,分别熟悉变频器改变电机转速的五种常见的方式:通过操作面板 BOP 调速(内部模式)、固定频率启动(内部模式)、通过模拟量调速(外部模式)、通过数字量调速(外部模式)、多段调速(外部模式)。

相控有源逆变是相控整流技术的自然延伸。晶闸管不能自关断,但在有源逆变时由于有交流电网电压瞬时值周期性的反向变负,可用于关断已处于导通状态的晶闸管。因此晶闸管除主要应用于相控整流电路外,也可用于有源逆变。

思考与练习

5-1　在下列两种电路中,α 在什么范围内,流过续流管的平均电流大于流过晶闸管上的平均电流?(1)三相半波;(2)三相半控桥。

5-2　现有单相半波,单相桥式,三相半波三种整流电路带电阻性负载,负载电流 I_d 都是 40A,问流过与晶闸管串联的熔断器的平均电流,有效电流各为多大?(平均电流为 40A,20A,13.3A;有效电流为 62.8A,31.4A,23.5A)

5-3　三相半波可控整流电路,能否用一套触发装置,每隔 120° 送出触发脉冲使电路工作?如能工作,移相范围多大? 最小输出直流电压为多大?

5-4　在三相半波整流电路中,如果有一相触发脉冲丢失,试绘出在电阻性负载和大电感负载情况下整流电压 u_d 的波形。

5-5　三相半波可控整流电路,电阻性负载。已知 $U_2=220V$,$R_d=20\Omega$,当 $\alpha=90°$ 时,试画出 u_{T1}、i_d、u_d 波形并计算 U_d、I_d 的值。

5-6　三相半波可控整流电路带大电感性负载,$\alpha=\pi/3$,$R=2\Omega$,$U_2=220V$,试计算负载电流 I_d,并按裕量系数 2 确定晶闸管的额定电流和电压。

5-7　三相桥式不控整流电路带阻感性负载,$R=5\Omega$,$L=\infty$,$U_2=220V$,$X_B=0.3\Omega$,求 U_d、I_d、I_{VD}、I_2 和 γ 的值,并作出 u_d、i_{VD_1} 和 i_2 的波形。

5-8　单相桥式全控整流电路、三相桥式全控整流电路中,当负载分别为电阻负载或电感负载时,要求的晶闸管移相范围分别是多少?

5-9　三相全控桥式变流器,已知 L 足够大、$R=1.2\Omega$、$U_2=200V$、$E_M=-300V$,电动机运行于发电制动状态,制动过程中的负载电流为 66A,问此时变流器能否实现有源逆变? 若能求此时的逆变角 β。

5-10　在三相桥式全控整流电路中,电阻性负载,如果其中一个晶闸管故障断路,此时整流波形如何? 如果其中一个晶闸管被击穿短路,电路工作情况又是如何?

5-11　在下图所示电路中,当 $\alpha=60°$ 时,画出下列故障情况下的 u_d 波形:

(1)熔断器 FU_1 熔断。

(2)熔断器 FU_2 熔断。

(3)熔断器 FU_2、FU_3 同时熔断。

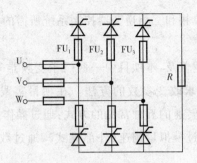

题 5-11 图

5-12　在三相桥式全控整流电路中,电阻性负载,已知 $U_2 = 220V$, $R_d = 2\Omega$, 当 $\alpha = 30°$ 时, 试画出 u_{T1}、i_d、u_d 波形并计算 U_d 的值。

5-13　在三相桥式全控整流电路中,电感性负载,已知 $U_2 = 110V$, $R_d = 0.2\Omega$, 当 $\alpha = 45°$ 时, 试画出 u_{T1}、i_d、u_d、i_{T1} 波形并计算 U_d、I_d 的值及流过晶闸管的电流平均值 I_{dT}、有效值 I_T。

5-14　三相桥式全控整流电路,负载电阻 $R_d = 4\Omega$, 电感 $L = 0.2H$, 要求输出电压 U_d 从 $0 \sim 220V$ 之间变化, 求:

(1)不考虑控制裕量, 整流变压器二次侧相电压。

(2)晶闸管的电压、电流定额。

(3)变压器二次电流有效值 I_2。

(4)变压器二次侧容量 S_2。

5-15　三相桥式全控整流电路, $U_2 = 100V$, 带阻感性负载, $R = 5\Omega$, L 值极大, 当 $\alpha = 60°$ 试求:

(1)作出 u_d、i_d 和 i_{VT1} 的波形。

(2)计算整流输出电压平均值 U_d、电流 I_d, 以及流过晶闸管电流的平均值 I_{dVT} 和有效值 I_{VT}。

(3)求电源侧的功率因数。

(4)估算晶闸管的电压、电流定额。

5-16　什么是电压型逆变电路? 什么是电流型逆变电路? 从电路组成和工作波形上看, 这二者各有什么特点?

5-17　电压型逆变电路中, 与开关管反并联的二极管的作用是什么?

5-18　单相全控桥式有源逆变电路如图所示, 变压器二次电压交有效值 $U_2 = 200V$, 回路总电阻 $R = 1.2\Omega$, 平波电抗器 L 足够大, 可使负载电流连续, 当 $\beta = 45°$, $E_d = -188V$ 时, 按要求完成下列各项:

(1)画出输出电压 U_d 的波形。

(2)画出晶闸管 V_1 的电流波形 i_{v1}。

(3)计算晶闸管电流的平均值 I_{v1}。

5-19　变流器工作于有源逆变状态的条件是什么?

5-20　无源逆变与有源逆变有什么不同?

5-21　有源逆变最小逆变角受哪些因素限制, 为什么?

5-22　什么是逆变失败? 如何防止逆变失败?

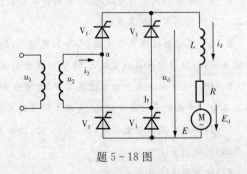

题 5-18 图

5-23　如图所示的主桥逆变电路,如果负载 Z 为 R、L、C 串联,$R=10\Omega$,$L=31.8\text{mH}$,$C=159\mu\text{F}$,逆变器频率 $f=100\text{Hz}$,$U_\text{d}=110\text{V}$。求:

(1)基波电流有效值。

(2)负载电流的谐波系数。

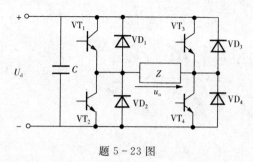

题 5-23 图

参考文献

［1］温淑玲. 电力电子技术. 安徽：安徽科学技术出版社,2007.

［2］王丽华,康晓明. 电力电子技术. 北京：国防工业出版社,2010.

［3］陈坚. 电力电子学. 北京：高等教育出版社,2003.

［4］徐远根,刘敏,乔恩明. 现代电力电子器件识别、检测及应用. 北京：中国电力出版社,2010.

［5］徐超明,张铭生. 电子技术项目教程. 北京：北京大学出版社,2012.

［6］黄继昌,张海贵,程宝平等. 电子元器件的选用与检测. 北京：中国电力出版社,2010.

［7］梁玉国,王平. 电子线路分析与应用. 北京：北京大学出版社,2011.

［8］冯玉生,李宏. 电力电子变流装置典型应用实例. 北京：机械工业出版社,2008.

［9］黄俊,王兆安. 电力电子变流技术. 北京：机械工业出版社,1999.

［10］周志敏,周纪海,纪爱华. 开关电源实用电路. 北京：中国电力出版社,2007.